KB213850

식물을 통해 영원을 알아 가는 한 소년의 감동적인 성장기 —————————

소년의
식물기

이 책은 용인특례시, 용인문화재단의 2024년도 문화예술공모지원사업을
지원받아 발간되었습니다.

식물을 통해
영원을 알아 가는
한 소년의
감동적인 성장기

소년의
식물기

초판 1쇄 발행   2024년 11월 01일

저자   이상권
그림   이단후, 이상권

펴낸이   박숙현
주간   김종경
편집   이진숙
디자인   나비

펴낸곳   도서출판 별꽃
출판등록   2022년 12월 13일 · 제562-2022-000130호
주소   경기도 용인시 처인구 지삼로 590 CMC빌딩 307호
전화   031)0336-8685, 팩스 031)336-3132
E-mail   booksry@naver.com
홈페이지   https://booknstory.kr
가격   21,000원

ISBN   979-11-94112-08-2 03480

ⓒ 이상권, 이단후 2024

식물을 통해
영원을 알아 가는
한 소년의
감동적인 성장기

소년의
식물기

이상권 지음 | 이단후 · 이상권 그림

별꽃

내 곁을 스쳐간 수많은 풀과 나무들, 수많은 동물들,
그리고 공동체 사람들에게 이 책을 바칩니다.

과학자가 되고 싶었던 한 소년의 이야기

소년은 강변 마을에서 태어났고, 아기의 탯줄은 강으로 돌아갔다. 사람들은 한 생명을 길러 낸 탯줄을 큰 강으로 돌려보내야만 어린 목숨이 건강하게 흘러간다고 믿었다. 소년은 나산강(영산강 지류, 고막천이라고도 함)과 임진강이라는 큰 강의 살냄새를 맡으면서 자랐다.

소년이 물을 좋아하는 것이 본능적인 것이라면, 풀을 좋아하는 것은 소 때문이었다. 소년은 아홉 살 언저리에 커다란 암소 한 마리를 책임지게 되었다. 그때부터 소년은 풀을 좋아하기 시작했다. 소년은 늘 풀숲을 뛰어다니고 뒹굴었다. 그러다가 잠이 들기도 했다. 한번은 잠을 자다가 눈을 떠 보니 캄캄한 밤이었다. 옆에는 무덤이 있었다. 소년은 놀라 비명을 질렀지만, 옆에서 소가 퉁방울을 굴리면서 속삭였다. "괜찮아, 괜찮아. 내가 있잖아." 소년은 와락 소의 목을 껴안았다.

어느 날인가, 소년이 숲에 누워서 책을 보고 있었다. 이웃집 친구의 아버지가 그것을 보고 기특하다고 칭찬하더니, 네 꿈이 뭐냐고 물었다. 돌아가신 아버지랑 동갑인 그분의 물음이 너무도 고마웠다.

소년은 화가가 되고 싶다고 했다. 자연을 그리는 화가. 언제부턴지 소년은 자연을 그리기 시작했다. 평생을 농부로 살아온 친구의 아버지는 조금도 망설임 없이 소년의 꿈을 지지해 주면서도 은근히 부러워하였다. 화가라는 세상에 대해서 말이다.

소년은 5학년 때 반 대표로 교내 사생 대회에 나갈 기회를 얻었다. 안타깝게도 각 반 대표들이 모여 있는 구령대 앞으로 가자마자 소년은 고개를 떨궜다. 다른 아이가 나와 있었던 것이다. 그 아이는 태연했다. 소년이 반 대표로 뽑힌 건 맞지만, 나중에 선생님이 따로 자기를 불러 대표를 바꼈다며 아이는 태연하게 설명했다. 소년은 한마디도 따지지 못하고 돌아섰다. 그 아이는 소년보다 공부도 잘하고, 집도 부자였다. 소년은 온몸이 녹아내리는 외로움을 그때 처음 맛보았다.

마을에는 만화가 지망생 형이 있었다. 소년은 우연히 그 형한테 빌린 만화책 속으로 푹 빠져 버렸다. 장 앙리 파브르의 어린 시절 이야기였다. 소년은 자기 이야기를 보는 듯한 착각에 빠져들었다. 식물과 동물을 좋아하면 과학자가 될 수 있구나! 그때 처음으로 과학자가 되고 싶다고 일기장에다 고백했다.

소년은 중학교에 입성하자마자 장래 희망이 과학자라고 당당하게 밝혔고, 경솔하게도 과학 동아리까지 찾아가는 오류를 범했다. 중간고사가 끝나자 과학 선생님이 소년을 교탁 앞으로 불러냈다. 몸이 거구였던 여자 선생님은 팔을 쭉 뻗어 소년의 귀를 낚아채면서 "넌, 꿈이 과학자라며? 아니, 과학도 못하는 놈이 과학자가 된다고? 아나, 과학자! 아나, 과학자!" 그런 식으로 한껏 조롱했다. 그렇구나! 과학을 못하니까, 그건 불가능한 일이구나! 꿈을 포기한다는 것은 존재가 자꾸만 위축된다는 뜻이다. 소년은 그렇게 점점 영혼이 작아지고 있었다.

대학생이 된 소년은 우연히 후배네 집에서 하룻밤을 묵었다. 그 집 거실에 가득 찬 책을 훑어보다가, 그만 멈칫하고야 말았다. 일본어로 된 책이 보였던 것이다. 소년은 저도 모르게 그걸 끄집어냈다. 소년은 당시 어느 정도 일본어를 해독할 수 있었다. 책은 『파브르 식물기』 일본어판이었다. 순간 이상하게도 울컥하는 울림이 온몸을 흔들었다. 파브르의 어린 시절이 펼쳐진 만화를 보고 "나도 과학자가 될 거야!" 하고 풀밭에서 뒹굴던 시간이 스쳐 갔다. 파브르가 식물기를 썼다는 사실도 처음 알았다. 소년이 그 책을 빌려 달라고 하자, 후배가 아버지랑 통화를 하더니 아예 그 책을 주었다.

소년은 그 책을 해독하기 시작했다. 책갈피에다 빼곡하게 메모하면서, 책 속의 길을 따라갔다. 폴립이 완벽한 공산주의 사회라는 문장 앞에서는 얼마나 많은 방점을 찍었는지 모른다. 당시 소년은 엥겔스와 마르크스의 철학 속에서 어설프게 허우적거리고 있었으니, 폴립이 완벽한 이상국가라는 말에 진정한 공산주의에 대한 고민이 깊어질 수밖에 없었다.

소년은 인천 어느 공단가에서 자취를 하고 있었다. 그곳에 살게 된 특별한 이유는 없고, 근처에 가까운 친척이 많아서 우연히 그렇게 되었다. 어느 일요일 아침이었다. 갑자기 경찰관 두 명이 들이닥쳤다. 그들이 집에 들이닥친 것은 공단에서 대학생이 혼자 살고 있으니까, 혹시 노동자들을 불법적으로 선동하기 위해서 들어온 사람인지 확인해야 한다는 이유였다. 소년은 아무런 저항도 하지 못했다.

경찰관이 무섭게 쏘아보았다. "이거 무슨 책이야? 너 사상범이네!"
경찰관이 들고 있는 책이 바로 『파브르 식물기』였다. 소년은 그냥 과
학책이라고 말했다. 경찰관은 책갈피를 펼치고는 "이거 뭐야? 여기
공산주의라는 단어 밑에다 밑줄을 그어 놨잖아? 이거 공산주의를
찬양하는 원서 아냐?" 하고 쏘아봤다. 그 책은 압수되었다.

다음 날, 파출소에 찾아갔다. 그 경찰관을 보고 책을 달라고 했더
니, 이놈이 아직도 정신 못 차리고 있다고 버럭 소리를 지르면서 2층
으로 끌고 갔다. 소년은 그곳에서 3시간이 넘게 조사를 받았다. 경찰
관은 책 이야기는 하나도 하지 않았다. 왜 학교가 서울에 있는데 여
기서 사냐는 말만 묻고 또 물었다. 그날 파출소를 나오면서, 소년은
자기 영혼이 쭈그러들고 있음을 알았다.

1992년이었던가. 어른이 된 소년은 가까운 지인이랑 식사하면서,
경찰관에게 억울하게 책을 빼앗긴 이야기를 하게 되었다. 소년의 이
야기를 들은 그는 "나도 『파브르 식물기』라는 책을 알아요. 아, 그렇
다면 당신이 그 책을 되새김질해서 쉽게 풀어 써 보세요. 제가 보기
에는 원본이 너무 어려워요. 일반인들이 쉽게 볼 수 있도록……." 하
고 말했다.

순간 이상하게 가슴이 설레는 것을 느꼈다. 당시 소년은 생물학
공부를 하고 있었고, 우리나라 야생화의 지방어 사전을 만들기 위해
서 전국을 돌아다니고 있었다. 아쉽게도 그 원고는 어떤 출판사에서
검토하다가 잃어버렸다. 그렇게 좌절의 심연 속으로 추락하고 있을
때, 그런 제안을 받자 얼마나 힘이 났는지 모른다. 하지만 몇 년간 끙
끙거리면서 원본을 재해석하여 완성했어도 그걸 받아 주는 출판사

는 없었다. 소년은 무명 작가였고, 생물학 전문가도 아니었다. 미련 없이 그 원고를 버렸다.

1997년 겨울이었다. 우연히 만난 선배 작가의 입에서 파브르 이야기가 나왔다. 그러더니 소년에게 식물기를 풀어 쓰는 작업을 해 달라고 부탁했다. 다만 어린이책이라는 조건을 걸었다. 순간 당황했다. 어른도 이해하기 힘든 책을 어린이책으로 하다니, 부담스러웠지만 승낙했다. 그것이 마지막 기회라고 판단했기 때문이다. 그렇게 해서 『파브르 식물 이야기 1, 2』(우리교육)가 출간되었다. 『파브르 식물기』를 본 지 약 40년이 되는 2024년 봄, 소년은 다시 '식물기'를 쓰기 시작했다. 2022년에 『위로하는 애벌레』(궁리)라는 책을 준비하면서 후속 작업으로 마음속에다 정해 놓은 상태였다.

소년은 가난한 공동체가 자연을 존중하는 자세를 보았고, 끊임없이 그들에게 배우려고 했던 숱한 눈빛을 기억에 담아 두었다. 작가가 된 소년은 자신이 얼마나 행복한 시간을 지나왔는지 다시금 깨달았고, 그들의 기원을 탐색하는 수행에 나서고 있었다. 어떤 사람들은 종교를 통해서, 혹은 철학을 통해서 자신을 알아 간다지만, 소년은 그들, 즉 자연(식물)을 통해서 자신을 알아 가는 길을 택했다. 소년은 전문가가 되려고 식물학을 공부한 사람이 아니다. 문학을 하기 위해서, 자신을 알기 위해서 자연에게 구원을 요청한 것이다.

이 책은 식물을 좋아하는 아주 평범한 사람들, 그런 분들의 눈높이에 맞췄다. 글을 쓰면서 식물이란 자급자족하는 유일한 생명, 그러니까 가장 완벽한 존재라는 사실을 새삼 깨달았다. 완벽한 존재란 누군가를 지배하거나 착취하는 시간을 사는 게 아니라 타자를 존중하고 같이 살아가는 철학적인 힘을 가진 생명을 뜻한다. 또한 자연과 식물에 대한 지식이 절대적이어서는 안 된다고 생각한다. 자연이란 인간이 규정해 놓은 질서와 상관없이 멋대로 변해 가기 때문이다.

이 책은 소년이 글을 쓰고, 그의 딸 이단후가 그림을 그렸다. 일부러 딸이 아주 어렸을 때 그린 그림도 불러들였다. 아이의 그림 속에는, 아빠와 함께 식물의 내면을 들여다보던 순수한 눈빛이 들어 있음을 알 수 있을 것이다. 아울러 소년이 오래전에 그렸던 그림도 소개된다. 서툰 그림을 내보내는 것은, 그림을 그리면서 식물의 감각을 알아 가던 순간을 보여 주고 싶었기 때문이다.

아울러 갑작스럽게 이 책의 출산을 맡아 달라는 황당한 부탁에도 불구하고, 흔쾌히 산파 역할을 해 준 김남중 아우님께 진심으로 감사드린다.

2024년 10월,
촉촉한 달빛이 온 집 안으로 흘러드는 밤에

차례

영원하다는 것은
작고 단순하다

머리 아홉 달린 괴물

옛날에 머리 아홉 달린 괴물이 숲속에 살고 있었다. 괴물은 수시로 나타나서 약탈하고 사람들을 괴롭히더니, 어느 날 밤에는 새댁을 납치해서 사라지는 행태까지 벌였다. 남편은 혼자 아내를 찾아 나섰다. 종일 숲속을 헤매던 남편은 지쳐 버렸고, 바위에 앉아서 쉬다가 까무룩 잠이 들었다. 꿈에 호랑이 닮은 할아버지가 나타났다.

"아내를 구하고 싶거든 동쪽으로 가라. 가다 보면 폭포가 나오는데, 그 위에 용머리 닮은 바위가 있을 것이다. 그 바위를 들춰 보면 땅속에 괴물이 사는 세상이 있을 것이다."

눈을 뜬 남편은 할아버지가 산신령이라는 것을 깨닫고는 큰절을 올렸다. 동쪽으로 가니까 진짜 폭포가 나왔다. 남편은 폭포 물을 받아서 먹고 산신령이 알려 준 대로 용머리 닮은 바위를 밀어냈다. 땅속으로 통하는 굴이 보였다.

땅속으로 내려가자 웅장한 기와집이 눈에 들어왔다. 남편은 그곳이 괴물의 집이라고 짐작하고는 돌담에 늘어진 버드나무로 올라갔다. 마침 아내가 이쪽으로 걸어오고 있었다. 버드나무 밑에 우물이 있었다. 남편이 버들잎을 떨어트리자 아내가 놀라며 나무 위를 쳐다보았다. 아내는 지금은 괴물이 없으니까 내려오라고 했다. 남편은 꿈 이야기를 들려준 다음 여기를 빠져나가자고 했다. 아내가 고개를 흔들었다.

"달아나도 괴물한테 곧 잡힐 거예요."

"그럼 어쩌란 말이오?"

"곧 괴물이 올 테니 저 칼로 목을 쳐야 해요."

아내가 우물가에 있는 어른 키보다 큰 칼을 향해 손가락질했다. 남편의 힘으로는 칼이 끄떡도 하지 않았다. 아내가 우물물을 마시라고 했다. 남편이 우물물을 마시자 그제야 칼이 지푸라기처럼 가벼워졌다.

쿵! 쿵! 쿵! 땅이 흔들렸다. 아내가 괴물이 오고 있다면서 어서 숨으라고 말했다. 남편은 얼른 집 뒤로 숨었다. 마당으로 들어온 괴물이 코를 벌름거렸다.

"어, 이상하다. 사람 냄새가 난다!"

아내는 일부러 괴물에게 가까이 다가가면서, "그건 제 몸에서 나는 냄새일 겁니다." 했다. 그러고는 밥상을 차려 놨으니 어서 밥을 드시라고 했다. 오늘따라 밥상은 푸짐했다. 괴물은 머리가 아홉이라 밥 먹는 입, 술 먹는 입, 반찬 먹는 입, 국 먹는 입이 따로 있었다. 술에 취한 괴물이 코를 골자, 아내가 남편을 불러서 귀엣말로 속삭였다. 남편은 우물가에 있는 칼을 들고 와서 괴물의 목 하나를 베어 냈다. 먹물 같은 피가 쏟아졌다. 동시에 다른 목들이 꿈틀댔다.

"이놈, 가만두지 않겠다!"

괴물은 나머지 목을 휘두르기 시작했다. 남편은 바람처럼 움직여서 괴물의 목을 하나하나 베어 냈다. 아홉 개의 목이 잘려 나가자 괴물은 쓰러졌다.

소년은 이 이야기를 국어책이 아니라 어른들 목소리를 통해서 들었다. 소쩍새의 돌림 노래가 메아리치는 한밤중 이불 속에서 듣는 그 판타지는 어린 소년에게 온갖 상상력을 배양시켰다.

그리스 신화에도 비슷한 이야기가 있다. 제우스가 하늘과 땅을 다스리던 아주 오랜 옛날, 머리가 아홉인 괴물이 나타났다. 사람들은 칼을 들고 용감하게 괴물의 목을 베어 냈다. 괴물의 목에서는 검은 피가 솟구치더니, 어느새 새로운 얼굴이 생겨났다. 사람들은 그 괴물을 '머리가 아홉 개 달린 히드라'라고 부르며 공포에 떨었다. 히드라는 물뱀이라는 뜻이다.

그러자 제우스가 아들 헤라클레스를 보냈다. 헤라클레스가 칼로 히드라의 목을 내리쳤다. 히드라가 잘린 목에서 새로운 얼굴을 만들기 위해서 꿈틀거리자, 헤라클레스가 불에 달군 쇠로 지져 버렸다. 히드라는 고통스럽게 몸부림치다가 죽었다.

이 이야기를 끄집어낸 것은, 옛이야기는 동서양을 초월하여 근원이 비슷하다는 것을 말하기 위해서가 아니다. 영원한 목숨을 가진 진짜 히드라 이야기를 하기 위해서다.

거사에 실패한 소년의 눈물

히드라는 작고 단순한 생명체이다. 물이 고여 있는 곳, 물풀이 마을을 이룬 고요한 심연 속에서 살아가는 고독한 존재이다. 입 주위에 있는 대여섯 개 팔이 우아하게 하늘거린다. 그 손으로 적의 공격을 예감하면서 물 흐름까지 감지하니까, 단순한 눈과 귀를 초월한 정밀한 레이더의 감각까지 갖추고 있다. 너울거리는 히드라는 볼수록 환상적이다. 너울거리는 손을 보면 바람이 느껴졌다. 물속에도 바람이 있구나! 은연중에 그렇게 재잘거렸다. 바람이 아니고서야 그토록 섬세하게 손을 간질일 수 없을 것이라고.

소년은 초등학교 3학년 때 히드라하고 처음 만났다. 중학생이었던 마을 형이 히드라 한 마리를 주었다. "내가 병 속에다 새우를 키우고 있는데, 저것이 생겨난 거야. 어디서 왔는지는 모르겠어. 근데 히드라는 신기한 놈이야. 몸을 잘라도 죽지 않거든."

그 시절 소년은 호기심을 먹고 살았다. 뒷산 동굴을 탐험하고, 용궁을 찾으려고 강 가장 깊은 곳으로 잠수하기도 했으며, 천둥 번개와 함께 물 폭탄이 쏟아지던 날 승천하는 용을 보려고 강가 갯버들 숲에 숨어 한나절이나 덜덜덜 떨기도 했다.

마을 형은 소년이 보는 앞에서 토막 낸 히드라를 물속에다 넣었다. 둘로 갈라진 목숨은 한동안 파동이 없었다. 그냥 물에 떠다닐 뿐. '혹시 죽었나?' 막대기로 건드려도 마찬가지였다. '그럼, 그렇지. 죽었을 거야.' 소년은 체념하면서 침만 꼴깍꼴깍 삼켰다.

핸드폰도, 텔레비전도, 책도 없었던 그 시절, 소년의 관심사는 대자연이었다. 소년은 어떤 동물이 죽었다가도 살아나는지 궁금했다. 어른들은 죽은 개구리를 질경이 이파리로 덮어 두면 살아난다고 했고, 죽은 뱀을 물에다 넣어 두면 살아나고, 죽은 새에게 흙을 먹이면 살아난다고 했다. 소년은 그 말을 믿었다. 세상 모든 목숨은 물과 흙에서 살아가니까, 그것이 생명을 살려 내는 건 당연하지 않을까.

그래서 아버지가 돌아가셨을 때, 어른들 몰래 당신 입안으로 흙을

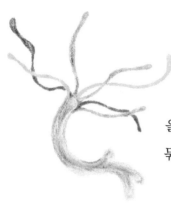

히드라는 물속에서 자유롭게
살아가는 영혼이다.

밀어 넣는 거사를 계획했다. 흙의 주술로 당신의 운명을 되돌리는 기적을 염원하면서, 이승과 저승의 경계 같은 병풍을 살짝 밀어냈다. 아버지는 손과 발이 꽁꽁 묶인 채 누워 있었다. 막상 그런 낯섦 앞에 서자 알 수 없는 두려움이 소년을 얼어붙게 하였다. 소년이 여덟 살 때였다.

끝내 거사를 이루지 못하고 뒤란 차나무 앞에 주저앉은 소년은 목에 걸린 울음을 억지로 삼켰다. 아버지가 돌아가신 것이 꼭 자기 탓 같았고, 그래선지 속울음은 한없이 차갑고도 서러웠다. 가슴속에서 속울음이 얼어 갈수록 아파하던 아버지의 기억이 조여 왔고, 버려진 부고장에서 아버지의 시간이 바람에 울다가 순식간에 하늘로 사라져 버렸다. 주름 한 줄 없던 하늘에서 갑자기 차꽃 같은 눈이 풀풀풀 날렸다.

도마뱀 이발

소년은 마을 어른에게 이런 말을 들었다.

"꼴 베다가 도마뱀을 만나면 꼬리를 잘라 줘라. 도마뱀이 이발하기 위해서 나온 거란다. 도마뱀은 혼자서 이발을 못 하거든."

세상에나! 도마뱀이 이발한다니? 소년이 헤헤헤 웃자, 그분은 제법 진지하게 덧붙였다.

"도마뱀 이발은 사람처럼 머리를 자르는 게 아니라 꼬리를 자르는 거야. 도마뱀은 그걸 이발이라고 한단다. 그래서 사람이 꼬리를 잘라 주면, 아이고 감사합니다! 하고 좋아서 막 뛰어간단다. 도마뱀 꼬리는 머리카락처럼 다시 자라나거든."

아하, 그렇구나! 그때부터 소년은 도마뱀이 나타나기를 기다렸고, 드디어 풀밭 사이로 녀석이 나타나자 잽싸게 낫등으로 꼬리를 내리쳤다. 꼬리가 떨어지는 순간 "아, 감사합니다. 야호, 이발했다!" 그 소리가 귀에 들리는 것 같았다. 이발한 도마뱀은 삽시간에 사라지고 잘린 꼬리만 꿈틀거렸다. 소년은 꼬리를 들고 와서 며칠간 관찰했다. 혹시 꼬리가 살아날지도 모른다고 기대하면서. 그러던 중에 한마을에서 사는 친한 형한테 히드라를 얻은 것이다.

토막 난 히드라는 죽지 않았고, 두 마리가 되어 있었다. 소년은 그놈들 몸통을 네 개로 잘랐다. 며칠 뒤 물병을 보니까, 네 마리로 불어나 있었다. 아직은 기형적인 체형 이었으나 점차 완성체 를 향해 변해 가고 있었다. "와!" 말과 호흡 사이에서 묘한 감탄사가 흐르고, 은연중에 숭배하듯이 바라 다보았다. 과학이 하등 동물이라고

소년은 도마뱀 이발을 해 줄 때마다 기분이 좋았다.

손가락질하던 그 존재는 무한한 생명의 환상을 갖게 하였다.

그로부터 며칠 뒤, 소년은 손톱을 자르다가 다시금 히드라를 떠올렸다. 히드라처럼 잘려 나간 손톱이 또 다른 자신으로 변한다면 어떻게 될까. 어른들은 소년에게 손톱을 함부로 버리지 말라는 말을 자주 했다. "쥐나 뱀이 네가 버린 손톱을 먹으면, 너로 변할 수가 있거든." 그러면서 이야기를 들려주었다.

옛날 어떤 마을에 금슬 좋은 부부가 살고 있었는데, 하루는 아내 앞에 남편이 둘이나 나타났다. 얼굴뿐만 아니라 말투까지 똑같아서 누가 진짜인지 알 수 없었다. 아내가 고심하다가 "우리 남편 등에는 콩알만 한 점이 있소!" 했더니 둘 다 등을 보여 주었다. 놀랍게도 둘 다 점이 있었다. 아내는 집에 있는 밥그릇이랑 수저가 몇 개냐고 물었다. 가짜 남편은 술술술 말하고 진짜 남편은 더듬거리며 말을 이어 가지 못했다. 옛날에는 남자들이 부엌에 들어가지 않았으니까 진짜 남편은 그걸 알 수 없었다. 진짜 남편은 쫓겨나서 거지가 되었다.

어느 날 거지는 우연히 만난 스님에게 신세를 한탄했다. 가만히 듣고 있던 스님이 좋은 수가 있다면서 어디론가 사라졌다가 노란 고양이를 안고 나타났다. 진짜 남편이 집으로 들어오자 가짜 남편이 버럭 화를 내면서, "아니, 이놈이 아직도 정신을 못 차리고 다시 나타났네! 이번에는 단단히 혼내 주겠다!" 하며 소리쳤다. 그러고는 몽둥이를 들고 마당으로 나오자, 스님은 안고 있던 고양이를 땅에 내려놓았다. 고양이는 가짜 남편을 보자마자 달려들었다. 순간 가짜 남편은 큰 쥐로 변해서 달아나다가 고양이한테 잡히고야 말았다.

어른들은 오래 산 쥐가 사람 손톱을 먹으면 사람으로 변하니까, 머리카락 하나라도 함부로 버리면 안 된다고 겁을 줬다. 머리카락이나 손톱에도 영혼이 들어 있는 것이라고. 그러니 어른들 말을 믿지 않을 수가 있겠는가.

어쨌든 토막 난 히드라가 경이로운 목숨으로 거듭나는 것을 볼 때마다, 소년은 도저히 헤아릴 수 없는 생명이라고 눈만 껌벅거렸다.

재생되지 않은 인간의 손가락

소년은 모든 생명을 키우고 싶었다. 살모사를 보리밭에다 묶어 놓고 날마다 개구리를 잡아다가 억지로 먹이기도 했다. 꾀꼬리와 까치, 어치, 참새 새끼는 죄 없이 볼모가 되었고, 개구리, 거머리, 자라, 방아깨비, 송사리 등 수많은 동물이 포로처럼 끌려와서 굴욕의 시간을 보냈다. 집 안 곳곳에는 물병과 물독이 숨겨져 있었다. 그 속에는 히드라 같은 정체불명의 녀석부터 송사리, 올챙이, 메기, 미꾸라지, 가재가 살았다. 가재는 땅속을 해석하여 물길을 찾아내는 특별한 신통력을 갖고 있다. 소년은 가재가 땅속을 기어서 30리 간다는 어른들의 말을 들을 때마다 자연스럽게 상상이 되었다.

해마다 백중날에는 마을의 우물을 청소했다. 모든 집에서 한 명씩 일꾼으로 나가야 했는데, 소년의 집에는 할아버지를 제외하면 남자 어른이 없었다. 할아버지는 어쩔 수 없이 소년을 일꾼으로 파견했다. 마을 사람들도 그런 특수성을 이해해 주었다.

소년은 우물 밑바닥으로 내려가는 특공대를 자청했다. 우물 속으로 내려갈 때마다 다른 세상으로 들어가는 기분이었다. 기분이 묘했다. 우물 바닥에는 신발부터 수저, 밥그릇, 깡통, 호미, 낫, 동전 같은 물건도 있었고, 미꾸라지와 가재가 주인 행세를 했다. 어른들은 미꾸라지가 용이 되기 위해서 빗물을 타고 올라가다가 떨어졌을 거라고 했고, 가재는 자기들만이 아는 땅속 길을 통해서 우물까지 온 것이라고 진단했다.

가재란 놈은 만만하지 않다. 무시무시한 집게발로 무장하고 있어서, 조금이라도 방심했다가는 집게발에 물려 비명을 지르는 수모를 당했다. 가재한테 물린 날, 소년은 녀석을 잡아내면 흙고물을 마구 뒤집어씌워서 잘 움직이지 못하게 고통을 주었다. 가끔은 땡볕 세례 받는 벌도 주었고, 개미들이 우글거리는 곳에다 밀어 넣기도 했고, 심지어 뜨거운 오줌 맛을 보여 주기도 했고, 무거운 돌이 달린 실을 녀석의 앞발에다 묶어서 끌게 하는 형벌도 내렸다. 그래도 굽신거리지 않았다. 소년은 그 깡다구가 은근히 부러웠다.

어느 날, 집게발이 떨어져 있는 가재들을 보았다. 물독에는 두목인 큰 가재와 어린 가재 네 마리가 살고 있었다. 소년은 고개를 갸웃하다가, 두목이 집게발을 치켜들고 다른 가재들을 쫓는 걸 보았다. 배고픈 가재들이 "형아, 개구리 살 좀 나눠 먹자!" 하자, "안 돼!" 하고 두목이 소리쳤다. 소년은 죽은 개구리를 먹이로 주고 있었다. 배고픈 가재들이 다가가자, 두목은 집게발을 사정없이 휘둘렀다. 두목의 집

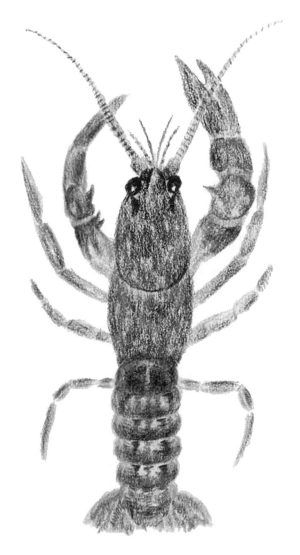

가재의 집게발은 소모품이라서
떨어지면 새로 돋아난다.

게발에 물린 어린 가재의 집게발이 떨어져 나갔다.

소년은 두목을 치울까 하다가 조금 더 지켜보았다. 바닥에 떨어진 집게발도 유심히 관찰했다. 혹시 히드라처럼 또 다른 가재로 변신하기를 은근히 바라면서. 그리고 1주일쯤 지났을까. 소년은 물독을 보다가 깜짝 놀라고야 말았다. 큰 집게발을 잃은 어린 가재 몸에서 작은 집게발이 돋아나고 있었으니까. 그건 신비롭고 불가사의한 마법이었다.

당시에는 퇴비 생산을 늘리기 위해 마을 공동으로 풀을 베어다가 회관 앞에다 쌓아 두었다. 그러고는 어느 날 마을 사람들이 모여서 그걸 작두질하여 퇴비로 만들었다. 정부에서 밀어붙인 정책이라서 일정한 양의 퇴비를 마을 앞에다 전시해 두지 않으면 불이익을 당했다.

많은 풀을 작두질하다 보니 예기치 못한 사고도 일어났다. 이웃집 형이 작두에 앉아서 풀을 먹이다가 작두날에 왼쪽 집게손가락이 잘려 나갔다. 그 형은 잘려 나간 손가락을 붙이지 못했다. 자동차가 없어서 읍내까지 자전거를 타고 가다가 손가락을 잃어버렸던 것이다.

그때부터 소년은 가재만 보면 그 형이 떠올랐다. 가재였다면, 그까짓 손가락 하나 잘려 나갔어도 아무런 문제가 없었을 것이다. 소년은 괜히 신을 원망했다. 어떤 영원함이나 초월을 바라는 게 아니라 형평성의 문제를 제기하고 싶었다. 왜 가재의 집게발은 재생되는데, 사람의 손가락은 재생되지 않냐는 항의랄까. 가재처럼 손가락이 재생되어야 더 열심히 일을 할 수 있지 않을까.

요즘이야 이가 흔들리면 치과 의사의 도움을 받지만, 당시에는 아이들 스스로 실랑이하면서 그 문제를 해결했다. 소년은 문고리에다 흔들리는 이를 묶고는 문을 왁 밀쳐서 빼기도 했다. 문이 치과 의사 였던 시절이다.

젖니가 빠지고 난 자리에서 싹트는 이는, 먼저 그 자리에서 살았 던 놈보다 훨씬 크고 깡다구도 세다. 가재는 그 반대다. 새로 난 집게 발은 배냇집게발보다 훨씬 작고 부실한 편이다.

소년은 열 살도 되기 전에 생손톱을 세 개나 잃었다. 생손앓이 끝 에 피멍 든 손톱이 빠져나가자, 손톱 밑에 있던 속살이 점점 굳어지 면서 손톱으로 변해 갔다. 속살의 희생으로 새로운 손톱이 빠르게 생겨났지만, 그 손톱은 배냇손톱보다 약할 뿐만 아니라 결도 거칠고 예쁘지 않았다. 가재의 집게발이랑 비슷한 셈이다.

스스로 시간을 만들어 가는 어린 목숨

다 자란 히드라의 몸에는 생의 매듭이 생긴다. 매듭은 가지처럼 뻗 어 나오면서 꽃을 피운다. 그 꽃은 어미 몸속에다 탯줄을 둔 아기다. 아기가 꽃처럼 보이는 것이다. 히드라는 동물이지만 식물처럼 살아 간다. 출산법도 나무의 전통을 그대로 받아들여서, 줄기에서 새로운 가지가 돋아나듯 아기가 어미의 몸에서 돋아난다.

히드라는 아기를 몸에다 달고 살아간다. 어미와 아기 사이에 이어 진 탯줄을 통해서 젖을 먹인다. 아기가 자라면서 어미는 야위어 간

아기 히드라는 어미의 몸에서 새순처럼 돋아난다.

다. 나날이 커지고 식욕이 왕성한 자식에게 모든 영양분을 다 보내 주니까, 어쩔 수 없는 일이다.

누구든 자라면 독립해서 자기만의 무늬를 만들어 가니까, 그런 과정을 만들어 내지 못한다면 그것은 살아 있는 생명이라고 할 수 없다. 그런 진리를 잘 알고 있는 어미는, 때가 되면 자식의 위와 연결된 탯줄을 천천히 폐쇄한다. 그제야 어린 히드라는 어미의 몸에서 툭 떨어져 나온다. 순간 혼자라는 불안증에 몸을 떨었다가 어디론가 날아가고 싶은 희열을 느끼면서 작은 팔을 흔들어 본다. 생각보다 몸이 가볍게 움직인다. 움직인다는 것이 이렇게 즐거운 행위인 줄 몰랐다. 어린 히드라는 혼자라는 공포를 잊고 거대한 우주 속으로 사라져 간다. 그렇게 한 생명의 무늬가 쌓여 나간다.

인간이 꿈꾼 완벽한 공산주의 체제

산호는 나무처럼 생겼다. 줄기마다 울긋불긋 온갖 꽃을 피운다. 산호가 나무라고 생각했던 사람들은 딱딱한 촉감을 느끼는 순간 당황했다. 이게 뭐지? 왜 이렇게 딱딱해? 바위 같잖아! 그제야 나무가 아니라는 것을 알 수 있었다.

산호꽃은 화려하다. 꽃을 피운다는 것은 움직인다는 뜻이고, 움직인다는 것은 살아 있다는 뜻이다. 대체 어떻게 된 것일까. 딱딱한 가지에서 아름다운 꽃이 피어나다니, 그게 말이나 되는가. 분명 살아 있는 꽃들이 딱딱한 가지에 붙어 있다.

산호는 살아 있음이 창조해 낸 몽환적인 수채화이다. 딱딱한 가지에 사는 작은 생명을 폴립이라고 한다. 폴립은 산호라는 땅에서 아름다운 수채화를 그리면서 살아간다.

히드라는 어떤 공동체에도 소속되지 않고 자유롭게 살아가지만, 폴립은 당당한 독립 국가의 시민이다. 한번 영주권을 획득하면 죽을 때까지 다른 행성으로 이민 가지 않는다. 폴립은 자신을 받아 준 대지를 사랑하고, 각자 개성이 강한 다채로운 문명을 연출해 내는 예술가이다.

폴립 공화국은 크기가 다 다르다. 시민이 많으면 그만큼 나라도 커진다. 신기하게도 딱딱한 가지로 된 폴립 공화국 영토는 날마다 자라난다. 바닷속에는 헤아릴 수 없을 만큼 많은 폴립 공화국이 있다. 5천 년이라는 시간을 쌓아 온 나라도 있고, 이제 갓 생겨난 나라도 있다.

모든 공화국은 시민 각자의 삶을 보장하고 있다. 그들은 서로 미세한 탯줄로 이어져 있으며, 열심히 일해서 벌어들인 것들은 그런 시스템으로 공유한다. 그러니 아파도 굶어 죽을 염려가 없다. 그렇다고 일부러 게으름을 부리는 시민은 없다.

폴립 공화국은 완벽한 공산주의 체제다. 모든 것이 공평하다. 공동

생산, 공동 분배, 그 철학이 완벽하게 구현된 사회다. 사람이 만든 공산주의 체제에서는 늘 불공평이 존재한다. 누군가는 힘든 일을 하고, 누군가는 편안한 일을 하고, 누군가는 사회적인 권력을 이용하여 더 많은 재물을 가져간다. 그러니 서로에 대한 불신이 싹튼다. 폴립 공화국에서는 그런 이기심이 허용되지 않는다. 게다가 사회적인 권력을 가진 특권층이 아예 존재하지 않는다.

폴립 공화국은 인간이 꿈꾸는
완벽한 공산주의 사회다.

맹렬하게 공산주의를 부르짖었던 마르크스나 엥겔스가 그곳을 방문한다면, 그들이 꿈꾼 이상 사회는 욕망을 가진 인간 세상에서는 불가능하다는 것을 깨닫지 않았을까. 해탈을 전제로 하지 않으면 불가능한 일이었구나!
그러지 않았을까.

　폴립은 알이라는 인큐베이터 속에다 수많은 아기를 키워 낸다. 아기는 떠돌다 죽기도 하고, 다른 생명의 입속으로 빨려 들어간다. 그래도 살아남은 것들이 있다. 어미가 그런 고난사를 예상하고는 일부러 많은 알을 낳았으니까.

　살아남은 아기는 깊은 심연 속을 떠돌다가 어느 바위에 도착한다. 그때부터 인큐베이터에서 나온 아기는 폴립이 되어 살아간다. 어린 폴립이 자라서 어른이 되면 식물처럼 새로운 싹을 틔운다. 새로 태어나는 폴립과 어미 폴립 사이에는 모든 재물을 공유하는 탯줄이 이어진다.

　탯줄은 같은 나라 시민이라는 인증서이다. 탯줄을 받지 못하면 시민이 아니다. 히드라 역시 아기가 있을 때는 탯줄로 서로가 이어져 있다. 그러다가 아기가 자라면 탯줄을 끊어 버리고 독립시킨다. 폴립은 그렇게 하지 않는다. 같은 시민이라면 숨이 바닥날 때까지 서로의 몸에 연결된 탯줄을 끊지 않는다. 처음에는 혼자였지만 자식이 생기고, 그 자식이 자식을 출가시키고, 그 자식의 자식이 또 자식을 출가시키면서 폴립 공화국은 거대한 씨족 사회가 된다.

　폴립의 땅은 날마다 커진다. 그렇다고 전쟁을 통해 남의 땅을 빼앗는 게 아니다. 신기하게도 그들은 자신이 버리는 분비물에다 집을 짓고 살아가는데, 그들의 쓰레기는 시간이 지나면 딱딱하게 굳어진다. 그러니까 살아가는 만큼 분비물이 굳어지면서 새로운 대지가 늘어난다. 시민들이 많아져서 그들이 배출하는 분비물, 온갖 쓰레기가 많아질수록 그들의 영토는 더 빨리 자라난다. 쓰레기 문제로 골머리를 앓고 있는 인간들이 보면 너무 부러울 뿐이다.

영원한 것은 공평한 시간의 흐름이다

폴립의 영토인 산호는 너무나도 나무와 흡사하게 생겼다. 어떤 시대에는 나무라고 했고, 어떤 시대에는 동물이라는 의견이 더 강했다. 현미경의 등장이 그런 논쟁을 정리해 주었다. 현미경이 풀어낸 폴립의 세포 구조는 식물이 아니라 동물에 가까웠으니까.

나뭇가지에는 폴립과 흡사한 수많은 눈이 살고 있다. 눈은 각자 자기만의 개성을 가진 나무 공화국의 시민이다. 그들은 각자 개별적인 희망으로 봄을 맞이하고, 각자 개별적인 전략으로 계절을 경영하면서 살아간다. 가지를 건설하고, 잎을 탄생시키고, 광합성 공장을 세우는 그 모든 과정도 다 독자적이다. 시민들은 생김새도

폴립과 나무의 눈은 개인보다 전체를 위해서 살아간다.

다르고, 일하는 능력도 다르고, 살아가는 환경도 다르다. 그들은 서로의 몸에다 탯줄을 연결하고 살아가니까, 일하지 못해도 당장 굶어 죽을 염려가 없다. 나무도 공동 생산 공동 분배 원칙을 철저하게 지킨다. 그것이 나무가 지향하는 공산주의 체제이다.

그러나 살아가는 환경에 따라서 나무의 눈은 달라진다. 사람들은 형이나 누나가 많이 먹으면 "인석아, 너는 형이잖아, 그러니까 동생한테 양보해라." 하면서 형의 음식을 동생에게 나눠 주기도 하지만, 나무는 그렇게 할 수 없다. 그러니 어쩔 수 없이 강한 눈은 살아남고 약한 눈은 죽는다. 그늘진 곳에 있는 눈은 싹을 틔우지도 못하고 죽는 경우가 허다하다.

완벽한 이상 국가도 삶과 죽음은 그렇게 개별적일 수밖에 없다. 살아간다는 것은 개별적인 호흡이기 때문이다.

나무의 눈은 전체를 위해서 살아간다. 나뭇잎을 보면 위쪽에 새로 돋아난 잎이 그 아래쪽에 있는 잎보다 작다. 그래야만 햇살을 골고루 나눠 가질 수 있기 때문이다. 또 아래쪽에 있는 잎이 위쪽에 있는 잎보다 녹색이 짙다. 위쪽에 있는 잎보다 햇살을 받아 내는 면적이 작아도, 더 효과적으로 햇살을 받아 내기 위해서 잎에다 많은 투자를 한 것이다. 그런 투자가 가능한 것은 공동체의 아낌없는 지원 때문이다. 위쪽에 있는 잎이 생산해 낸 양분은 그 잎으로만 가는 게 아니라 그 밑에 있는 잎으로도 아낌없이 흘러간다.

나무는 눈에서 아기가 태어난다. 아이가 자라서 독립할 때가 되어도 탯줄을 잘라 내지 않는다. 아무리 많은 새순이 돋아나도, 그 새순을 잘라 내지 않는다는 뜻이다. 그들은 모두 탯줄로 연결되어서, 함께 일하고 공평하게 나누면서 행복하게 살아간다.

새로 태어난 가지는 가을이면 늙어 버린다. 그때부터 가지들도 편안하게 쉴 수 있다. 그러니 불만이 없다. 사람보다 늙어 가는 시간이 빠를 뿐이다. 나무눈은 다음 세대를 이끌어 갈 태아가 잠들어 있는 곳이니까, 눈이 없으면 그들에게는 희망이 없다.

살아간다는 것은,
눈이 꿈을 꾼다는 뜻이다

숲의 지배자, 매미나방 애벌레

흙 속에서 풀씨들이 옹알이하자 매미나방 알집에서도 고물고물 아기들이 깨어난다. 출산하는 생명의 역동으로 봄이 가장 북적거릴 즈음이면, 매미나방 애벌레들은 어느새 숲의 지배자가 되어 있다. 매미나방 애벌레는 어떻게 하여 숲의 지배자가 되었을까. 그들은 까칠까칠 독침으로 무장한 채 두꺼운 방탄조끼를 입고 있어서 새도 두려워하지 않는다. 유일한 천적이라면 기생벌이나 기생파리일 텐데, 그들조차도 만만하게 상대할 수 없다.

나방이 된 어미는 그들 특유의 알집을 짓고, 집 안에다 알을 슬어놓는다. 집터는 순전히 어미의 눈썰미에 따라 결정된다. 어미는 비바람의 간섭이 약하고 햇살이 잘 드나드는 곳을 고른다. 알은 따뜻한 솜털로 지어진 요람 속에서 겨울을 난다.

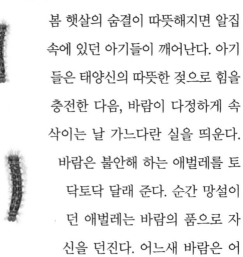

나방의 어미는 햇살이 잘 들고 바람이 약한 곳을 꼼꼼하게 찾아서 집을 짓는다.

봄 햇살의 숨결이 따뜻해지면 알집 속에 있던 아기들이 깨어난다. 아기들은 태양신의 따뜻한 젖으로 힘을 충전한 다음, 바람이 다정하게 속삭이는 날 가느다란 실을 띄운다. 바람은 불안해 하는 애벌레를 토닥토닥 달래 준다. 순간 망설이던 애벌레는 바람의 품으로 자신을 던진다. 어느새 바람은 어린 목숨을 안고 가는 따뜻한 신이 되어 있다.

알집 속에는 수천 개의 알이 잠들어 있다. 하나의 어미가 그렇게 많은 목숨을 퍼트릴 수 있으니, 숲을 지배하는 것은 당연하지 않을까. 그들은 압도적인 병력으로 숲을 점령한다.

진달래와 철쭉의 꽃눈

찬 바람이 기침하면서 들이닥치는 겨울은, 생명의 힘으로는 맞설 수 없는 절대적인 권력자이다. 나무는 어린눈만 걱정한다. 어린눈은 나무의 생명 연장 장치인 셈이다. 어린눈은 너무도 추위에 약하다. 그렇다고 어디론가 피신할 수도 없으니, 매미나방 알보다 형편이 훨씬 더 열악하다. 고민 끝에 나무는 어린눈에게 따뜻한 겨울옷을 입혀 주기로 했다. 방한복은 방수 기능까지 갖춰야 하니까 비늘 원단을 사용했고, 옷 안쪽에다 부드럽고 따뜻한 털을 덧붙였다.

소년은 어른이 된 후 결혼하여 서울에서 살다가 딸이 중학교에 입학할 무렵에 용인 광교산 밑으로 이사했다. 숲 그늘이 마당까지 내려오는 집이었다. 그 집에서 가장 먼저 봄

© 이상권

지난가을부터 준비된
버들 꽃눈이 부풀어
오르고 있다.

살아간다는 것은, 눈이 꼽을 꼬다는 뜻이다

철쭉은 봄에 돋아난 줄기가
꽃눈을 만들어서 길러 낸다.

타령을 흥얼거리는 나무는
갯버들이다. 봄바람에
버들개지가 흔들린다.
다행스럽게도 겨우내
비극을 맞이한 눈이 없다.
그만큼 어린눈이 입고 있는 방
한복이 따뜻했다. 햇살에 반짝거리
는 버들강아지를 보면 어찌나 대견한지 괜히 흐뭇해진다.

테라스 앞에서 사는 목련은 갯버들보다 더 느긋하다. 햇살의 숨결
이 더 따스해지면, 그제야 목련은 슬그머니 방한복을 벗어 낸다. 나
무는 한순간에 옷을 벗어 낼 수 없다. 하나씩 단추를 풀어내듯, 눈을
감싸고 있는 비늘옷이 한 겹씩 열리면서 꽃봉오리가 얼굴을 내민다.
꽃이 핀다는 것은, 꽃눈이 살아온 기억을 토해 내는 일이다. 그때부
터 꽃눈은 힘들었던 지난 기억을 내려놓고, 새로운 미래를 꿈꾸기
시작한다.

봄 축제에 참여하는 목련, 동백, 산수유, 생강나무, 개나리 같은 나
무들은 겨울이 오기 전에 모든 준비를 끝내야 한다. 봄이란 날도 차
갑고, 일꾼인 잎이 없어서 행사 준비를 할 수가 없다. 그래서 잎은 가
을에 생을 마감하기 전에 모든 준비를 다 마무리한다.

새로 이사한 집 2층에서 사는 동백나무도 늦여름부터 꽃눈을 점
지해 놓고는 봄 축제를 준비하기 시작했다. 목련도 비슷한 시기에
축제 예산을 집행하면서 바빠지는데, 늦가을이면 모든 준비를 마친

어린 꽃눈을 만날 수 있다. 이런 준비가 되어 있지 않으면 신에게 봄 축제를 신청할 수 없다. 한 송이 동백꽃을 피우기 위해서는, 6개월이 넘는 수행이 필요하다. 여름과 가을 그리고 겨울을 초월해야만 그 아름다움을 연출할 수 있는 경지에 오를 수 있다.

색채들의 폭발과 함께 봄의 서막을 알리는 축제가 시작된다. 모든 축제가 그러하듯 절정은 짧은 법이다. 화려한 꽃잎이 지면, 작은 잎 눈이 열리고 파란 햇순이 고개를 내민다. 고생했어요! 고생했어요! 햇순은 대지로 돌아가는 꽃잎을 진심으로 위로해 준다.

나무에는 그렇게 잎이 나오는 눈과 꽃이 나오는 눈이 살고 있다.

햇순은 세상 밖으로 얼굴을 내미는 순간, 외로움과 추위에 떨었던 과거를 다 놓아 버린다. 지나간 것은 지나간 것이다. 이제부터는 또 다른 시련이 올 것이다. 비바람에 새살이 찢겨질 수도 있다. 매미나 방 애벌레는 선전 포고도 없이 들이닥칠 것이다. 재난에 가까운 그런 순간들을 버티기 위해서는 어서 튼튼한 잎을 만들어야 한다.

해마다 봄이 오면 할머니는 어린 소년을 앞세우고 뒷산으로 올라 갔다. 산꽃이라고 부르는 진달래꽃은 양지바른 곳부터 눈이 시리도 록 피어났다. 소년은 신나게 진달래꽃을 땄다. 할머니는 신기하게도 응달진 곳에서 핀 진달래꽃을 더 선호했다.

소년은 양달에 핀 것과 응달에 핀 것을 비교하기 시작했다. 양달 에 핀 꽃은 훨씬 꽃송이가 크기는 해도 금방 시들었다. 자세히 보니 자벌레도 보였다. 응달에 핀 꽃은 비록 꽃송이는 작아도 훨씬 맑고 싱싱했다. 그때부터 소년도 응달에서 핀 꽃을 따기 시작했다. 할머니는 해마다 진달래꽃으로 술을 담갔다.

　진달래꽃이 지면 개꽃이라고 부르던 철쭉꽃이 피어나는데, 그것을 구별하지 못하는 아이는 없었다. 먹을 수 없는 꽃, 개꽃. 먹을 수 있는 꽃, 참꽃. 참꽃은 지난해 줄기가 키워 놓은 꽃눈이 터지는 것이고, 개꽃은 봄에 새로 돋아난 잎과 줄기가 급하게 마련한 꽃눈이 터지는 것이다. 그래서 진달래는 꽃이 먼저 피고, 철쭉은 잎이 난 다음에 꽃이 핀다. 철쭉은 엄청 부지런한 식물이다. 진달래 줄기가 6개월이 넘도록 준비해서 키워 낸 꽃눈을, 철쭉은 단 십여 일 만에 키워 내기 때문이다.

모든 방한복의 원단은 잎이다

겨울에 가지를 보면 꽃눈과 잎눈이 이웃사촌으로 살고 있다. 둥글둥글 통통하면 꽃눈, 길쭉길쭉 뾰족하면 잎눈일 가능성이 높다. 동백이나 목련은 그걸 구별하기가 훨씬 쉽다. 워낙 꽃눈이 크고 통통하기 때문이다. 좁은 공간 속에다 꽃잎을 가득가득 욱여넣었으니, 가방이 터질 듯 불룩해지는 건 당연한 일이다.

　목련은 꽃잎 만드는 원단을 어디서 가져오는 것일까. 은밀하게 바람과 거래를 하는 것일까. 아니면 땅속에 있는 누군가랑 거래하는 것일까. 목련꽃 입술이 열리자, 겉옷 사이로 안쪽에 털내의가 보인다. 털내의가 어린 꽃술을 감싸고 있다. 겉옷인 레인코트는 방수가

잘되는 비늘로 만들어졌
다. 내의는 비늘에 털이 빼
곡하게 붙어 있으며, 잎하고
비슷하게 생겼다. 잎의 원형을 그대
로 살려서 내의를 아름답게 재단한 것
이다. 그에 비해서 겉옷은 늘 비바람을 감
당해야 하니까 실용적인 측면을 더 강조하
다 보니 원단의 원형이 사라졌다.

나무는 어린눈에게
최고급 방한복을 입혀
겨울을 이겨 낸다.

　나무는 각자 성격에 따라 입는 옷이 다르다. 어떤 나무는 겉옷만
입었고, 어떤 나무는 겉옷과 속옷을 반반씩 입고, 어떤 계절에는 속
옷만 입기도 한다. 유행이란 기온이나 강수량에 따라서 달라진다. 따
뜻한 곳에 사는 나무들은 얇은 옷을 선호하고, 추운 곳에 사는 나무
들은 두꺼운 코트를 찾을 수밖에 없다.

어린눈에게 옷을 입히는 지혜

작가가 된 소년은 동화를 쓰기 시작했고, 종종 아이들하고도 만난다.
가끔씩 숲에서 아이들을 만나기도 하는데, 식물의 겨울눈 이야기를
들려주기도 했다. 숲과 들의 경계에는 목련나무가 많아서 아이들을
데리고 그 앞으로 갔다. 소년은 아이들을 보면서 "저 작은 눈 속에
몇 벌의 옷이 들어 있을까?" 하고 물어본다. 아이들은 빠르게 대답한

다. "두 벌!" "세 벌!" "다섯 벌!" 성미 급한 아이는 목련 꽃눈을 따서 해부하기 시작한다. 말릴 틈도 없다. 아이들은 선구자 주위로 모여들어 하나하나 옷을 벗겨 낼 때마다 "한 벌, 두 벌, 세 벌!" 하고 소리를 지른다.

소년은 아이들 말을 듣다가 속삭이듯이 말했다. "맞아. 나무는 우리보다 추운 곳에서 사니까, 옷을 많이 입어야 해. 너희가 저 높은 가지에서 산다고 상상해 봐." 아이들은 씩씩하게 대답했다. 생각만 해도 너무 추울 것 같다면서, 만약 자기들이 나무눈이라면 더 많은 옷을 껴입었을 거라고.

나무는 중력을 거부하고 꼿꼿하게 서서 허공에다 온갖 살림살이를 늘어놓는다. 허공으로 올라갈수록 찬 바람 서슬은 사나워진다. 그곳에서 어린눈이 살아간다는 것 자체가 기적이다. 나무의 삶은 하루하루가 기적의 연속이다.

동백 꽃눈 속에는 60여 개의 꽃잎이 차곡차곡 쟁여져 있다.

저 많은 옷을 어떻게 입었을까? 아이들은 목련 눈이 껴입은 옷을 보고 놀랐다. 목련 가지는 한 땀 한 땀 수놓은 옷을 눈에다 쟁여 넣으면서도 그 부피를 최대한 줄이려고 애를 썼다. 가방이 커질수록 비바람에 부대끼는 면적이 늘어날 테니까, 그만큼 겨울을 나기가 힘들어질 것이다. 강한 비바람에 옷은 벗겨지고 찢어지고, 어린눈들은 덜덜덜 떨다가 죽어 갈 것이다. 그러니 어린눈의 부피를 최대한 줄여야 한다.

목련 눈 속을 들여다보면, 그
들의 고민이 느껴진다. 눈 속에
는 수십 벌의 옷이 빼곡하게
들어차 있다. 그걸 다시 벗어
놓고 입으라고 한다면 뭐라고
할까.

억지로 어린눈에게 옷을 입힌

작은 것이 목련 잎눈이고,
통통한 것이 목련 꽃눈이다.

다면 지금보다 훨씬 더 뚱뚱해질
것이다. 먼저 가장 안쪽에다 벗어 놓
은 옷을 입히고, 털 달린 내의를 입히고, 다른 옷 두 벌을 포개 입히
고…… 아무리 신경 써도, 처음보다는 덩치가 커질 것이다.

나무는 수천 년 동안 어린눈에게 옷을 입혀 주면서 자기들 특성에
맞게 옷 입히는 방법을 알아냈다. 집에서 키우는 동백나무 꽃눈 속
에는 67벌의 옷이 쟁여져 있었다. 만약 사람들에게 동백의 꽃눈만
한 가방을 주고는, 이 속에다 옷 67벌을 넣어 보라고 말한다면 모두
고개를 흔들고야 말 것이다.

어린눈 속에 들어찬 옷 사이에는 빈틈이 없다. 그 어떤 시간도, 바
람도 비집고 들어갈 수 없다. 당연하다. 조금이라도 공간이 있다면
다른 옷이 비집고 들어올 테니까. 애초 정해진 규칙대로 일정한 방
향으로 돌아가면서 옷이 쟁여진다. 그러다 보면 소용돌이처럼 보이
기도 하고, 어느 한쪽이 말리기도 하고, 세로로 휘거나 가로로 휘기
도 하고, 둥글거나 주름이 잡히기도 한다.

여행자가 가방을 잘 꾸리기 위해서는 나무가 어린눈에게 옷 입히

는 과정을 눈여겨볼 필요가 있다. 무작정 힘으로 밀어 넣는 게 아니라, 적절한 공간 배치에 대한 전략을 짜고, 하나하나 옷을 입힐 때도 강약 조절을 하면서 여백을 지우는 것이 나무의 지혜이다.

가난한 풀은 태어나자마자 일부터 배운다

봄은 채색의 계절이다. 여러해살이 나무의 새싹은 학교에 다니지 않아도, 이미 화가이고 건축가이다. 그들의 몸속에는 조상이 물려준 온갖 건축 공법과 미술 기법이 내장되어 있다. 그들은 새로운 줄기를 만들고, 그곳에다 자기 후손인 눈을 일찌감치 점지한다. 나무는 어린 눈에게 일을 시키지 않는다. 자식이 다치기라도 하면 이듬해 봄에 새싹을 내밀 수 없으니까, 좋은 옷을 입혀 금이야 옥이야 하면서 보호해 준다.

나무의 어린눈은 바람의 사소한 몸짓에도 예민하다. 가을에 더 강한 추위가 닥칠 거라고 판단되면 서둘러 더 많은 옷을 껴입는다. 특히 꽃눈이 겨울 준비를 부실하게 한다면 봄 축제에 참여하지 못할 수도 있다. 잎눈보다 꽃눈이 겨울에 얼어 죽을 확률이 훨씬 높다. 아무래도 꽃눈은 잎눈보다 커서 추위에 더 민감하니까, 그만큼 겨울 준비에 더 충실해야 한다.

한해살이풀인 바랭이는 나무와 같은 우아한 삶은 꿈도 꾸지 않는

바랭이는 인간의 삶 사이에 있는
여백 속으로 가장 먼저 스며들었다.

다. 그는 봄부터 가을까지 짧은 시간을 살아가니까, 따로 재산을 모
으지 않고 어린눈에게도 좋은 옷을 입히지 않는다. 그저 날마다 일
만 하면서 살아간다. 겨울이 오기 전까지 부지런히 일해서 씨앗을
퍼트려야 하니까, 그래야만 종족의 역사가 이어질 수 있을 테니까.

　어린 소년도 한해살이풀처럼 살았다. 여덟 살 때 갑자기 아버지가
돌아가셨다. 그리고 어느 날 뒷간 앞에 전시된 작은 지게 앞으로 불
려 갔다. 동네 어른들이 그걸 보고 "너도 이제 지게 대학에 입학하는
구나!" 하고 씁쓸하게 웃었다. 그제야 소년은 자신이 지게를 매는 일
꾼이 되었다는 것을 알았다. 그때부터 소년은 전용 지게를 지고 집
안일에 참여했다. 교회에 가고 싶어도 갈 수 없었고, 어린이날이라고
배려 받은 적이 한 번도 없었다. 삶 자체가 일이었다.

외떡잎식물 바랭이는 싹이 트고 어물어물 한나절이 지나다 보면 새싹은 이내 잔가지가 되고, 잔가지 사이에서 눈이 생겨난다. 바랭이는 가을볕이 식어 내릴 때까지 그런 속도전을 줄기차게 밀어붙인다. 풀의 시계는 나무의 시계보다 훨씬 빠르다. 단 며칠 만에 어린눈은 성숙해지고, 몇 대에 걸쳐서 번식한 후손을 볼 수도 있다. 새로 생겨난 가지에는 금세 눈이 생기고, 그 눈이 만들어 낸 가지에서도 몇 시간 만에 새로운 눈이 탄생하고, 그 눈은 또 몇 시간 만에 새로운 후손을 보기도 하니까. 나무들이 한 해에 한 세대밖에 만들지 않는 것을 보면, 어마어마한 속도전이다. 그런 부지런함 때문에 그들은 나무들에게 기죽지 않고 살아가는 것이다.

소년은 쇠꼴을 베면서도 늘 바랭이가 고마웠다. 바랭이는 소가 좋아하는 대표적인 풀인데, 자라는 속도가 빨라서 꼴 베고 며칠만 지나면 다시 자라났기 때문이다.

꽃복숭아나무의 잎눈과 꽃눈

복사꽃 구름이 밀려오던 어느 해 봄, 초등학교 3학년이었던 소년은 과수원 하는 친구네 집에 갔다. 그 집 식구들은 서너 살 된 아이까지 열외 없이 동원되어 일하고 있었다. 놀기 좋은 봄날, 꽃 사태로 세상이 모두 꽃처럼 보이는 계절이 친구에게는 가장 바쁜 철이었다.

소년은 당당하게 일손을 보탰다. 꽃눈을 적당히 솎아 내는 일이었

다. 꽃눈을 그대로 두면 그만큼 많은 열매가 달
리기 때문에 복숭아가 크게 자라지 않는다. 꽃
을 솎아 주는 것은 다산의 본능을 조절하는 의
식이다. 그런 과정을 거쳐 인간은 상품성
있는 똘똘한 과일을 생산하도록 나무를 다그
친다. 사실 나무는 큰 열매에 관심이 없다. 최
대한 많은 열매를 맺어서 다양하고 넓은 곳으로
출가시키는 것이 더 유리하다.

　　인간은 다르다. 자디잔 열매는 아무리
많아도 상품 가치가 없으니, 크고 맛 좋은
열매를 생산해 내도록 나무를 다그쳐야 한다.
그걸 알면서도, 복숭아 꽃눈을 솎아 낼 때마다 이상하게도 안쓰럽고
안타까웠다. 그것이 아이의 마음인지도 모른다.

　　어른들은 절대 잎눈을 뜯어내서는 안 된다고 했다. "잎눈은 일꾼
이 되고, 꽃눈은 과일이 된단다. 잎눈에서 나온 잎과 가지가 과일을
먹여 살리는 것이지. 과일은 일하지 않거든. 그니까 잎눈은 떼어 내
면 안 돼." 그제야 화려한 꽃보다 잎이 더 소중하다는 것을 알았다.
잎이 없으면 열매를 키울 수 없을 테니까.

　　복숭아 겨울눈은 어린 꽃과 어린잎을 한자리에다 모아 놓고 겨울
옷을 입혔다. 서로 살을 맞대고 겨울을 난다는 것은 좋은 점이 더 많
다. 외롭지도 않고, 서로의 체온을 나눌 수도 있다. 눈에서 거의 동시
에 움튼 잎이 꽃을 보호해 줄 수도 있다.

식물의 방은 바람과 습기로부터
어린 씨앗을 완전하게 보호해 준다.
참마.

© 이상권

덩굴 식물인 참마도 꽃을 피운 다음 후손인 씨앗을 맺는다. 씨앗은 여물기 전에 비바람에 노출되면 썩어 버린다. 당연히 참마는 씨앗을 보호하기 위해서 최선을 다한다. 참마의 씨앗이 사는 방은 단단하게 지어져 있어서 한 점 바람조차 통하지 않는다. 방수가 되는 건 당연하다. 그래야 곰팡이로부터 안전하기 때문이다. 씨앗은 가을이 되면 방문이 열리면서 대부분 떨어지지만, 사실 겨우내 그 안에 머물러도 안전하다. 그만큼 씨앗이 사는 방은 안전하다.

그에 비하면 식물의 눈은 너무도 허술하게 겨울을 난다. 목련이나 복숭아는 어린눈에게 제법 두꺼운 방한복을 입히는데, 작살나무는 차

작살나무는 어린눈에게
방한복을 입히지 않고
겨울을 나게 한다.

가운 겨울을 보내야 하는데도 별로 거처에 대한 고민을 하지 않는다.

가을에 보라색 잔 구슬이 잔뜩 여물어서야 자기 존재를 드러내는 작살나무는, 벌어지는 가지가 고기잡이용 작살처럼 생겼다고 해서 붙은 이름이다. 작살나무는 한해살이풀처럼 벌거숭이 눈을 하고 있다. 어쩌자고 어린눈에게 방한복 한 벌 입히지 않는지 모르겠다. 작살나무 어린눈은 그런 상태로 겨울을 견디어 낸다. 그만큼 식물이 추위에 강하다는 뜻이기도 하다.

살아간다는 것은, 미래를 꿈꾸는 거다. 아까시나무도 어린눈에게 어떤 옷을 입힐까, 하고 늘 고민했다. 아무리 좋은 옷을 입혀도 얼어 죽는 희생자가 나오기 마련이다. 아까시나무는 보다 안전하게 어린눈이 겨울을 날 수 있는 방법을 끊임없이 고민했다. 그러다가 자신이 직접 어린눈을 품고 겨울을 나기로 했다.

아까시나무 줄기에는 날카로운 가시 보초병이 둘씩 나란히 서 있다. 아까시나무는 보초병 사이에다 어린눈이 살 수 있는 비밀의 방을 마련했다. 비밀의 방은 봄에도, 여름에도 보이지 않는다. 다른 나무들은 그런 아까시나무를 이해할 수 없었다. 겨울을 나기 위해서는 반드시 어린눈이 있어야 하는데, 그것이 보이지 않기 때문이다.

늦가을이 되어서야 그 비밀이 풀렸다. 이파리가 시들어서 떨어진 바로 그 자리, 나란히 보초병이 서 있는 그 좁은 곳에 어린눈이 사는 비

가시와 가시 사이에다 숨겨 놓은 어린눈이 파랗게 싹을 틔웠다.

밀의 방이 숨겨져 있었다. 어린눈은 줄기 위로 돌출되지 않아서, 바람조차 그것이 겨울눈이라는 사실을 알 수 없다. 바람은 아까시나무의 설명을 듣고 나서야 보초병 사이에 솜털처럼 보이는 게 겨울눈이라는 것을 알았다.

부모의 살 속에 박힌 어린눈은 굳이 방한복이 필요 없다. 부모가 따뜻하게 안아 주니까. 게다가 보초병이 바람까지 막아 주니까. 아까시나무의 선택은 성공적이었다. 아까시나무의 어린눈은 극한 추위가 닥쳐도 얼어 죽는 경우가 거의 없다.

기존의 발상을
뒤집은 땅속줄기

나리는 히드라의 사회 체제를 실험하고 있다

어떤 식물은 폴립 체제를 찬양하고, 어떤 식물은 히드라의 사회를 더 선호한다.

나리는 히드라 체제를 받아들였다. 땅속에서 곧은줄기를 밀어 올리는 나리는 나선형으로 잎을 배치하는데, 꽃이 피기도 전에 잎겨드랑이에서 비밀스럽게 뭔가 생겨난다. 둥글둥글 뾰족한 것은, 잎겨드랑이에 야무지게 박혀 있다. 빤질빤질 광택이 난다.

혹시 저장 창고인가. 나리에게 슬쩍 물어보니까, "에끼, 여보쇼. 식량 저장 창고를 그렇게 함부로 노출시키겠소!" 하고 웃는다. 그럼 뭐냐고 다시 물어보니까, 나리는 "눈."이라고 대답한다. 나리는 늦여름이면 다 시들어 버린다. 그러니까 잎눈이나 꽃눈을 공들여 만들 여유가 없다.

나리는 잎겨드랑이마다 어린 알눈(살눈이라고도 한다)을 키운다. 자식들에게 방을 한 칸씩 마련해 준 것이다. 그러니 형제끼리 젖다툼도 하지 않고, 햇살도 혼자 마음껏 만지작거릴 수 있다. 물론 자식들이 자라는 속도는 다르다. 아무래도 먼저 태어난 자식이 가장 빨리 자랄 테고, 햇살의 결핍을 극복할 수 없는 그늘에서 사는 자식은 운명적으로 자라는 속도가 느릴 것이다.

나리 줄기는 알눈 속에다 자신이 살아가면서 느낀 모든 가치와 재산을 저장한다. 여름이 절정으로 치달을 무렵이 되면, 알눈은 하나의 세상을 탄생시킬 수 있을 만큼 완벽한 힘을 가진 존재가 된다.

그때쯤 나리 줄기는 알눈으로 이어지는 탯줄을 끊어 버린다. 그래도 알눈은 당황하지도 않고, 칭얼칭얼 울면서 엄마를 찾지도 않는다. 알눈 속에는 어린것이 어딘가에 정착할 동안 먹고살 만큼의 식량이 들어 있으니까. 그래서 알눈은 무작정 어미의 품을 떠나는 히드라나 매미나방 애벌레보다 훨씬 더 안전하게 정착할 수 있다.

부모의 배려 덕분에 알눈은 혼자 대지에 떨어져도 당황하지 않는다. 서둘러 일자리를 찾지 않아도 된다. 당분간은 어미가 마련해 준 재산으로 버티면서 살아갈 궁리를 하는 것이다. 아무것도 없이 무작정 떠나간 히드라나 매미나방 자식들하고는 차원이 다르다.

알눈은 옷을 입고 있지 않다. 그래도 괜찮다. 옷 대신 두꺼운 살이 어린눈을 보호해 주니까. 어린눈은 굶주림도 두려워하지 않는다. 어린눈은 가을과 겨울에 일하지 않아도 먹고 살 만큼 충분한 재산을 갖고 있기 때문이다. 부모로부터 물려받은 재산이다.

기준의 발상을 뒤집은 맞수줄기

나리는 품을 떠나는
자식들에게 제법 넉넉한
여비를 챙겨 준다.

본가를 지키는 나리 종손의 풍요로운 시간

늦여름이 되면 자식인 알눈을 출가시킨 나리 줄기는 시들어서 숨을 멈춘다. 그런데 새봄이 되면 똑같은 자리에서 나리 햇순이 솟아오른다. 작년에 줄기가 살았던 집에는 새로운 주인이 노래하고 있다. 새 주인은 작년에 살았던 줄기의 후손으로, 본가를 지켜 나가는 종손이다. 종손은 알눈으로 생겨나는 게 아니라, 그 집에서 사는 줄기가 시들어 가면서 직접 점지해 낸다. 그 집이 스스로 종손을 탄생시킨 것이다. 당연히 종손은 알눈을 통해서 세상으로 나간 형제들보다 살아가는 것이 윤택하다. 종손이 사는 집에는 알눈의 몇천 배나 되는 재산이 쌓여 있다. 종손은 그 재력으로 싹을 틔워 부모의 유언대로 거침없이 수직의 건물을 밀어 올린다.

비늘의 겹은 나이가
늘어날수록 점점 더
많아진다.
나리땅속줄기.

나리 종손은 겨울이 와도 추위 걱정을 할 필요가 없다. 땅속은 바람이 불지 않고, 눈보라도 없으니까. 그런데도 종손이 사는 집은 비늘로 만들어졌다. 무슨 까닭일까. "그걸 꼭 몰라서 묻나요? 땅속은 춥지 않아도 늘 습기가 많잖아요? 습기도 추위만큼이나 무서운 것이라고요. 그래서 방수 기능이 **좋은** 비늘로 외벽을 막은 거지요." 나리가 얼마나 종손을 애지중지하는지 알 수 있다. 종손이 사는 집은 땅속에 있지만, 뿌리가 아니라 줄기다. 그 덩어리 밑에 자잘한 수염뿌리가 달려 있다. 원래 줄기는 땅 위에서 살아야 한다지만, 세상 어디에나 예외가 있는 법이다.

종손이 사는 집은 규모가 알눈을 비롯하여 꽃눈이나 잎눈하고도 비교할 수 없을 만큼 웅장하고, 건축물의 형태를 설계할 때도 연꽃처럼 미학적인 측면이 고려되었다.

땅속은 침묵과 어둠의 세상이다. 그러니 그 누구의 눈치도 볼 필요는 없다. 종손은 계속 집수리를 하면서 집을 확장해 간다. 건축 자재인 비늘은 어디서 사 올 수 없다. 종손은 자기 잎을 이용하여 건축 자재를 직접 만들어 낸다. 집에는 수십 개의 얇은 창고가 있다. 애벌레가 침입하여 창고 한두 개쯤 털어 간다고 해도 전혀 문제가 되지 않는다.

종손은 봄에 태어나서 늦여름이면 생을 마감하는데, 세상 모든 것들이 그러하듯이 죽을 때 아무것도 가져가지 못한다. 그러니까 그 집은 수많은 조상의 시간이 응축된 유산이다. 족보 페이지가 늘어날수록 유산도 늘어나니까, 후손들은 더 다채로운 생의 무늬를 꿈꿀 수 있다. 나리 공화국에서는 족보의 역사가 깊을수록 부유한 집안이다.

마늘은 모든 자식에게
유산을 공평하게 물려준다

마늘은 다른 식물이 소멸해 가는 가을에 생을 시작한다. 흙 속으로 들어간 마늘 눈은, 부드러운 흙의 맥박을 느끼면서 싹을 내밀어 조용히 생의 서곡을 알린다. 마늘 눈은 어미가 물려준 식량을 아껴 가면서 추위를 이겨 내겠다는 결의를 다진다.

추운 겨울의 무력에 마늘은 숨을 죽인다. 마늘은 절대 찬 바람을 이기려고 하지 않는다. 그저 버틸 뿐이다. 봄볕 속에는 이제 안심하고 살아도 된다는 문장이 숨겨져 있다. 해토머리가 되면서 마늘은 거침없이 노래했다. 마늘 밭은 생명의 역동으로 물결친다. 그들은 울림과 반짝거림으로 서로의 시간에 접속하면서 푸르게 연대한다. 줄기에서 건강한 꽃대를 기운차게 밀어 올린다. 마늘쫑이라고 하는 꽃대 끝에는 동글동글 알눈이 달린다.

농부는 알눈이 토실토실 여물 때까지 기다려 주지 않는다. 만약 그걸 묵인했다가는 땅속에 있는 마늘 눈이 사는 집이 작아지기 때문이다. 마늘 줄기가 자기 후손인 알눈을 열심히 키워 내는 건 당연한 일이다. 알눈은 마늘 줄기의 촉망 받는 자식들이다.

농부는 알눈을 품은 마늘쫑이 세상 밖으로 충분히 나올 때까지 기다렸다가 어느 날 뽑아 버린다. 알눈을 거세 당한 마늘 줄기는 충격과 슬픔으로 우울해 하다가 이내 현실적인 판단을 한다. 어쩔 수 없이 땅속 눈에다 남은 생을 걸 수밖에 없다. 그러니 더 열심히 일해서 땅속에 있는 자식들에게 투자하는 것이다.

나리는 땅속 집을 종손에게 물려준다. 조상이 물려준 유산은 혼자 먹고 즐기기에는 너무 많지만, 종손이니까 그렇게 해 주는 것이다. 그래서 종손은 다른 식물들하고 비교할 수 없을 만큼 부유하게 살아간다. 땅속 집이 오래될수록 나리는 두렵지 않다. 밑천이 든든하니까 짧은 시간 안에 튼튼한 고층 건물을 지을 수 있다는 자신감의 표현이다.

식물의 삶이란 누가 먼저 볕을 선점하느냐에 따라서 달라진다. 그러니 고층 빌딩을 가진 것들이 절대적으로 유리하다. 그 누구보다도 좋은 고층 빌딩을 가진 나리가 당당하게 살아갈 수 있는 것도, 조상이 물려준 풍요로운 곳간 덕분이다.

마늘은 살아가는 방식이 나리네 집안과는 조금 다르다. 마늘은 땅속에 있는 본가를 종손에게 물려주지 않는다. 그건 너무 불공평한 관습이다. 마늘은 모든 자식에게 본가의 재산을 조각조각 분리해서 공평하게 물려준다. 그러니 장손이 재산을 독차지하는 나리보다 적은 재산을 가져갈 수밖에 없다. 그래도 나리 알눈에 비하면 많은 재산을 가져가는 셈이다.

마늘은 행여 형제들끼리 재산 다툼을 할까 봐 각자 집을 만들어서 준 다음, 하얀 비늘막으로 칸막이를 하였다. 하얀 막의 원재료는 당연히 변형된 잎이다. 땅속에 있으니까, 햇살을 받

마늘은 일찍부터
재산을 분배하여
자식들에게 물려준다.

지 못하니까 잎의 녹색이 사라졌을 뿐이다.

　마늘의 땅속 집은 뿌리가 아니라 줄기다. 그 건축물의 모든 재료는 잎이다. 생김새가 천차만별인 마늘의 특징은 눈이 있는 부분이 뾰족하다는 점이다.

　마늘은 육아에 각별하게 신경 썼다. 땅속 눈 개인을 존중해서 각자의 방을 주고는, 대신 한 울타리 안에서 살도록 엄격하게 통제했다. 자식은 어미를 중심으로 동그랗게 모여 산다. 어미하고 연결된 탯줄로 서로의 울림을 공유한다.

　어미는 그렇게 자식들을 모아서 키운다. 이 육아법의 장점은 돈이 많이 들지 않는다는 사실이다. 밥을 먹일 때도 한꺼번에 먹이고, 재울 때도 한꺼번에 재우면 되니까. 어미는 열심히 일해서 번 돈을 자식들 먹여 살리는 데에다 다 쏟아붓는다. 자식의 앞날을 위해서 어미는 우아하게 사는 것을 포기했다. 오로지 밤낮으로 일, 일, 일……그렇게 살아간다.

　어미의 헌신적인 노력으로 땅속에서 사는 자식들은 건강하게 자라난다. 어미가 항상 골고루 분배해도 자식들은 저마다 차이가 난다. 태어날 때부터 더 건강하고 빨리 자라는 자식이 있기 마련이다. 어미는 자식을 위해서 마지막까지 일하다가 서서히 숨이 말라 간다.

　그때부터 어린눈은 어미가 물려준 식량으로 살아간다. 가을에 심긴 마늘 눈이 새싹을 내민 채 겨울을 날 수 있는 것도, 어미가 물려준 재산 때문이다.

봄이 시동을 걸기 시작하면 통통한 마늘이 쭈글쭈글해져 있다. 마늘 눈이 겨우내 창고에 저장된 음식을 다 먹어 치웠다는 뜻이다. 그래도 괜찮다. 이제 따뜻한 계절이 돌아왔으니까, 뿌리와 줄기가 열심히 일하면 되니까.

그에 비해 나리의 땅속 집은 봄이 되어도 전혀 쭈그러들지 않는다. 종손 혼자만 살아가니까, 아무리 먹어도 창고에 저장된 음식이 줄어들지 않는 게 당연하다. 그러니 예상치 못한 재해로 빌딩이 무너진다고 해도 다시금 재빠르게 건물을 재건할 수 있는 것이다.

완벽주의자 양파의 자식 키우기

양파가 기원전 5천 년 무렵부터 인간의 식탁에 올라왔으니까, 인간의 몸속에 수놓인 그들의 시간은 아주 오래되었다. 인간하고 동행의 역사가 그만큼 깊다는 뜻이다. 양파는 동그랗게 설계되었다. 겹겹이 포개진 동그란 외벽 속에는 어린눈이 먹고살 식량이 가득 쌓여 있다. 창고가 클수록 어린눈은 많은 유산을 물려받는 셈이다.

양파도 꽃대를 밀어 올려서 꽃을 피우는데, 까만 씨앗이 영글어 가는 행복을 맛보기란 쉽지 않다. 이미 양파는 야생의 감각을 잃어버린 지 오래고, 그의 삶은 인간의 지휘에 따라서 결정되기 때문이다. 예전에는 농부들이 스스로 양파 씨앗을 받아 냈다. 밭에 심긴 양파 중에서 건강한 것을 골라서 꽃을 피우고 열매 맺는 과정을 보장해 주었다. 이제는 농부들이 그런 일을 하지 않는다. 전문적으로 종자를 생산해 내는 거대한 자본이 그 일을 담당한다.

농부가 원하는 것은 씨앗이 아니라 땅속에 묻혀 있는 커다란 덩어리 집이다. 꽃대가 잘린 양파 줄기도 그걸 알고는 땅속에 있는 외아들만 키우면서 살아간다.

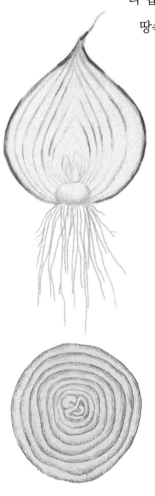

양파 속에는 어린눈이 먹고살 수 있도록 촘촘하게 양식이 쟁여져 있다.

그런 측면에서 나리네 집안이랑 비슷하기는 해도, 양파는 나리처럼 본가를 대대로 유지할 수 없다. 안타깝게도 양파의 땅속 집은 오랫동안 버틸 수가 없다. 추위와 습기에 너무 약해서 금세 썩어 버린다. 그래도 양파 외아들이 사는 집에는, 나리가 조상 대대로 물려준 유산보다 훨씬 더 많은 재산이 들어 있다. 양파가 나리보다 훨씬 더 부자인 셈이다.

양파는 땅속 집을 앉힐 때, 잎을 항아리처럼 얇고 동그랗게 설계하여 겹겹이 포개 놓았다. 처음에 지어진 동그란 방 안에서 어린눈이 살아간다. 창고는 어린눈이 사는 방에다 한 겹 한 겹 덧붙일 때마다 커진다. 창고가 어린눈이 사는 방을 보호해 준다. 창고와 창고 사이에는 전혀 빈틈이 없다.

나리는 그런 양파를 보고 절레절레 고

개를 흔들어 버린다. 대충대충 살아야지, 그렇게 하나도 잃지 않으려고 하면 머리가 아프다. 나리는 지금 가진 재산만 있어도 떵떵거리면서 살아가는데, 굳이 양파처럼 할 필요가 없다. 양파는 그런 나리의 숙덕거림에 신경도 쓰지 않는다.

소년은 서울에서 살다가 광교산 밑으로 이사 왔고, 그 마을에는 주기적으로 도둑이 드는 집이 있다. 거대한 성처럼 붉은 벽돌의 퍼즐로 완성된 그 집은 악기 회사의 회장님 저택이라는 소문이 있는데, 딱 봐도 "나는 돈 많은 사람이야!" 하고 과시하는 것 같다. 그런데 뭐가 두려워서인지 몰라도 담장에는 철조망이 사납게 으르렁거린다. 담장을 보면 섬뜩해지면서 교도소가 연상된다. CCTV도 소대 병력급으로 배치되어 있다.

그래 봤자 무용지물이다. 도둑은 정기적으로 그 집을 방문하여 CCTV부터 뜯어낸 다음, 금고를 열어서 돈다발을 배낭에 넣고 여유롭게 사라진다. 그때마다 관내 경찰서는 발칵 뒤집혔고, 과학 수사를 자청한 자들이 들이닥쳐 뒷산 숲 바닥까지 뒤지고 다니는 짓을 했다. 아직까지 그 범인이 잡혔다는 소식은 없다.

양파의 집은 너무 커서 도둑의 표적이 된다. 땅속에는 두더지, 땅강아지를 비롯하여 상상조차 할 수 없을 만큼 많은 것들이 살아간다. 양파가 24시간 보초병을 세워도 그 도둑을 막을 수 없었다.

양파는 연구에 연구를 거듭해서 자기들만의 비법을 알아냈다. 마늘보다 훨씬 맵고 자극적인 알리신이라는 화학 물질을 개발해 낸 것이

다. 양파 껍질을 벗기면 무조건 항복하듯 눈물이 나오고야 마는데, 알리신이라는 화학 무기 때문이다. 휘발성이 강한 알리신은 곧장 눈부터 자극하여 눈물을 흘리게 하면서 상대의 도발 의지를 꺾어 버린다.

양파는 알리신이라는 화학 물질을 배출하여 상대가 눈물을 흘리게 한다.

광교산 밑으로 이사 온 소년은 언제부턴지 애벌레를 키우고 있었다. 집 안으로 들어온 애벌레를 한두 마리씩 키우다 보니, 어느 때부턴지 애벌레가 없으면 허전했다. 소년은 애벌레를 키우면서 그들의 편식에 주목했다. 인간의 편식은 자연을 파괴해도, 애벌레의 편식은 이상적인 공존의 법칙을 단련시킨다. 숲에는 헤아릴 수 없을 만큼 많은 애벌레가 살아간다.

그들이 먹는 음식은 다 다르다. 왜 애벌레들이 편식할까. 애벌레가 특정 식물을 먹으면, 그 식물은 속수무책으로 당하는 것처럼 보인다. 식물은 항상 직접적인 대응을 하지 않기 때문이다. 그러나 물어뜯긴 식물은 자신을 공격한 상대에 대한 분석에 들어가고, 그 방어책을 고민하여 해결책을 후손에게 물려준다.

그들의 대응은 한 박자 혹은 두세 박자

애벌레는 특정 식물만 먹는 극단적인 편식주의자다. 주홍박각시 애벌레.

늦다. 씨앗에서 움튼 후손은 조상이 물려준 고민과 지혜를 수렴하여 다시금 방어 체계를 정비한다. 더 쓴맛을 만들어 내거나 더 지독한 향을 내뿜거나 혹은 줄기를 더 강한 재질로 만들어 낸다.

그 식물을 먹고 살아온 애벌레는 당황한다. 애벌레도 똑같이 대응한다. 그 풀의 독성이 강해졌으니, 그것을 해독하기 위한 방법을 고민하고 또 고민하여 후손에게 물려준다.

그런 식으로, 식물과 동물의 신경전은 그들이 생겨난 이래로 계속되고 있다. 그쯤 되면 다른 동물은 그 풀을 먹겠다는 엄두도 낼 수 없다. 그 식물의 방어 시스템을 뚫어 낼 수가 없기 때문이다. 그러니 좋든 싫든 애벌레들은 조상 대대로 먹어 온 식물만 편식하면서 살아갈 수밖에 없다. 그런 편식이 개체마다 달라, 결국은 다양성으로 나타나서 자연스럽게 공존의 법칙을 단련시켜 주는 것이다.

종종 나리의 땅속 창고를 털어 가는 도둑이 있다. 나리는 그걸 알면서도 심각하게 대응하지 않는다. "그 정도는 괜찮아. 다 같이 먹고 사는 거잖아? 창고를 다 털어 간 것도 아니고. 그 정도는 예상하고 음식을 넉넉하게 저장했으니까 걱정없다고." 마늘은 그런 나리를 이해할 수 없다고 하소연했다.

쭈글쭈글해진 양파는 식량 창고가 바닥난 것이다.

기준의 발상은 뒤집은 땅속줄기

힘들게 일해서 모아 놓은 재산을 뺏기는 게 말이 되냐고. 양파도 마찬가지이다. 양파는 알리신이라는 화학 물질을 창고에다 가득 뿌려 놓았다. 그랬을 뿐, 창고 외벽을 튼튼한 콘크리트로 바르지도 않았고, 철조망 따위를 치지도 않았다. 그래도 양파의 창고는 도둑으로부터 안전하다.

인간은 양파가 썩지 않도록 붉은 망에 담아서 매달아 둔다. 일정한 시간이 지나면 붉은 망 속에서 파릇파릇 재잘거리는 어린싹의 목소리를 들을 수 있다. 부모로부터 엄청난 재산을 물려받은 어린싹은 아무런 걱정 없이 살아간다. 어떤 놈은 양파 망 중간까지 자라기도 한다. 흙도 없고 물도 없어도 그렇게 자란다. 빨리 자라는 만큼, 크게 자라는 만큼 음식 창고도 빨리 줄어든다.

어린눈은 대식가이다. 동그란 양파 하나면 마늘이나 나리의 눈 수백 개가 먹을 양이다. 그걸 어린눈은 혼자 먹어 치운다. 양파 어미가 큰 창고를 마련해 준 것도 그런 이유 때문이다. 만약 어린눈이 한 달만 일하지 않고 먹어 대면 동그란 창고가 바람 빠진 풍선처럼 쭈글쭈글해진다. 그제야 어린눈은 다급하게 흙을 찾는다. 안타깝게도 인간이 매달아 놓은 양파 망은 흙하고 너무 멀다. 결국 땅에다 뿌리를 내리지 못한 양파는 굶어서 생을 마감한다.

사는 곳이 서로 다른 뿌리와 줄기에 대한
혼란스러운 진실

감자는 줄기일까, 뿌리일까? 소년은 중학교에 입학하자마자 과학 동아리에 가입했다가 선생님한테 그런 질문을 받고 혼란스러웠다. 고구마는 줄기일까, 뿌리일까. 그런 물음표까지 더해지자 생각의 실타래는 더욱 헝클어졌다.

뿌리는 잎이 없다. 눈도 없다. 뿌리는 햇살을 싫어한다.

줄기는 잎이 있다. 눈도 있다. 햇볕이라면 환장한다.

감자는 눈이 있으니까 뿌리가 아니라 줄기라는 것을 쉽게 받아들일 수 있었다. 그런데 고구마는 헷갈렸다. 만약 줄기라면, 당연히 눈이 있어야 한다.

소년은 그 진실을 확실하게 찾아낼 수 없었다.

꽃밭 근처에서 오목눈이들의 재잘거림이 방울 소리처럼 울려 퍼지던 날, 소년의 식구들은 남새밭에 숨겨진 구덩이에서 씨감자를 파내기 시작했다. 소년이 괭이로 얼어붙은 땅을 파헤치면, 할머니랑 어머니가 호미로 흙을 긁어낸다. 창고 내부의 지푸라기를 들어내면 겨우내 피신해 있던 씨알이 드러난다.

이미 쭈글쭈글해진 씨감자에는 맑은 새

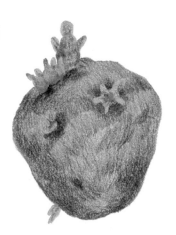

감자는 자기만의 확실한
철학적인 눈을 갖고 있다.

싹이 삐죽삐죽 솟아 있다. 어른들은 감자가 벌써 눈을 떴다고 했다. 그때마다 소년은 "감자가 눈을 떠?" 하고는 씨감자를 이리저리 살펴 보았다. 아무리 보아도 감자 눈이 보이지 않았다. 할머니가 옆에서 웃으시고는 "사람하고 달리 감자는 새싹이 트는 곳이 눈이야. 눈에 서 새싹이 트는 것여." 그러면서 직접 감자 눈을 손가락질했다.

"왜 하필이면 눈이에요? 다르게 불러도 될 텐데……."

"감자가 이 싹으로 세상을 보기 때문이지."

"감자가 세상을 본다고요?"

"그럼, 사람 눈처럼 감자도 세상을 보지. 해, 달, 구름, 돌, 흙, 벌레 같은 것을 보지. 심지어 사람이 보지 못하는 바람도 본단다. 그러니 까 눈이지."

알 것도 같았고, 모를 것도 같았다.

"감자는 눈이 있어야 살아. 산다는 것은 눈이 있다는 것여."

소년은 고개를 갸우뚱거리면서 어른들 어깨 너머로 씨감자 자르 는 법을 익혔다. 어쨌거나 감자가 눈을 갖고 있다는 사실을 받아들 였다.

씨감자와 달리 씨고구마는 쌀겨가 채워진 가마니에 담아 방에다 모셔 둔다. 씨고구마를 땅속에다 묻지 않는 것은, 땅속의 훈기가 그 여린 목숨을 지켜 낼 수 없기 때문이다. 그만큼 고구마가 추위에 약 하다는 뜻이다.

씨감자를 불러낼 즈음이면 씨고구마도 밖으로 불려 나와 햇살을 받는다. 농부들은 텃밭에다 깊숙하게 땅을 파고 퇴비를 두껍게 놓아

고구마 못자리를 마련한다. 씨고구마는 씨감자하고 달리 눈을 중심으로 자르지도 않고, 그냥 통째로 묻어 둔다. 그런 다음 비닐을 덮어서 따뜻하게 해 준다. 고구마 못자리에서 나온 새싹은 빠르게 자란다. 농부들은 그 줄기를 잘라서 심는다.

농부들은 고구마순을 심고 나면, 못자리에서 순을 길러 낸 씨고구마를 파냈다. 씨고구마는 처음 심었을 때보다 약간 살이 올라 있다. 그걸 찌면 어떨까. 소년은 그걸 한 입 살짝 베어 먹고는 누렁이한테 던져 주었다. 얼마나 맛이 없으면 누렁이도 그걸 별로 좋아하지 않았다. 당분은 고구마 줄기가 다 먹어 버렸으니까, 겉보기에는 멀쩡해 보여도 속은 당분이 텅 비어 있는 거나 마찬가지니 맛이 있을 리가 없다.

고구마는 자기 살림살이를 하나도 버리지 못하는 스타일이다. 줄기를 충분히 길러 냈고, 실뿌리도 원하는 만큼 땅속으로 퍼진 상태가 되면 모체인 씨고구마를 버려도 된다. 그러나 줄기는 모체를 포기하지 않는다. 쓸모없는 거대한 모체에다 새살을 붙여 가면서 조금씩 조금씩 영양분을 저장하는 창고로 쓴다. 물론 새로 생긴 뿌리에도 양분을 저장하지만, 기존에 큰 창고가 있으니 그걸 더 활용한다는 뜻이다. 그러니 고구마 수확량이 늘어나지 않는다. 또한 기존에 있는 모체는 약

고구마는 식량을
저장해 놓은 뿌리에서 싹이 튼다.

기존의 발상을 뒤집은 땅속줄기

해진 상태라서 장마철에 썩어 버릴 수도 있다.

감자는 성격이 전혀 다르다. 씨감자는 땅속에 묻히고 나면 새로운 줄기와 뿌리를 만들어 낸다. 어느 정도 그런 토대가 마련되면 줄기는 미련 없이 모체를 버린다. 고구마처럼 보수해서 모체에다 양분을 저장하는 짓을 절대 하지 않는다. 감자 줄기가 파릇파릇해지면 아무도 돌보지 않는 모체는 썩어서 흙으로 돌아간다.

못자리에서 새순을 길러 낸 씨고구마를 '구강'이라고 하는데, 소년은 그것을 캘 때마다 신기했다. 씨고구마는 종잡을 수 없을 만큼 사방에서 새싹이 움텄다. 그건 고구마도 감자처럼 눈이 있다는 뜻이 아닌가.

소년이 그렇게 질문하자, 과학 선생님은 잠시 머뭇거리다가 "가만 있자, 감자는 분명 싹이 나오는 눈이 있고, 고구마는 싹이 나오는 눈이 없다고 했는데……." 하고는 당황하다가 다음에 알려주겠다고 얼버무렸다.

얼마 후 선생님은 이렇게 답변했다. "감자는 움푹 패인 눈에서 싹이 트는 게 맞아. 그러니까 줄기야. 고구마도 가만히 두면 싹이 트는데, 그건 눈에서 트는 게 아니야. 고구마가 살기 위해서, 그냥 뿌리의 적당한 곳에서 새싹이 나와. 식물이든 사람이든 어쩔 수 없는 상황이 되면 살기 위해서 온갖 방법을 다 쓰기 마련이야. 고구마도 그런 셈이지. 자, 이제 이해하겠지?" 소년은 자신 있게 "예!" 하고 대답하지 못했다. 더 헷갈렸다. 감자나 고구마를 보고 눈이 있느냐 없느냐 하는 것으로 줄기냐 뿌리냐 하는 것을 판단하기란 쉽지 않았다.

감자꽃을 보면 그 아름다움을 회피하고 싶어진다. 어른들이 아이들에게 그 아름다움을 잘라 내는 일을 시키기 때문이다. 그건 어린 소년이 가장 하기 싫은 일이었다. 그만큼 아름다움을 잘라 내는 일은 슬펐다. 그 일을 마친 아이들은 잘라 낸 감자꽃을 한 움큼 손에 쥐고 터덜터덜 밭두렁을 걸어갔다. 그러면서 아름다움에 대해, 예쁜 꽃에 대해 더 깊게 생각했다.

아무튼 감자꽃을 잘라 내는 것은, 감자에게 "넌 꽃을 키울 수 없어. 그러니 일찌감치 포기하는 게 좋아." 하고 설득하는 과정이다. 물론 감자는 쉽게 고집을 꺾지 않는다. 당연하다. 감자는 꽃을 피워야만 후손이 생기니까.

감자꽃을 꺾지 않으면 구슬 모양의 씨알이 주렁주렁 달린다. 감자줄기는 그 씨알에다 모든 정성을 다 쏟기 때문에 땅속줄기에는 그만큼 무관심해진다. 당연히 인간이 먹을 수 있는 땅속의 덩이줄기가 커지지 않는다. 인간은 그런 줄기의 속마음을 알고는 아예 꽃대를 거세해 버린다.

소년은 꽃대를 잘라 내는 일을 하다가 우연히 감자밭 고랑을 보았다. 감자들이 흙 위로 나와서 중얼거리고 있었다. 햇살이 만져 준 녀석들 얼굴은 푸르스름했다. 소년은 그들이 부러웠다. 똑같이 햇살에 탔는데, 소년은 감실감실하고 감자는 푸르스름했으니까. 감실감실한 것보다는 푸르스름한 편이 더 낫다고 생각할 정도로, 소년은 까만 자기 얼굴이 싫었다.

햇살이 까끄라기처럼 따가워질 즈음이면 꿩들이 고구마밭 주위를 어슬렁거린다. 그놈들은 고구마 서리 전문가다. 꿩이 생고구마를 조금 쪼아 먹는다고 해서, 상처 난 고구마가 죽는 것은 아니다. 탯줄이 끊어지지 않는 한 고구마는 흉한 상처를 안고서 그대로 살아간다.

소년은 꿩이 파헤친 고구마를 보다가 고개를 갸우뚱했다. 왜 고구마는 흙 위로 나와도 푸르스름해지지 않는 걸까. 양파는 흙 위로 드러난 부분이 푸르스름해진다. 무도 마찬가지다. 감자도 마찬가지이다. 그렇다면 감자나 양파는 줄기고, 고구마만 뿌리라는 것인가. 맞아, 줄기라면 당연히 햇살을 받으면 푸르스름해져야 해. 고구마는 뿌리라서 그렇게 변하지 않는 거야! 소년은 확신했다. 색깔로 구분하자! 예컨대 우리가 흔히 대나무 뿌리라고 하는 대나무 땅속줄기도 흙 위로 드러나는 부분은 파르스름하다. 그렇다면 그건 줄기다. 소년의 기준은 철저하게 흙 위로 드러났을 때 광합성을 하느냐 마느냐였는데, "그렇다면 무도 줄기야? 무도 흙 위로 드러나면 푸르게 변하잖아?" 하고 한 친구가 묻자, 그만 멍해졌다.

선생님한테 물었더니, 무는 뿌리라고 했다. 아이고, 머리가 아팠다. 무가 푸르게 변하는 것을 보면 뿌리도 광합성을 한다는 뜻이 아닌가. 엄청 혼란스러웠다. 선생님은 이렇게 정리했다. 감자나 대나무 땅속줄기가 광합성을 하여 푸르게 변하는 것은 당연한 일인데, 무가 푸르게 변하는 것은 특별한 경우이다. 원칙적으로 뿌리는 광합성을 할 능력이 없다. 그러나 세상 어디에나 예외가 있는 법이다. 무 뿌리가 그런 경우라고 했다.

푸르스름해진 감자는 삶아도 혀가 아리다. 흙에서 노출된 감자는 초식 동물과 병원균으로부터 자신을 보호하기 위해 솔라닌이라는 독성 물질을 엄청나게 제조하여 무장하기 때문이다. 감자의 파란 줄기에도 그런 독성이 가득 차 있다.

그건 양파도 마찬가지다. 양파 역시 흙 위로 땅속줄기가 드러나면 파릇파릇해진다. 그 부분이 하얀 쪽보다 훨씬 아리다. 그런데 무는 푸르스름한 부분이 훨씬 달아서, 아이들은 그 부분만 베어 먹고는 하얀 뿌리를 그냥 버린다.

폴립형 사회 제도를 받아들인 둥굴레

식물은 때때로 자기 세계관을 스스로 전복하기도 한다. 줄기에게 땅속은 새로운 세상인데, 그곳으로 줄기를 이동시킨 것은 기존 발상에 대한 파괴다. 그런 도전 정신으로 식물은 지금까지 장하게 살아남았다.

감자는 나리처럼 건물 외벽에다 비늘 재료를 사용하지 않는다. 그러니 도둑이 만만하게 생각한다. 게다가 감자는 덩어리가 커서 도둑이 서로 먼저 훔치기 위해서 다툴 필요도 없다. 감자는 보안 시스템이 엉망이라서 창고 안으로 들어가는 것도 수월하다. 워낙 저장된 것이 많아서 조금 훔쳐 내도 별로 티 나지 않는다.

땅속에서 사는 애벌레들은 강력한 독성으로 무장한 감자를 별로 두려워하지 않는다. 이미 오래전에 감자의 독을 어느 정도 해독한 상태이기 때문이다. 감자도 크게 신경 쓰지 않는다. 도둑이 창고를 조금 축낸다고 해서, 감자가 망하는 것도 아니다. 땅 위에서 사는 덩치 큰 초식 동물들만 막아 내면 된다. 만약 감자순이 독을 갖고 있지 않다면 그들에게 물어뜯겨서 살 수 없을 것이다.

신기하게도 인간은 음식을 눈으로 먼저 맛본다. 못생긴 감자, 즉 둥글둥글하지 않은 것들, 벌레에게 물어뜯긴 흔적이 남은 것들은 눈 맛이 좋지 않다. 그래서 기를 쓰고 땅속 애벌레들에게 선전 포고한 다. 그건 감자의 뜻하고는 전혀 무관하다. 아무리 당사자가 괜찮다고 해도, 인간은 온갖 화학 무기를 밭에다 살포한다. 감자를 위한다는 명분이지만 실은 자기들 눈맛 때문에 그런 전쟁을 하는 셈이다.

어느 해 봄이었던가. 소년은 이슬비를 맞으면서 뒷산에 올랐다가, 이슬비에 흠뻑 젖어 있는 둥굴레를 만났다. 그들은 초롱불을 켠 채 자기들만의 의식을 하고 있었다. 소년은 휘파람을 불며 쪼그려 앉았다. 줄기가 너무 단아했다. 밝은 초롱불이 깜박거렸다. 소년은 그 풀꽃을 집으로 모시기로 했다. 즉시 둥굴레 줄기 아래 낙엽을 걷어 내면서 그의 뿌리를 탐색했다.

위에서부터 차근차근 흙을 걷어 낸다. 다행스럽게도 뿌리의 지도는 금방 드러났다. 수평으로 뻗어 간 뿌리는 근처에 사는 모든 둥굴레에게 정확하게 연결되어 있었다.

소년은 그곳에 모여 사는 둥굴레들이 한집안, 한 핏줄이라는 것을 알았다. 가장 큰 둥굴레가 가장 어른일 것이었다. 정확히 몇 대가 사는지 알 수 없어도, 집성촌이라는 것을 확신할 수 있었다. 둥굴레는 하나만 심어 놓으면, 그 뿌리가 연결되어 대가족을 이루면서 살아간다.

둥굴레는 집성촌을 이루면서 살아간다.

둥굴레는 폴립형 사회 체제를 이룬다. 하나의 씨앗이 떨어져서 뿌리를 내리고 싹을 틔우면, 그 뿌리가 옆으로 뻗어 가면서 새로운 땅속 눈을 만들어 낸다. 어머니는 자식이 새 줄기를 내밀고 수많은 실뿌리를 내밀어서 자립했다는 것을 알면서도, 당신 몸이랑 연결된 탯줄을 자르지 않는다. 그러니 분가한 자식은 일하지 않아도 굶어 죽지 않는다.

자식은 또 자식을 낳고, 그 자식은 또 자식을 낳는다. 몇 년 만에 둥굴레는 대가족이 모여 사는 집성촌을 이룬다. 햇살이 잘 드는 곳에서 사는 둥굴레는 건강하고 뿌리도 굵다. 그렇다고 응달진 곳에서 사는 깡마른 둥굴레가 시기하지 않는다. 잘사는 둥굴레가 벌어들인 재산은 땅속에 연결된 탯줄을 통해 힘들게 사는 둥굴레에게 전달되기 때문이다. 그런 식으로 둥굴레들은 완벽한 공산주의 체제를 이루고 있다.

대나무를 비롯하여 갈대 같은 벼과 식물도 그와 비슷한 체제를 이루면서 살아간다. 그들은 씨앗으로 퍼져 나가면서도, 땅속에 숨겨진 뿌리로 끊임없이 자신의 유전자를 확장해 나간다. 뿌리로 번식을 한다는 것은, 뿌리에 눈이 있다는 뜻이다. 그렇다면 뿌리가 아니라 땅속줄기라는 사실을, 여러분은 이미 알고 있다.

그렇다. 땅속으로 유전자를 확장하는 벼과 식물의 뿌리는 뿌리가 아니라 땅속줄기다. 여러분들이 마시는 둥굴레차의 재료도 뿌리가 아니라 땅속줄기다. 줄기라는 개념을 재구성하여 굳이 땅속에다 배치했다는 것은, 그만큼 절실한 이유가 있기 때문이다.

땅속줄기를 보면 짧게 마디가 있고, 마디마다 실뿌리가 달려 있다. 그 실뿌리가 둥굴레 뿌리다. 통통한 땅속줄기 끝에는 눈이 있다. 그 눈에서 새싹을 내밀어 줄기를 만들고 살아가는데, 땅속줄기는 이웃에서 사는 줄기랑 이어져 있다. 얼핏 지하철 노선도를 연상시킨다.

신을 믿지 않아도
믿음을 깨닫게 해 준 나무

뿌리의 첫걸음마는 물을 찾는 일이다

광교산에서는 8월 중순부터 도토리가 떨어지기 시작하는데, 그럴 때 숲에 들어가면 괜히 기분이 좋아진다. 바람이 호흡하고 도토리가 떨어진다. 과감하고, 거침없으며, 장난스럽다. 땅에 닿는 소리, 낙엽이 충격을 흡수해 주는 소리, 떨어지면서 정들었던 가지랑 부딪히는 소리, 떼굴떼굴 구르는 소리. 그걸 보면 괜히 뭉클해진다.

그 작은 우주를 살포시 쥐면 기분이 좋아진다. 따뜻한 포만감이 느껴진다. 둥글둥글한 힘, 그 힘으로 버티어 왔구나! 둥글둥글한 것이 손아귀에서 굴러다니면 어찌나 편해지는지, 절로 눈이 감긴다. 끝의 뾰족함에서는 고단함이 느껴지고, 꼬투리의 단단함에서는 강인한 의지가 느껴진다. 도토리는 날카로운 모서리를 도려내기 위해서 얼마나 많은 생을 굴렀을까. 잘 구르기 위해서는 더 커지고 싶은 욕망을 계속 버려야만 했을 것이다. 버리면서 작아지지 않으면 둥글둥글해질 수 없을 테니까.

작아진 도토리에게서는 헤아릴 수 없는 무게가 느껴진다. 그 작은 것이 어마어마한 숲을 이루고, 자기 살을 빚어서 만들어 낸 도토리로 수많은 생명을 먹여 살린다. 저 우주의 별만큼이나 오래된 것들의 이야기가 작은 열매 안

둥글둥글한 것이 가장
자연스러운 삶이다.

79

에 들어 있다. 결국 별들도 도토리처럼 언젠가는 떨어지겠지.

이마에 주름골이 깊어진 소년은 새삼 둥글둥글했던 어린 시절을 떠올린다. 왜 사람은 늙어가면서 자꾸만 각지고 뾰족해질까. 이제라도 둥글둥글해졌으면 좋겠다. 누군가의 눈에 도토리처럼 둥글둥글하게 보였으면 좋겠다. 그랬으면 정말 한생을 잘 살았다고 할 것이다. 어쩜 이리도 편안하고 생의 고달픔까지 잊게 해 줄까. 인간이 잃어버린 생명의 따스함을 그 작은 열매는 고스란히 간직하고 있다. 도토리 같았으면 좋겠다. 누군가에게 그런 위로가 되어 주고 싶다. 그렇게만 산다면 괜찮을 것 같다. 늘 욕망을 어루만지던 불안한 손이, 그 둥글둥글함을 만지다 보니 괜히 울컥해진다. 새삼 이 찰나의 시간이 수백 년의 역사를 키우고, 수천만의 생명을 키우는 우주를 만들어 간다는 사실이, 고맙다!

도토리가 구른다. 나무에서 떨어졌을 때, 첫 움직임이 어린 목숨의 미래를 결정한다. 움푹 패인 흙 속이나 돌 틈, 나뭇잎 사이로 몸을 숨겨야만 살아날 수 있다. 도토리 눈은 적당한 때가 되면 두꺼운 껍질 사이로 뿌리를 내민다. 도토리 속에는 햇볕이나 바람을 소화하여 만들어 낸 녹말이 가득 쟁여져 있다. 녹말은 어미가 아기에게 챙겨 준 비상식량이다. 당연히 물도 필요하지만, 그것까지 저장할 수 있는 과학에 도달하지 못했다. 다행히 어린눈 몸속에 있는 생명의 시계가 아직 움직이고 있지 않으니, 당장은 물을 먹지 않아도 죽지 않는다. 다만 봄날 어린눈이 움직이기 시작하면, 그때부터는 물이 없으면 살아갈 수 없다. 그래서 눈은 깨어나자마자 습기를 찾아 나선다.

생의 첫걸음마가 물을 찾는 일이다. 만약 도토리 속에다 물까지 저장할 수 있다면 그렇게 서둘러 물을 찾지 않아도 될 것이다. 비상 식량이 있으니까 밥걱정은 하지 않아도 되지만 물을 확보하지 못하면 곤란해진다. 나무든 동물이든 물이 없으면 살아갈 수 없으니까.

잎과 뿌리의 생산물이 이동하는 전용 도로

나무는 서로 다른 세상에서 살아가는 생명의 연방 공화국이다. 어둠의 세상에서 시간을 만드는 이들과 밝음의 세상에서 시간을 만들어 내는 이들이 모여서 사는 모순적인 사회다.

줄기는 뿌리 때문에 중력에 저항할 수 있으며, 물을 안전하게 확보할 수 있다. 뿌리는 줄기 때문에 녹말을 확보할 수 있다. 녹말은 음식이자, 생활필수품이고 건축 자재다. 뿌리는 녹말이 없으면 한 걸음도 걸어갈 수 없다. 잎은 물이 없으면 아무리 햇살을 받아도 녹말을 만들어 낼 수 없다. 그러니 두 세상이 공존하기 위해서는, 서로를 존중하면서도 서로 다른 생각을 잘 조율해야만 한다.

모험심이 많은 뿌리는 점점 흙 속 깊은 미지의 세계로 떠나가고, 줄기도 무한한 허공으로 뻗어 나가면서 그들의 물물 교환은 점점 더 힘들어진다. 게다가 줄기는 중력을 거부하고 더 높은 곳으로 뻗어가니까, 물을 찾는 것보다 배달하는 게 더 어려워진다. 그렇다고 줄기가 흙 속 깊은 곳까지 내려가서 물을 받아 올 수도 없다.

가지가 늘어나는 만큼 나무의 눈도 많아진다. 모든 가지 끝에는 눈이 있다.

나무는 비슷한 사회 구조인 둥굴레하고 사뭇 다르다. 둥굴레 땅속 줄기도 눈이 있으며, 각자 자기만의 뿌리를 갖고 있다. 나무줄기에 있는 수많은 눈이 독립적으로 살아가지만, 각자 자기만의 뿌리를 소유할 수는 없으니 불완전한 존재들이다. 둥굴레 뿌리가 개인 소유인 동시에 공동체 소유라면, 나무뿌리는 개인이 소유할 수 없는 철저한 공동체 소유이다.

이 차이는 아주 크다. 둥굴레는 이웃하고 이어진 탯줄이 끊어져도 생명에는 큰 지장이 없다. 이미 독자적인 뿌리를 갖추고 있기 때문이다. 언제든 독립할 수 있는 조건을 완벽하게 갖추고 있다. 그러나 나무의 눈은 절대 독립을 꿈꿀 수 없다. 가지를 잘라 버리면 금세 시들어 버리는 것이 그런 이유 때문이다. 뿌리가 없으니 어쩔 수 없다.

나무의 눈도 각자 뿌리를 갖고 싶었다. 그래야만 완벽한 존재가 된다는 것을 알지만, 그들의 숙명은 중력을 거부하고 지면으로부터 멀어지는 것이다. 높은 허공에서 사는 눈이 각자의 뿌리를 갖는다는 것은 현실적으로 불가능하다. 그래서 공동으로 뿌리를 만들어 낸 것이다. 그들은 잔가지에서 사는 수많은 눈의 탯줄을 하나로 통합하여 뿌리까지 연결했다.

가지에서 사는 눈과 땅속에서 사는 뿌리까지 연결된 탯줄은 그들만의 고속 도로다. 잎의 생산물과 뿌리의 생산물이 그 길을 통해 원하는 곳까지 신속하게 배달된다. 만약 도로가 하나밖에 없다면 생산물이 오고 가면서 충돌할 수도 있다. 그들은 그런 문제점을 인지하고는 각각 전용 도로를 건설했다. 뿌리에서 생산된 물만 전문적으로 이동시키는 도로를 물관, 잎의 생산물인 녹말을 이동시키는 전용 도로를 체관이라고 한다.

줄기는 질 좋은 햇살을 확보해야만 하니까, 바람의 땅을 개척할 수밖에 없었다. 허공을 다스리던 바람은 그 도발자들을 강력하게 대응했다. 그래도 도발자는 물러나지 않았다. 바람은 중력을 우군으로 끌어들여 허공으로 뻗어 오는 가지를 막아 내려고 했다. 아무리 그래도 개척자의 의지는 꺾이지 않았고, 결국 바람은 "아, 지독한 것들! 그래, 어디 한번 살아 봐라. 근데 허공에서 산다는 것이 만만치 않을 것이다!" 하고는 자기들의 땅을 내주고야 말았다. 그때부터 나무는 바람의 땅을 자기들만의 세상으로 개척해 갔다.

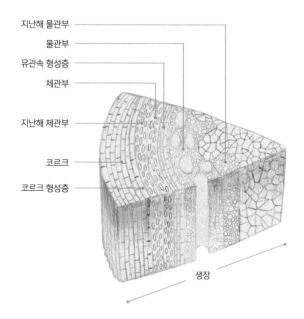

나무가 바람의 땅에 살면서 신경 쓰는 것은 시민들 삶의 질이다. 그중에서도 먹거리의 보장이 가장 중요하다. 뿌리는 아무리 높은 빌딩이라도 물을 올려 보낼 수 있다. 지상 30층 높이에서 생산된 물건을 지하 30층 깊이의 실뿌리까지 배달하는 것도 어렵지 않다.

어린 도토리 눈은 뿌리가 물을 확보했다고 소식을 전해 오면 서둘러 줄기를 설계하기 시작한다. 그와 동시에 줄기와 뿌리를 잇는 전용 도로도 착공식을 한다. 그런 일을 계획하고 지시하는 것은 바로 눈이다.

모든 시작은 하나이다. 뿌리도 그렇고 눈도 마찬가지다. 차츰차츰 가지가 뻗어 나가면 눈이 늘어난다. 그 많은 시민이 살기 위해서는 서로 힘을 합쳐 전용 도로를 놓아야 한다. 나무가 도로를 건설할 때 줄기 속은 아주 활발하게 움직인다.

나무는 특정 정치 지도자에게 의존하는 사회가 아니다. 시민 모두가 공동으로 다스리는 사회다. 만약 동쪽 가지에서 사는 시민 근처에 바람이 강해지면, 그걸 감지한 시민이 가장 먼저 대응한다. 좀 더 가지를 강하게 하거나 아니면 낮게 웅크린다. 다른 시민도 그 의견에 따른다.

남쪽에서 햇살이 많이 들어오면 그쪽으로 가지를 많이 배치한다. 그래야만 더 많은 이익을 얻어 낼 수 있을 테니까. 당연히 그늘에서 사는 가지는 약하고 가난하다. 나무 공화국은 그들을 외면하지 않는다. 햇살이 잘 드는 곳에서 사는 시민이 벌어들인 수입을 가난한 이들에게 나눠 주는 것이다. 그런 식으로 사회적 약자를 배려하면서 개인의 삶을 존중하기 때문에 갈등이 생기지 않는다. 그들의 행복

지수는 아주 높다. 범죄가 없으니까, 범죄자를 다스리는 법도 없다. 나무 공화국은 인간이 꿈꾸는 유토피아 중 하나일지도 모른다.

버들피리 만드는 꼬마 연금술사들

소년은 수양버들을 좋아했다. 치렁치렁 머리카락을 늘어트린 그를 보면 꼭 살아 있는 거인이 연상되었다. 봄비 내리는 날 수양버들 밑으로 가면 바람의 헌정곡 같은 흔들리는 소리가 아련하게 들리는데, 소년은 자신이 알 수 없는 다른 세상에서 울리는 것 같았다. 소년은 그 비를 아낌없이 맞으면서 돌아다녔다. 여름에는 수양버들 밑에다 소를 매어 놓고 휘파람을 불다가 잠이 들었다. 가끔은 소등을 타고 노을 속으로 휘파람 소리를 흘려보내기도 했다. 그렇게 〈심우도〉 속으로 들어갔다. 날마다 소풍 같은 시절이었다.

소년은 경기도 임진강 변에서 살다가 초등학교에 들어갈 즈음 전라도로 왔다. 이사하자마자 새로 만난 친구들은 자기네 집에 사는 나무부터 자랑했다. 그것이 이전 마을하고 다른 풍경이었다. 어떤 친구는 소년을 데리고 장독대로 가서 앵두나무를 소개하고는, 마을에서 가장 큰 앵두이고 가장 달다는 말을 강조했다. 또 누군가는 대문 앞에 있는 호두나무를 자랑했고, 단감나무를 자랑하는 아이도 있었으며, 골담초를 자랑하거나 자두나무, 살구나무, 탱자나무, 해당화나무를 자랑하기도 했다. 어른들도 나무 자랑을 했다. 나무는 같은

집에서 사는 사람들 성격을 닮아 가고,
사람은 그 나무를 닮아 가면서, 그렇게
살아갔다. 몹시 가난했던 시절, 그렇게
나무와 함께 살아가던 사람들은 참으로
멋스러웠다.

　아이들은 새로 이사 온 소년에게 버들
피리 만드는 법을 알려 주었다. 소년은
뚝딱뚝딱 버들피리를 만들어 내는 꼬마
연금술사들이 너무너무 부러웠고, 진심
으로 그들을 숭배했다. 아무리 설명을 들
어도 그걸 만드는 요령을 터득할 수 없어서, 그 꼬마 장인들의 성취
감을 맛볼 수 없다는 절망감이 소년을 흔들었다.

　그때부터 몇 년간 버들피리를 만들기 위해서 낑낑거렸다. 어쩌다
가 가지를 잘 비틀어서 껍질을 벗겨 내다가 그만 찢어졌을 때는, 손
재주 없는 자신을 탓하면서 절망하기도 했다. 소년은 숱한 절망을
맛본 뒤에야 줄기에서 껍질을 분리하는 요령을 터득했다.

　얼핏 보기에 줄기는 똑같아 보여도, 거기에는 성장 시간이 농축되
어 있으므로 굵기가 다 다르다. 줄기는 뻗어 나갈수록 어리고 가늘
다. 나무껍질도 줄기처럼 크기가 일정하지 않다. 위로 뻗어 갈수록
껍질의 통로가 좁아진다. 그것을 잘 뽑아내기 위해서는, 줄기가 굵은
곳에서 가는 쪽으로 잡아당겨야 한다. 만약 줄기가 가는 쪽에서 굵
은 쪽으로 잡아당긴다면, 동그란 나무껍질이 굵은 목질에 찢기고야

만다. 숱한 시행착오를 거치고 나서야 그 진실을 맛볼 수 있었고, 그 제야 자신이 만든 버들피리를 입에 물고 자유롭게 변주해 내는 주술에 취할 수 있었다.

아이들은 물관이니 체관이니 하는 말은 몰라도, 버드나무 껍질과 목질 사이로 흠뻑 물이 흐른다는 사실은 알고 있었다. 물을 많이 먹은 가지는 조금 더 통통하고 살색이 좋았다.

정월 대보름이 지나면 어른들은 타박타박 숲으로 간다. 구불구불 겸손하게 살아가는 길의 안내를 받으며 가다가, 아이들이 타잔 놀이 하면서 놀았던 다래 덩굴을 골라서 구멍을 뚫는다. 곧이어 물병이 연결된 호스가 그 구멍으로 이어진다. 호스에서 이내 물방울이 떨어진다.

소년이 신기하게 쳐다보면 어른들은 스스로 질문을 만들어 놓고 대답하듯이 말했다. 다래한테는 미안하지만, 이 정도 물을 뺏어 먹는다고 해서 다래가 죽지는 않는다고 했다.

소년은 1년 내내 다래 덩굴에서 물을 뺏어 먹을 수 있냐고 물었다. 어른들은 딱 이때만 가능하다고 했다. "다래 덩굴이 1년 내내 이렇게 많은 물을 마시는 게 아니거든. 봄에는 다래 덩굴이 새로 살림을 시작하는 철이란다. 자, 봐라. 작년에 난 이파리가 다 떨어져 버렸지? 이제 머잖아 새잎이 날 거야. 그게 다래한테는 새살림인데, 사람도 살림살이를 새로 장만하려면 돈이 필요하잖아? 그건 다래한테도 마찬가지야. 다래한테는 저 물이 돈이나 마찬가지야." 소년은 그 말이 다 이해되지는 않았다. 아무튼 다래 덩굴에서는 엄청난 양의 물이 흘러나왔다. 고로쇠나무와 물박달나무에도 구멍을 뚫고 호스를 연결했다.

고로쇠나무에다 구멍을 뚫는 것도 다 방법이 있었다. 너무 깊이 뚫어도 안 되고, 껍질을 지나 목질 속을 적당히 파내야 한다. 어른들은 나무 속에도 물이 많이 흐르는 물길이 있다고 했는데, 그건 경험으로만 알 수 있다고 자랑하듯이 말했다. 실제로 어른들이 뚫어 놓은 구멍을 보면 한결같이 그 깊이가 일정했다. 정확하게 물이 운반되는 나무의 물길을 알고 있다는 뜻이다.

어른들은 물통이 넘치자 그걸 들고 사라졌을 뿐, 줄기에 꽂혀 있는 호스는 그대로 방치했다. 소년은 그것이 가장 마음이 아팠다. 소년은 상처 난 다래 덩굴을 비닐로 칭칭 싸매 주기도 했다. 상처 난 다래 덩굴은 봄이 저물도록 눈물을 흘렸다.

느티나무 공화국을 멸망시킨 소년

한번은 할머니가 밥상머리에서 가족 모두에게 말했다.

"뒤란에 느티나무가 한 그루 있는데, 한 해 한 해 자라는 것이 달라. 다들 알다시피 느티나무는 평범한 나무가 아니야. 느티나무는 혼이 있어서, 어느 정도 자라면 사람이 맘대로 할 수가 없어. 더 커지기 전에 결정해야지. 우리가 저 나무를 당산나무로 받아들일 것인가, 아니면 없애 버릴 것인가."

다들 의견을 말해 보라는 뜻이었다. 소년은 나무가 당산나무로 자라도록 내버려두자는 의견이었다. 그러면 얼마나 좋을까. 뒤란에 품 넓은 나무가 살아 여름내 그늘을 선사하면 늘 시원할 테고, 그가 영적인 힘으로 집을 보호해 줄 테니 얼마나 좋은가. 날마다 새들이 모여들 테니 그것도 좋을 것이다. 자신이 가지에 올라가서 마을을 한눈에 내려다보면서 휘파람 부는 선율에 흠뻑 취할 수 있을 것이다. 가지에 올라가서 도시로 떠난 형제들이 보낸 편지를 읽거나 책을 보는 황홀함도 맛볼 수 있을 것이다. 운이 좋으면 나무에서 살아가는 소쩍새나 올빼미를 잡아서 키울 수도 있을 것이다.

어른들은 소년의 상상을 지지해 주지 않았다. 당산나무는 함부로 키우는 것이 아니라고 하면서, 자칫 나쁜 귀신이 나무에 붙으면 여러모로 골치 아픈 일이 생긴다고 했다. 결국 할머니가 소년을 불렀다. 순간 가슴에서 뭔가 쿵 내려앉았다. 그 시절에는 느티나무를 베다가 죽어 간 사람들 이야기가 많았다. 어떤 나무는 피를 흘리기도 했고, 어떤 나무는 소리치기도 했으며, 어떤 나무는 마른하늘에서 벼락을 불러오기도 했다. 할머니는 걱정하지 말라고 했다. 아직 나무가 어려서 신통력을 부리지 못하니까 괜찮다고.

"할머니, 근데 어떻게 베어 내요. 저건 톱으로 베어 내기에는 너무 커요."

"나무 밑을 돌아가면서 얇게 톱질을 한 다음, 낫으로 동그랗게 껍질을 벗겨 내고, 속살을 도려내라. 그렇게만 하면 나무는 죽는다."

소년은 할머니가 시키는 대로 했다. 나무껍질을 벗겨 낼 때는 식은땀이 흘렀다. 괜히 두려웠다. 나무가 아프다고 소리칠까 봐, 이노

옴 하고 호통칠까 봐. 왜 하필 이런 악역을 어린아이한테 시키는지, 어른들이 원망스러웠다.

그로부터 몇 년 뒤 나무는 썩어서 줄기가 부러졌다. 그야말로 참 패였다. 어린 소년에게 저항 한번 해 보지 못하고 느티나무 공화국은 멸망해 버렸다. 소년이 공격한 곳은, 나무의 치명적인 약점이 있는 곳이었다. 어른들은 오랜 경험으로 그걸 알고 있었다.

줄기 속은 구도심과 신도심으로 나뉘어 있다. 줄기 안쪽 깊은 곳이 구도심이고, 바깥쪽 그러니까 껍질하고 가까운 쪽이 신도심이다. 나무는 신도심에다 잎의 생산물인 당과 온갖 영양소가 풍부한 물자가 이동하는 전용 도로를 설치했다. 뿌리 생산물이 이동하는 도로는 구도심에 가까운 쪽에다 건설했다.

새로운 도로가 건설되면 즉시 낡은 도로는 폐쇄된다. 뿌리에서 올라가는 물관이 폐쇄되면 줄기 안쪽으로 밀려나고, 잎에서 내려가는 체관이 폐쇄되면 줄기 바깥쪽으로 밀려난다. 특히 줄기 안쪽으로 밀려나는 물관은 폐광처럼 버려진다. 세월이 흐르면서 그 폐광이 허물어지고 구도심이 무너지기도 하는데, 나이 든 나무속이 텅 빈 것을 보면 쓸쓸해 보이기도 한다. 딱따구리가 그곳으로 들어가서 아무리 드릴로 구멍을 뚫는다고 해도, 나무 공화국 시민들

집 안에 있는 물관이나 체관 같은 살림살이가 무질서하게 늘어서 있다. 외떡잎식물 줄기 단면.

의 안전에는 큰 피해가 없다. 폐광이 밀집해 있는 그곳에서는 나무의 시민들이 살지 않기 때문이다.

나무는 껍질을 벗겨 내거나 껍질 속 얇은 살을 도려내면 치명적인 상처를 입는다. 그곳에는 나무의 젊은 층이 모여서 살기 때문이다. 그러니 내가 껍질을 벗기고, 안쪽 살을 동그랗게 도려낸 것이 얼마나 나무에게 치명적이었을지 짐작할 수 있다. 잎의 생산물이 이동하는 전용 도로는 물론이요, 뿌리의 생산물이 이동하는 도로까지 완벽하게 차단해 버린 셈이다.

지금도 소년이 살았던 마을에서는 큰 나무를 죽일 때, 그 잔인한 방법을 쓴다.

소년의 생가 옆에는 조상의 사당이 있는데, 돌담 앞에 암수로 상징되는 전나무 두 그루가 살았다. 어찌 된 일인지 몰라도 암컷 나무가 죽어 버리자, 그 옆에서 기세 좋게 허공으로 뻗어 오른 수컷도 베어야 한다는 여론이 생겨났다. 문중 어른들이 합의하자, 이장이 나무 밑동에서 껍질을 한 뼘 정도 벗겨 내고 속살을 도려냈다. 그러자 수백 년의 시간을 먹고 살아온 나무의 숨이 서서히 꺼져 갔다.

나무줄기에 부풀어 오른 혹

소년은 학교에서 줄에 묶여 있는 나무를 볼 때마다 안타까웠다. 화단에다 나무를 심고 나서 지지대를 할 때 칭칭 동여맨 줄을 풀어 주지 않은 것이다. 처음에야 아무런 일도 일어나지 않았을 것이다. 시간이 흐르면서 나무의 뼈가 굵어지자 지지대와 함께 묶인 줄은 올무가 되어 살을 압박하기 시작했다.

나무는 소리쳤을 것이다. 힘들고 고통스럽다고, 줄을 풀어 달라고. 나무를 심은 사람이 조금만 관심을 가졌어도 알아들었을 것이다. 줄이 묶인 줄기 위쪽이 부풀어 오르기 시작했고, 나무는 날마다 고문을 참아 내듯이 고통스러워했다.

묶여 있는 줄 위쪽이 부풀어 오른다는 것은 잎의 생산물이 이동하는 길이 차단되어 아래로 내려가지 못한다는 뜻이다. 나무가 커지면서 묶인 줄이 살을 압박하기 시작했고, 자연스럽게 줄이 살 속으로 파고들었다. 그러니 위에서 가지고 온 생산물이 묶인 줄에 막혀서 계속 쌓인다. 그래도 죽지 않는 것은, 잎의 생산물이 이동하는 전용 도로가 아직은 완벽하게 차단되지 않았기 때문이다.

끈이 줄기에
묶여서 생겨난 혹

소년의 휘파람 소리를 좋아했던 백구가 있었다. 소년이 시골 마을을 떠나 대도시에 있는 고등학교로 진학한다는 것을 알고는 며칠간 밥도 먹지 않으며 울 만큼 총명한 개였다. 소년이 집을 떠난 뒤로, 할아버지는 녀석의 목에다 목줄을 해 주었다. 그로부터 몇 개월 뒤에 시골집에 갔더니 깡마른 개는 힘이 하나도 없었다. 소년은 이상하다고 생각하면서 개를 어루만지다가 목줄의 감촉을 느꼈다.

맙소사! 목줄이 올가미가 되어 개의 목을 조르고 있었다. 그제야 눈이 어두운 할아버지가 개의 목줄을 조절해 주지 않았다는 사실을 알았다. 그런 상태로 죽지 않고 살아 있다는 것이 믿기지 않을 정도였다. 어찌나 살 속에 깊이 박혔던지 목줄을 잘라 내는 것조차 쉽지 않았다. 소년은 힘겹게 목줄을 풀어내면서, 학교 화단에 있는 나무를 옭아맨 줄을 풀어 주지 못한 것이 한없이 미안했다.

고목이란 재잘재잘 새싹이 움트는 기적의 생명체

소년은 세차게 비바람이 몰아치고 난 뒤에 광교산에 갔다가 깜짝 놀랐다. 커다란 고욤나무가 부러져 있었다. 더 작고 약한 나무들도 무사한데, 왜 하필 이 철인이 비극을 맞이했을까. 두 팔을 모아도 그의 몸을 감쌀 수 없었다. 너무 나이가 들어서 줄기 아래쪽 속이 텅 비어 있어도, 중력에 저항하면서 뻗어 오른 기품은 늘 당당했다.

고욤은 무척 떫고 씨앗이 많다. 인간을 비롯하여 그 어떤 동물도 고욤나무가 허락하기 전까지는 열매를 서리하지 않는다. 서리와 찬바람이 주물럭거려야만 단단한 육질이 물러진다. 고욤은 꼬투리의 완벽한 보호를 받고 있어서 태풍이 윽박질러도 떨어지지 않는다. 늦가을에 육질이 물러지고 나서야 자신의 존재를 내려놓는다. 그렇게 떨어진 것은 너구리나 오소리 같은 동물들의 간식거리고, 가지에 매달린 것은 어치나 직박구리의 살이 된다.

인간도 땅에 떨어진 고욤을 주워서 응달진 곳에 있는 항아리 속에다 던져 둔다. 차가운 겨울이 되면 그제야 숟가락을 들고 고욤 항아리 쪽으로 간다. 항아리 속에서 공기가 주물럭거린 고욤은 살이 물러져 엿이 되어 있다. 그것을 숟가락으로 떠서 작은 그릇에다 옮겨 담는다.

씨앗이 많아서 골라내는 게 성가시기는 해도, 낮은 온도에서 서서히 발효되면서 짓물러진 묵은 살맛은 그 어떤 인공적인 단맛과는 비교할 수 없다. 아이들은 그 단맛을 한 숟가락씩 음미하면서 긴긴 겨울밤을 달콤하게 꿈꿀 수 있었다.

쓰러진 고욤나무는 속이 텅 비어 있다. 단단한 목질을 분해한 범인은 눈에 보이지 않는 곰팡이다. 나무는 나이가 들어가면서 중심부가 강해진다. 나이 든 세포가 죽어가면서 단단한 목질로 담금질 되어 나무 공화국을 지탱해 주는데, 세월이 흐르면 바람에 줄기가 꺾이거나 하면서 상처가 나고, 그 틈으로 곰팡이가 침투한다. 곰팡이의 숙명은 어디서건 숨이 지워진 것들을 흙으로 재생시키는 일을 하는 것이다. 겉이 멀쩡한 나무의 살 속이라고 해도 마찬가지다.

나무는 늙음을 몸 안에다 감춘다. 그 늙음이 뼈가 되어 젊음을 지켜 준다. 나무 바깥쪽에 있는 젊음이 늙음을 감싸고 있으며, 안쪽에 있는 늙음은 젊음을 통해서 세상을 보고 노래한다. 나이가 들수록 죽은 것들은 점점 늘어나기 마련이니까, 나무는 그만큼 더 강해질 수 있다. 그러니까 살아 있는 것들이 죽은 것들에게 의지하면서 살아가는 셈인데, 곰팡이는 그런 아름다운 관계 따위에는 관심이 없다. 그저 자신의 본업에 충실할 뿐이다.

줄기 속으로 침투한 곰팡이는 죽은 시간을 야금야금 먹어 치운다. 해가 갈수록, 나무가 거대할수록, 줄기 속 여백이 넓어진다. 바람은 그런 약점을 가진 나무의 고요한 질서를 집요하게 흔들어 댄다. 결국 고욤나무는 버티지 못했다. 바람은 그런 것들만 무너트린다. 그래야만 새로운 나무의 시작을 축복할 수 있다. 바람은 자기들 땅으로 들어온 나무를 지휘할 수 있는 권한을 신에게 부여 받았기 때문이다.

속이 비어 갈수록 더 안전해지는 나무들도 있다.

나무가 속을 다 비우고 바람에게도 온갖 길을 다 내준다는 것은, 더 이상 바람하고 싸우지 않겠다는 의미다. 바람은 나무가 비우고 갈라진 틈으로 자유롭게 이동한다. 그러니 바람 입장에서도 굳이 그 나무를 압박할 이유가 없다. 속을 비우고 남겨진 나무의 줄기는 살아 있는 것들로 되어 있으니까, 그들은 더욱 활기차게 살아갈 수 있다.

나무는 젊음과 늙음이 조화를 이룬 사회다. 서로를 존중해 주고 배려해 주기 때문에 갈등이 일어나지 않는다. 나무는 항상 새로움에 민감하다. 작은 기후 변화에 대처하지 못하면 구성원 전체가 위험에 빠진다. 그런 모든 일에 대처하기 위해서는 감각이 예민하고 빠른 젊은이들이 행복해야 한다. 노인들은 그런 젊은이들을 전폭적으로 지지해 준다. 애써 자신의 목소리를 아끼고 젊은이들에게 아낌없는 박수를 보내 준다.

갑자기 한 지인의 이야기가 떠오른다.

"얼마 전에 외할머니가 돌아가셨어요. 장례식장에 친척들이 모였는데, 할머니를 싫어한 사람은 거의 없었어요. 젊었을 적 할머니는 아주 강한 사람이었어요. 그러니 얼마나 간섭하고 잔소리가 많았겠어요. 근데 어느 순간부터, 할머니는 말을 아끼셨어요. 손자들을 보더라도 허허허 웃으실 뿐, 다른 말은 하지 않았어요. 나이 들면 말이 많아지잖아요? 온갖 잔소리에 정치 이야기까지 하잖아요? 할머닌 그러지 않으셨어요. 그래서 할머니를 모두가 좋아하게 된 거예요. 저도 나이 들어 가는데, 나중에 일정한 나이가 되면 입을 닫아야겠구나, 그런 생각을 했어요."

그의 할머니는 전생에 나무였을 것이다.

나무는 조금도 소유하려고 하지 않는다. 어차피 생을 마감할 때는 아무것도 가지고 갈 수 없다. 그냥 흙으로 돌아갈 뿐이다. 그래서 나무는 늙어갈수록 자신을 비운다.

고목이란 살아 있는 것들이 죽음을 안고 있는 시간의 결정체이다.

고목이란 살아 있는 것들보다 죽은 것들이 노래하는 서사시다.

고목이란 몸은 늙었어도 정신은 늘 아기 같은 존재이다.

고목이란 잃어버린 순수를 찾아가는 순례자이다.

그러다가 어느 날 문득 냇물에 잠긴 고목의 울림을 느끼는 순간, 인간은 그 존재를 단순한 나무가 아닌 어떤 영적인 존재로 대하게 된다.

어린 소년이 골목으로 달려 나가면 "오냐 오냐, 어서 오너라!" 하고 늙은 왕버들이 반겨 주었다. 학교에서 돌아올 때도, 들에서 돌아올 때, 밭에서 일하고 올 때도, 소를 몰고 올 때도, 대도시에서 돌아올 때도, 그 늙은 소묘는 늘 그곳을 지켰다.

소년은 그를 신으로 모셨다. 외롭고 힘들 때마다, 아버지가 아파서 돌아가실 무렵에도, 그 밑에서 기도했다. 소년이 모신 신은 절대 권위적이지 않았다. 그 신은 아이에게, 인간에게 군림하지 않았다. 신은 늘 무엇인가 주는 존재이다. 우상으로 군림하는 게 아니라 들어주고 위로해 주면서 행하게 하는 존재. 나무는 늘 다른 생명에게 아낌없이 주는 존재이니까, 이미 신의 반열에 올라 있다. 그래서 싯다르타 같은 선지자들은 깨달음을 얻는 과정에서 늘 나무의 도움을 받았다고 하지 않던가.

소년은 늘 그 나무에 올라가서 버릇없이 놀았다. 한물간 듯 보이는 나무는 자기 살을 비워서 소년을 품었다. 그 속에다 시멘트 따위를 넣고 메우지 않았으니 얼마나 다행인가.

속이 빈 고목의 뿌리 근처에는 곰팡이가 재생시켜 놓은 온갖 물질들이 수북하게 스며들어 있다. 곰팡이는 자신이 먹고 남은 것들을 다시금 주인에게 돌려준다. 나무는 실뿌리를 구멍 난 줄기 밑으로 파견하여 자기 죽음의 잔해물들을 정성껏 수습한다.

나무가 인간보다 큰 존재인 것은, 늘 죽음과 탄생을 함께하기 때문이다. 그의 몸 절반은 죽음이고, 절반은 삶이다. 나무는 늘 죽음을 안고 살아간다. 그러면서도 온갖 다른 목숨까지도 안고 살아간다.

나무는 나이가 들면 스스로 기억을 비우면서 가벼워진다. 그 여백속에는 또 다른 세상의 시간이 흐른다. 바람도 함부로 기웃거릴 수 없는 아늑한 여백으로 숱한 생명이 초대 받는다. 박쥐와 새를 비롯하여 수많은 벌레들이 그곳에서 옹알옹알 살아간다.

소년은 학교에 가거나 집에 돌아올 때마다 바람의 심술을 피해 그곳으로 숨어들었다. 겨울의 여진이 계속되는 봄날, 아이들은 신나게 놀다가 그곳으로 뛰어와서 찬 바람을 피했다. 그때마다 고목의 여백이 아이들을 안아 주었다. 무거운 달빛이 강으로, 길바닥으로, 우물가로, 논둑으로, 골목으로, 마당으로 찰찰찰 흘러넘치던 밤에는 숨바꼭질하는 아이들을 숨겨 주기도 했다. 그렇게 자란 청년들이 객지로 나갈 때도, 그곳은 한 번쯤 머물다 가는 곳이었다. 소년은 그 나무 때문에 신앙이 없어도 믿음을 갖게 되었다.

소년은 결혼하자마자 아내에게 그 신을 소개했다.

오랜 시간이 빚어낸 나무는 부러지고 삭아 내려 무척 왜소했다. 신화를 품은 듯한 신성한 실루엣은 전혀 남아 있지 않았다. 대신 그 소묘는, 아이처럼 다시 푸르렀다. 잔주름으로 가득한 가지에서, 아롱거리는 푸르름을 넘어 몽환적인 빛의 알갱이들이 환생의 춤을 추고 있었다. 늙음이 모든 것을 다 버린 뒤에 나타나는 영원의 미학이랄까. 그 영적인 지속성 속에는 나무의 역사뿐만 아니라 함께 살아온 인간과 새, 그리고 바람과 햇살의 운율이 흘렀다.

큰 나무 곁에 가면 괜히 경건해지면서 순간이나마 자신의 작은 존재를 인정하게 된다. 바람이 불면 큰 나무는 깊은 울림을 전달하면서 지치고 힘겨운 마음을 달래 준다. 아무리 볼품없는 나무라 해도 늙으면 영적인 기운이 우러나니까, 늙어 갈수록 생각의 틀이 쪼그라

들면서 옹색해지는 인간에게는 한없이 부러운 존재일 수밖에 없다.

소년은 열일곱 살 때 집성촌을 떠나 대도시에 있는 고등학교에 진학했는데, 걸핏하면 물 밖에 나온 물고기처럼 파닥거렸다. 외롭고 영적인 고립감에 위축되었다. 어쩌면 근원적인 낯설음 때문이었는지도 모른다. 그때마다 수많은 나무를 떠올렸다. 도시에서 산다는 것은, 생명의 언어로부터 멀어진다는 뜻이었다. 소년은 생명의 언어를

면지 같은 씨앗에서 생을 시작한 왕버들은 늙어갈수록 영적인 힘을 파장시키면서 소년에게 신의 존재를 알려 주었다. 소년의 생가 앞에 있는 늙은 왕버들.

잃어가면서 극심한 혼란을 겪었다. 참으로 아슬아슬하게 지나온 시간이었다.

나무는 자기들만의 언어를 갖고 있다

나무는 몸속에다 자신의 기억을 새기면서 살아간다. 단순하면서도 명확하게 기록하는 과정에서, 진실이 아니면 그들의 언어는 표현되지 않는다. 나이테라고 부르는 그 순수한 언어 속에는 계절의 뼈와 온갖 바람의 이빨까지도 다 새겨져 있다.

식물은 봄부터 가을까지 자란다. 성장을 멈춘 겨울에는 살이 단단해지는 시간이니까, 이듬해 봄에 새로 자라는 살과 구별이 되어서 자연스럽게 살아온 업이 얼룩으로 남는다. 새로 자란 살은 밝고 고우며, 오래된 살은 어둡고 딱딱하다. 그것이 세상 모든 이치다.

나이테는 늙음과 젊음의 경계이다. 오래된 나이테는 색깔이 어둡게 지워지면서 경계가 무너지기도 하고, 새나 애벌레에게 자기 공간을 내주기도 한다. 새로운 나이테는 바깥쪽에 만들어진다. 지난해의 기억 위에 올해의 시간이 겹쳐진다.

나이테는 나무의 책이다. 그 책을 보면 나무 공화국의 역사를 알 수 있다.

맨 처음에 하나의 눈이 자랑스럽게 바위틈에다 뿌리를 내리고 주위에 큰 나무들 텃세에 눈치꾸러기로 살던 시절, 큰 나무가 사라지고 나서야 마음껏 환호하면서 살던 기억, 산사태로 바위가 굴러서 한쪽 줄기에 깊은 상처가 났던 아픔, 불이 나서 오른쪽 가지가 다 타 버린 공포, 덩굴 식물 등쌀에 한동안 힘겨웠던 순간……. 그런 모든 기억이 다 기록되어 있다.

나이테의 경계가 넓으면 그만큼 나무 공화국이 많이 성장했다는 것을 의미한다.

반대로 나이테 경계가 좁다면 그만큼 힘겨운 시간이었다는 뜻이다. 당연히 햇살이 잘 드는 쪽은 나이테 간격이 넓고, 그늘진 쪽은 나이테 간격이 좁다. 나이테가 고르게 둥글둥글하면 대체로 무난하게 살았다는 것이고, 어느 한쪽이 패여 있거나 옹이가 있으면 그만큼 힘겨운 시간을 보냈음을 알 수 있다.

다른 나무에게 영양분을 빼앗긴 나무는 나이테가 아주 좁아진다. 만약 어느 해에 가뭄이 심하게 들었다면, 그때 자란 나이테는 틀림없이 아주 좁다. 나무는 거짓말을 하지 못한다.

나무에 따라서, 그들의 역사책을 보는 방법이 약간씩 다르다. 과일 나무 나이테가 도드라지게 간격이 넓어지면, 이 시기에는 과일이 적게 열렸음을 알 수 있다. 나이테 간격이 넓으면 잎과 뿌리로부터 음식물을 많이 받았다는 뜻이다. 그래서 줄기가 많이 커진 것이다. 만약 과일이 많이 달렸다면 나이테 간격이 넓어질 수 없다. 왜냐고? 줄기로 올 음식물이 과일로 가야 하니까. 줄기도 인간처럼 자기 미래인 과일을 가장 먼저 배려하니까. 좋은 음식물이 있으면 줄기보다

간격이 넓은 쪽이 동쪽이고,
간격이 좁은 쪽이 북쪽이다.

나이테 간격이 고르다는 것은,
별 어려움 없이 살았다는 뜻이다.

굴곡이 심한 쪽 나이테는, 삶이
순탄치 않았음을 보여 준다.

과일에다 먼저 보내서 튼튼하게 키우려고 한다. 그러다 보면 줄기는 먹을 게 뻔하고, 제대로 자라지도 못하니까 나이테 간격도 좁을 수밖에 없다.

몸이 약해진 나무는 스스로 열매를 맺지 않고 자기 몸을 챙기기도 하는데, 그것을 해거리라고 한다. 당연히 해거리를 한 해에는 자기 몸만 신경 쓰기 때문에 나이테 간격이 넓어진다. 나이테를 자세히 들여다보면 언제 해거리했는지도 알 수 있다.

나이테는 나무의 비망록이다.

광교산에서 사는 참나무들이 파업에 돌입했다. 그들은 죄다 입을 다물고는, 단 하나의 도토리도 만들지 않았다. 단 하나의 나무도 그 법칙을 어기지 않았다. 그 놀라운 단결을 누가 지휘하는 걸까. 바람일까, 태양일까. 그건 어떤 진실을 확실하게 믿고 따르지 않으면 불가능한 일이다.

해거리란 욕망을 버리기 위한 연습이고, 가난의 미덕을 체험하는 참선이기도 하고, 이웃을 돌아다보는 묵상이기도 하다. 파업이란 그만큼 경건한 시간이어야 한다.

어린 소년은 농부들이 해거리에 대한 확실한 철학을 갖고 있다는 것을 알았다. 나무가 해마다 풍성하게 과일 농사를 짓는 건 불가능하다. 과일나무는 너무 많은 지력을 소모하기 때문이다. 그러니까 해거리란 나무가 한두 해 쉬면서 지력이 충전될 때까지 기다리는 과정으로, 농부들은 그런 나무의 의지를 존중해 주었다. 소년은 나무와 인간의 그런 소통이 너무 아름답게 느껴졌다.

나무가 해거리하는 이유는 또 있다. 도토리가 풍년 들면 그걸 먹고 살아가는 동물이 자연스럽게 늘어날 테니까, 그만큼 참나무 후손이 번성할 기회가 줄어든다. 그래서 일부러 해거리한다. 당연히 그걸 먹고 사는 동물이 타격을 입고 줄어들 것이다. 그다음 해에 참나무는 도토리를 아주 많이 매다는데, 줄어든 동물들은 그 많은 열매를 다 먹어 치울 수 없다. 그때 많은 도토리가 안전하게 땅속으로 파고들 수 있다. 참나무가 해거리 작전으로 자기 후손들을 보호하는 셈이다.

일본목련이 살아온 이야기

서울에서 살던 소년이 광교산 자락에 깃들었을 때, 이사 온 첫날부터 나무들이랑 수다 떠는 꿈을 꾸었다. 마당 바로 옆에는 제법 큰 밭이 있었다. 밭두렁에 한 줄로 늘어선 나무들이 만든 작은 숲에서, 아침마다 새들이 하루를 시작하는 건 어찌 보면 당연한 일이다. 달빛이며 햇살조차 그 숲에 머무르는 걸 좋아했으니까.

어느 날 밭주인이라는 할아버지가 왔는데, 그의 체형은 미라나 다름없었고 허공으로 던지는 눈빛은 이미 다른 세상에 닿아 있는 듯했다. 그래서 더욱 믿어지지 않았다. 그 늙음이 슬근슬근 톱날을 다그쳐서 거인들을 하나씩 쓰러트릴 때마다 헛것을 보는 것만 같았다. 거인들은 아무런 저항조차 하지 못했다. 눈앞에 신이 있다면, 왜 인

신을 믿지 않아도 믿음을 깨닫게 해준 나무

간에게 자연을 맘대로 할 수 있는 힘을 주었냐고 원망했을 것이다. 그 아름다움을 한순간에 망가트릴 수 있는 인간의 힘을 저주하고, 또 저주했다.

이웃집 사람들이 항의하자, "아니 나무가 그늘을 만들어서 농사를 방해하니까 자른 건데, 누가 뭐래? 여긴 우리 밭이야!" 하고 오히려 화를 냈다. 아름다움이 한순간에 무너져 버렸다. 소년은 한동안 쓰러진 나무를 멍하니 쳐다만 보았다. 누런 개가 따뜻한 혀로 손을 핥아주자 그제야 정신을 차렸고, 기하학적인 질서를 존중하는 나이테가 눈에 들어왔다. 저도 모르게 그걸 헤아리기 시작했다. 아까시나무는 일흔 살, 이웃인 밤나무는 여든 살, 일본목련은 백 살에 가깝고, 가래나무도 백 살이 넘었다. 100년을 살아왔으니까, 보이지 않는 것들을 볼 수 있는 지혜를 가지고 있을 것이다.

서울에 살 때, 소년은 머리가 아플 때마다 근처 공원에 있는 일본목련을 찾아갔다. 어떤 신화가 탄생할 만큼 근엄한 나무는 늘 꽃송이에다 유독 정성을 쏟았다. 소년은 그 꽃을 볼 때마다, 꽃이란 자기존재를 걸고 세상을 향해 소리친다고 생각했다. 화려한 꽃은 머잖아 죽어 갈 운명이다. 나무가 존재하기 위해서, 그의 일부가 죽어 가는 것이다. 그런 꽃의 영혼이 모이고 모여서 나무를 더욱 영원하게 하는 힘이 된다. 나무를 볼 때마다 그런 힘이 느껴진다.

그 꽃이 가지마다 가득하여 꽃비린내가 진동할 무렵, 상상도 할 수 없는 비극이 벌어졌다. 일제 잔재를 청산하자! 누군가 그런 구호를 나무의 생살에다 새기고, 잔인하게 대못을 박았다. 껍질을 벗겨

일본목련은 꽃이 예쁘고
성장 속도가 빨라서
정원수로 많이 심긴다.

내고 여기저기 칼로 도려내기도 했다. 인간이란 그렇게 어리석다. 그 나무가 무슨 죄란 말인가.

밭주인 할아버지가 나무들을 전멸시키자 우리 조상들이 '혼새'라고 부른 호랑지빠귀가 유독 구슬픈 음색으로 진혼곡을 읊조리고 있었다. 소년은 그 선율을 들으면서 뒤척이다가 잠이 들었다. 꿈에 일본목련이 나왔다.

일본목련은 자기 생을 이야기했다. 그를 심은 것은 키가 작은 농부였다. 농부는 밭을 개간하면서 주변에다 자신이 좋아하는 나무를 심었다. 가래나무와 소나무를 심었고, 그 사이에다 일본목련을 불러들였다. 농부는 그 나무가 자라면 근사한 그늘을 만들어 줄 것이라고 상상했다. 일하다 지치면 그늘 밑에서 쉴 수 있으니 얼마나 좋은가.

"내가 어렸을 때, 내 옆에, 그러니까 가래나무와 나 사이에 제법 큰 소나무가 있었지요. 소나무는 인정이 없어서 나한테 햇살 한 줌 받게 하지 않았어요. 나는 야윌 대로 야위면서 잔병치레를 했어요. 그러자 농부가 소나무를 베어 버렸어요. 그 덕에 나는 제법 튼튼해졌지만, 근처에는 칡이 많아서 하마터면 죽을 뻔했지요. 칡이 나를 숨도 쉬지 못하도록 덮어 버렸거든요. 농부가 다급하게 칡덩굴을 제거하고 나서야 살았지만 몇 년간 비실비실했지요. 그렇게 고비를 넘기고 살만 하니까, 이번에는 가래나무가 너무 커져서 나를 가렸지요. 농부가 개입했어요. 가래나무 가지를 조금 잘라 주었고, 나는 그 틈을 타서 자라났지요. 그 뒤로는 큰 고비가 없었어요…….”

소년은 아침이 되자마자 일본목련 곁으로 갔다. 다시금 나이테를 보자, 대충 그의 삶을 예측할 수 있었다. 가장 안쪽에 새겨진 나이테는 너무 촘촘해서 경계를 구별할 수 없었다. 그의 말처럼 어린 시절이 힘겨웠음을 알 수 있다. 소나무가 살았다는 쪽의 나이테도 확인했다. 역시 나이테가 좁았다. 칡덩굴 때문에 삶을 포기하려고 했을 때 그의 나이는 열여섯 살 정도였다. 그 시기가 지나고 나서야, 나이테 경계는 일정하게 간격이 벌어지기 시작했다. 다만 그늘진 북쪽 나이테는 어김없이 간격이 좁았다.

녹말은 식물에게
영원한 생명을 주었다

세포란 수도자들이 명상하던 방처럼
작고 좁다는 뜻이다

작가가 된 소년은 아이들이랑 소통할 때가 가장 행복했다. 몇 년째 이메일을 주고받는 아이가 있었다. 한번은 그 아이가 자기에 대해 수다 떨다가 불쑥, '선생님, 저는 책을 먹고 살아요.'라고 써서 보냈다. 소년은 무슨 말이냐고 물었고, 아이는 곧장 답장을 보내왔다.

> 선생님, '섬유소'라는 거 아시죠? 소화는 안 되지만 인간의 몸에 꼭 필요한 영양소이지요. 식이 섬유소라고 하는데, 탄수화물의 한 종류예요. 흔히 '섬유질' 혹은 '셀룰로스'라고 하잖아요? 채소나 버섯에 많이 들어 있대요. 섬유소는 각종 성인병도 막아 주고, 대변도 잘 나오게 해 준답니다. 근데요, 이게 종이를 구성하는 주 물질이랍니다. 책은 종이로 만들어지니까, 결국 저는 책을 먹고 살아가는 셈이죠.

소년은 아이를 한껏 칭찬하면서, 정말 요즘 아이들은 다르다고 고개를 끄덕였다. 자신이 어렸을 때를 돌아다보면 비교할 수 없을 만큼 지적 능력이 빼어나다. 덕분에 소년은 녀석이랑 식물의 세포 이야기를 진지하게 나눌 수 있었다.

세포는 식물 살을 만드는 주된 원료이니까, 섬유질 즉 셀룰로스도 세포로 이루어져 있다. 셀룰로스는 몇 가지 과정을 거치면 종이로 변신한다. 녀석의 말처럼 우리는 책을 먹고 산다고 할 수 있다. 당연히 종이 재료가 되는 나무를 먹을 수 있는 건 아니다. 그래도 넓게 생각하면 셀룰로스라는 세포를 인간이 먹기 때문에 녀석의 말은 틀린 게 아니다.

울타리에 주렁주렁 늘어진 수세미는 서리를 맞으면서 살이 흐물흐물 녹아내리고, 포유동물의 가슴뼈 같은 섬유질만 동그랗게 드러난다. 그 섬유질이 셀룰로스다. 나무나 풀은 대부분이 셀룰로스로 이루어져 있다. 호두나 복숭아는 셀룰로스로 딱딱한 씨앗 집을 만들어서 후손을 보호한다.

시간이 살을 발라낸
수세미 섬유질.

소년은 아이랑 세포 이야기를 하다가 불현듯 산속 암자에서 하룻밤 묵었던 기억을 떠올렸다. 몇 년 전, 소년은 설악산에 들어갔다. 산은 늙은 잎의 축제로 반짝반짝 빛이 났다. 알록달록 색을 받아든 잎들이 숙연하게 생을 정리하고 있었다. 그 가볍고도 아름다운 의식에 취해 가면서 역시 늙어 가는 자신을 돌아다보았다. 어쩌면 생이란 어떻게 마무리를 짓는가, 그 순간을 향해 달려가는 과정인지도 모른다.

산에서 마주한 태양은 여전히 수많은 신화를 품고 있는 것 같았다. 인간의 걸음으로는 닿을 수 없는 먼 세상으로 태양이 사라지자 어둠이 맹렬하게 으르렁거렸다. 소년은 쫓기듯 암자를 찾아갔다. 암자로 가는 길에는 유독 쑥부쟁이가 많았다. 추울수록, 가을이 깊어갈수록 얼굴이 맑아지는 그 한해살이풀의 삶이 새삼 대단해 보였다. 자꾸만 쑥부쟁이를 들여다보고, 앉아서 재잘재잘 말을 하다 보니 날이 저물어 버렸다. 그때부터 발걸음을 서둘렀는데도, 암자에 도착했

쑥부쟁이는 아침저녁 기온 차가
커질수록 얼굴이 맑아진다.

© 이상권

을 때는 제법 깊은 밤이었다.

예상보다 큰 암자였다. 절밥으로 주린 배를 땜질하고, 종무소에서
숙소를 배당 받았다. 숙소로 들어가자마자 한동안 멍했다. 열 사람
정도 발을 뻗고 누울 수 있는 공간에 스무 명이 앉아 있었다. 방바닥
에는 앉아서 간신히 발을 뻗을 수 있을 정도의 크기로 직사각형 칸
이 그려져 있고, 그 안에는 그가 배당 받은 숫자가 적혀 있었다. 이불
도 없고, 바닥에 그어진 직사각형 크기의 깔판 한 장이 전부였다. 여
행자들은 그 깔판에 앉아서 당황스러운 눈빛을 감추지 못하고 있었

다. 발조차 편하게 뻗을 수 없는 곳에서 잠을 자라니! 여기저기서 불평불만이 터져 나왔다. 정말 상상도 할 수 없는 풍경이었다.

소년은 벽에다 등을 기댄 채 눈을 감아 버렸다. 어쩌란 말인가. 몸을 눕힐 수도 없고, 발도 뻗을 수가 없다. 그냥 이렇게 앉아서 밤을 지새울 수밖에 없다. 왜 이런 발상을 한 것일까. 좁은 공간에다 최대한 많은 사람을 수용하려고? 그는 고개를 흔들었다. 그건 아니겠지. 어쩌면 하룻밤 수도자의 마음으로 지새워 보라는 뜻이 아니었을까. 온몸이 녹아내리는 듯한 피로와 졸음, 그리고 타인과 타인이 살을 부대끼는 불편함을 인내하면서 하룻밤 지새워 보라는 거룩한 뜻이 아닐까. 그렇게 받아들이기로 했다.

시간은 피로에 지친 사람들을 쓰러트렸다. 소년의 겨드랑이와 턱으로 묵직한 발이 들이닥쳤다. 발 고린내가 킬킬거리면서 코를 찔렀다. 그래도 움직일 수 없었다. 그건 자발적인 고문이었다.

밤이 깊어 갈수록 방은 난장판이었다. 코 고는 소리는 경쟁적으로 출력을 올렸고, 몸과 몸이 뒤엉키기 시작했다. 적어도 그 순간만큼, 자기 몸과 타인의 몸을 구별하기 힘들었다. 팔과 팔이 엉키고, 다리와 다리가 꼬이고…… 그러면서도 그들의 엔진은 힘차게 코를 골았다.

오직 소년 혼자만이 잠들지 못하고 있었다. 은연중에 고시원이 떠올랐다. 소년은 20대 초반에 몇 달간 고시원에서 산 적 있었다. 그래도 고시원에는 자기 몸 하나 편안하게 눕힐 수 있는 공간이 있지 않은가. 천년 같은 밤이었다.

아이는 왜 그런 이야기를 하냐고 물었다.

응, 세포 이야기를 하기 위해서야. 세포라는 말은, 수도원 수도자들이 명상하던 작은 방과 같다는 말이거든. 내가 하룻밤 지새운 그곳은 넓은 방인데도 너무 많은 사람을 수용하다 보니 실제로는 고시원보다 훨씬 좁았고, 시신이 들어가는 관 속보다도 좁았어. 옛날에 수도자들은 아주 좁은 방에서 생활하면서 자신을 수련했어. 자기 몸을 수련한다는 것은, 그런 불편함을 견디어 낸다는 뜻이야. 세포라는 말은, 수도자들이 생활하던 방처럼 생겼다는 뜻이니까, 아주 작다는 의미가 담겨 있어.

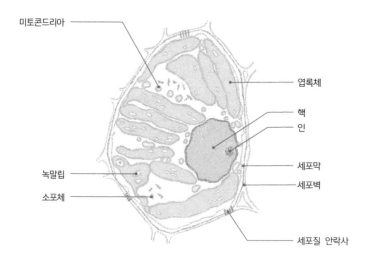

세포란 수도자들이 수행하는 작은 방처럼 작다는 뜻이다. **식물 세포.**

아이는 금세 내 말을 알아들었고, 그 암자의 밤을 경험하고 싶다는 말도 했다. 소년은 부모님이랑 같이 가면 가능하다고 했다. 정말 특별한 시간이 될 것이라고 덧붙이면서.

세포는 대부분 둥글둥글하고 얇은 비닐처럼 투명한 옷을 입고 있다. 짧은 시간에 많은 세포가 만들어지다 보니 자리싸움에서 밀린 것들은 찌부러지고 눌린다.

소년이 하룻밤 묵었던 암자에서도 그런 일이 일어났다. 누군가의 손이 그의 턱으로 올라오고, 누군가의 발이 그의 얼굴을 짓눌렀다. 그는 자리싸움에서 밀린 세포처럼 찌부러졌다. 그렇다고 뭐라 불평할 수도 없었다.

세포들도 마찬가지다. 세포는 좁은 공간에서 최대한 많은 것들이 살아야 한다. 그러니 서로 살을 부대끼지 않을 수 없다. 그러니 눌리거나 찌부러져서 다양한 형태로 바뀐다.

물은 개별적인 존재이지만 덩굴처럼 흐른다

식물의 세포벽은 대부분이 섬유질로 이루어져 있다. 그래서 세포가 쌓이면 섬유질 뼈대가 되기도 하고, 몸속 기관이 되기도 한다. 세포들이 이어져서 긴 파이프 모양이 되기도 하는데, 그것이 바로 생산물이 이동하는 전용 도로인 물관이나 체관이다.

섬유질은 실타래처럼 끝이 가늘어지는 기다란 세포이다. 섬유는

줄기에서 어두운 부분을 심재,
밝은 부분은 변재라고 부른다.

식물의 안쪽으로 한 층 한 층 겹쳐지고, 공간이 꽉 차면 그 구성원인 세포들은 죽어 간다. 공간이 꽉 찬다는 것은, 이미 할 일이 끝났다는 뜻이다. 살아 있다는 것은 일을 한다는 뜻이고, 일이 없다는 것은 세포의 수명이 다했음을 의미한다. 그곳이 바로 식물의 가장 안쪽이다. 죽은 세포들이 쌓여서 목질이 단단해지는 그곳을 심재라고 부른다. 살아 있는 세포들이 활기차게 움직이는 식물의 바깥쪽을 변재라고 하는데, 그곳이 안쪽보다 살이 무르고 색깔도 밝다.

나무는 나이가 들수록 구도심이 넓어지고 신도심은 계속 외곽으로 팽창하는데, 너무 오래된 구도심은 폐광처럼 무너지면서 바깥에서 안이 다 보이도록 큰 구멍이 생기기도 한다. 그래도 보강 공사를 하지 않는 것은, 그곳에 젊은이들이 살지 않기 때문이다.

세포가 가장 신경 쓰면서 공사하는 것은 생산물을 운반하는 전용 도로이다. 체관은 중력을 에너지로 쓰기 때문에 도로만 만들어 놓으면 자동으로 물건을 이동시킬 수 있다. 반대로 늘 중력의 간섭을 받아야 하는 물관은 만드는 것조차 쉽지 않다.

하나의 세포가 물을 담아서 위로 올리기 위해서는 다른 세포에게 전달해 주어야 한다. 그러기 위해서 세포들은 서로 몸을 맞대고 수직으로 늘어선 다음 이웃에게 전달한다. 다행히도 세포는 막공이라는 창을 갖고 있다. 세포가 그 막공을 통해서 이웃에게 물을 전달하면, 그 이웃이 또 다른 이웃에게 막공을 통해 물을 전달한다. 그런 식으로 줄기의 맨 끝까지 물을 전달하는 것이 가장 오래된 헛물관의 시스템이다.

고사리를 비롯하여 겉씨식물들은 태초에서 생겨났을 때부터 지금까지 수공업으로 가동하는 헛물관을 고수하면서 살아가고 있다

태초의 식물은 바다에서 살았다. 물속에서 산다는 것이 나쁘지는 않아도 여러 가지 한계가 있었다. 공간도 자유롭지 않았다. 더 자유롭게 살기 위해서는 흙을 밟아야 하는데, 막상 물에서 나가면 뜨거운 햇살을 견딜 수 없었다. 그러니 고작해야 물가에서 머물 수밖에 없었다. 더 넓은 대지로 나아가기 위해서는, 햇살을 이겨 내는 방법을 찾아야 했다.

그것이 자동으로 가동되는 물관이다. 엉성한 헛물관으로도 살 수 있으나 아무래도 그것은 불편했다. 겉씨식물에서 갈라져 나온 속씨식물은 그런 고민을 하다가 세포와 세포를 수직으로 연결한 다음 위아래로 구멍을 뚫어서 통합된 하나의 관을 만들었다. 그러자 뿌리에서 줄기 끝까지 이동하는 물의 속도도 더 빨라졌고, 뜨거운 태양 아래서도 견딜 수 있었다. 그때부터 식물들은 물가에서 멀어지기 시작했고, 심지어 아주 높은 산까지도 올라갔다.

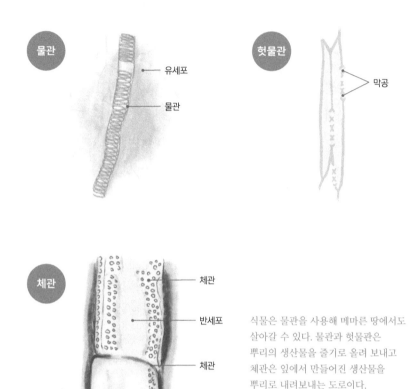

물관

유세포
물관

헛물관

막공

체관

체관

반세포

체관

식물은 물관을 사용해 메마른 땅에서도 살아갈 수 있다. 물관과 헛물관은 뿌리의 생산물을 줄기로 올려 보내고 체관은 잎에서 만들어진 생산물을 뿌리로 내려보내는 도로이다.

　뿌리가 빨아들인 물을 가장 많이 소비하는 곳은 잎이다. 잎은 기공이라는 입을 통해 호흡한 이산화 탄소와 뿌리에서 올라온 물을 이용하여 식물 구성원들이 먹고살아 갈 당을 생산해 낸다. 당을 생산하는 공장은 햇살을 에너지로 이용한다.

　날이 더워지면 잎은 기공 밖으로 더 많은 물을 토해 내면서 실내 온도를 조절한다. 물이 빠져나가면 남은 물은 서로 끌어당기는 힘이 강해진다. 그 힘은 물관에 있는 물을 그만큼 끌어당긴다. 잎에서 뿌리까지 이어져 있는 물관 속에는 물이 **빽빽하게** 들어차 있는데, 맨 앞쪽에 있는 물이 빠져나가면 빈자리가 생기는 셈이다. 그 빈자리를 자연스럽게 뒤에 있는 물이 밀려오면서 채워지는 형식이다.

광교산 아래 소년이 사는 마을에는 막국수를 파는 유명한 맛집이 있다. 소년은 그곳을 지나칠 때마다 몇 백 미터 늘어서 있는 대기줄을 보면서 새삼 놀란다. 폭염 경보가 내려진 날인데도 서너 시간을 그렇게 참아 낸다는 것은 무슨 뜻일까. 그만큼 먹는다는 것이 중요하다는 뜻일까. 소년은 그럴 자신이 없다. 아무튼 대기줄은 하나하나 개별적인 존재들로 이루어져 있는데, 그 순간만큼은 하나의 줄로 이어져 있다가 맨 앞에서 사람들이 빠져나가는 만큼 앞으로 나아간다. 식물의 물관 속에 있는 물도 그렇게 개별적인 존재들이지만 하나의 덩굴처럼 연결되어 있으니까, 깊은 땅속에서도 별다른 힘을 쓰지 않고 나무 꼭대기에 달린 잎까지 올라갈 수 있다.

물관은 세포들이 자기 몸을 희생시켜서 만든 통로이다. 물관이 완성되면 그 세포들은 당연히 죽는다. 그들은 죽어서 더욱 단단해진다. 주변에 구축된 벽도 다 죽은 세포들로 되어 있다. 그래서 물관의 엄청난 압력에 견딜 수 있다. 좁은 관 속에 밀집된 물의 힘으로, 물관이 터지거나 금이 가는 것을 막아 준다.

체관은 물관만큼 압력을 받지 않는다. 위에서 아래로 내려가는 물질인 데다가 순수한 물이 아니기 때문이다. 그래서 주변이 단단하지 않아도 터지거나 망가질 위험이 없다.

식물은 녹말을 이용하면서 관대해졌다

소년은 애기똥풀이 독을
갖고 있다는 것을 소에게 배웠다.

세포는 과학자이다. 저장한 음식이 썩지 않도록 습기에 대한 저항력을 높이고 곰팡이를 차단하는 물질까지 개발해 냈다. 세포는 저마다 독특한 물질을 만들어 낸다. 애기똥풀은 노란 물질을 갖고 있다. 줄기에 상처가 나면 갓난아기 설사 같은 즙이 나와서 애기똥풀이라고 불린다. 애기똥풀 세포가 만든 물질에는 독성이 있어서 벌레들에게 치명적이다. 애기똥풀은 그 예방 백신의 힘으로 살아가고 있다.

식물 세포들은 그렇게 자기만의 비밀스러운 예방 백신을 만들어서 사용하고 있다. 싱아나 수영, 까치수염은 신맛이 나는 백신을 갖고 있으며, 양파, 무, 마늘은 매운 백신, 천남성이나 애기똥풀은 위에 경련을 일으킬 수 있는 독이 있는 백신, 붉나무는 짜디짠 백신, 소나무는 독특한 향이 나는 송진 백신. 그렇게 조상 대대로 선호하는 백신을 갖고 있다. 그중에서도 녹말이야말로 식물에게는 가장 위대한 발견이다. 식물이 지구상에서 가장 오래 살아남게 된 것도 녹말 때문이다.

식물은 뿌리나 줄기에다 음식 저장 창고를 마련한다. 음식은 액체 상태로 되어 있다. 그래야 운반이 가능하고 소화시킬 수 있다. 식물은 동물처럼 이가 없고, 소화 기관도 따로 만들지 않아서 딱딱한 음식을 먹는다는 것은 불가능한 일이다.

액체 음식은 소화하기에는 편해도 오래 보관할 수는 없다. 금방 상하기 때문이다. 생선을 말리는 사람에게 그 이유를 물으면 "그래야 썩지 않고, 오랫동안 보관할 수도 있고, 먼 여행을 떠날 때도 가지고 갈 수 있다고." 하고 대답한다. 확실히 햇볕에다 말리는 것은 효과적이다. 더구나 소금에 절여서 말린다면 더 오래오래 보관할 수 있을 것이다. 그런 측면에서 식물의 삶은 불리하다. 식물은 음식을 햇볕에다 말릴 수도 없으니까. 그래서 만들어 낸 것은 바로 녹말이다.

녹말의 발견은 식물에게 영원한 생명을 가져다주었다. 식물은 액체 음식을 녹말로 바꿔서 보관하기 시작했다. 녹말은 완벽한 물질이다. 얼지도 않는다. 녹말로 저장된 음식은 1년이 지나도 썩지 않는다. 아니 수천 년간 썩지 않는다. 일본에서는 2천년 된 연 씨앗을 싹틔운 적도 있는데, 녹말이 썩지 않고 씨앗의 눈을 보호해 주었기 때문이다.

식물은 녹말을 발견한 뒤로 '자유롭게 움직이고 싶다'는 욕망을 내려놓았다. 온갖 초식 동물들에게 물어뜯기면서 살아가는 불안한 기억조차 즐겁게 받아들이기로 했

일본에서는 2천 년 된 연 씨앗을
싹 틔우는 데 성공했다.

다. 그들은 영원함을 얻었다고 생각했다. 그 어떤 생명도 식물만큼 오래 살지 못하니까, 식물은 녹말을 이용하면서 그 어떤 생명보다 관대해졌다. 모든 생명을 다 품을 수 있었다. 한평생 다른 생명에게 자신의 몸을 물어뜯기면서 살아도 행복했다.

감자 살은 썩어도 녹말은 썩지 않는다

중학교 선생님인 지인이랑 이야기하다가 우연히 감자떡 이야기가 나왔다.

"우리 반에 강원도에서 전학 온 철민이라는 녀석이 있어요. 근데 민수란 놈이 철민이를 '썩은 감자떡'이라고 놀린 겁니다. 그래서 둘이 치고받고 싸웠어요. 내가 말리면서 두 녀석 이야기를 들어보니까, 민수는 별생각 없이 그런 말을 뱉었고, 철민이는 할머니가 감자떡을 만들어서 파는데 녀석이 놀리자 화가 났다는 겁니다. 철민이가 제법 많이 다쳐서, 보호자인 할머니랑 통화했어요. 철민이는 부모가 안 계시거든요. 내 이야기를 들은 철민이 할머니는 괜찮다고 하더니, 싸운 친구랑 한번 놀러 오라는 겁니다. 어, 요즘 같은 세상에 이런 일은 드물어서, 놀린 민수 어머니한테 슬쩍 그 말을 했더니, 좋다는 겁니다. 민수도 가겠다고 해서, 제가 둘을 차에 태우고 강원도에 갔어요. 철민이 할머니가 반갑게 맞이했어요. 그 집 마당에는 동그란 고무 통이 있는데, 거기서 썩은 냄새가 나더라고요. 할머니가 미리 해 놓은 감자떡을 주셨어요. 민수도 맛있게 먹었죠. 할머니는 그걸 같이 만들어 보자고 하더니, 나랑 민수를 냄새나는 고무 통 앞으로 데려갔습니다. 뚜껑을 열어 보니까 시궁창 냄새에다 시커멓게 썩은 물이 보여서 나도 모르게 코를 막았지요. 할머니가 그 물을 따라내고는, '자, 이 안에 썩은 감자가 있으니까, 그걸 깨끗하게 걸러 내세요.' 하는데, 민수가 움직이질 않았어요. 할머니가 고무장갑을 주자 그걸 끼고는, '샘, 저 할머니가 우릴 골탕 먹이려고 일부러 이런 일을 시키는 것 같아요.' 하고 말했어요. 아무튼 우린 오만상을 찌푸리면서 고무 통 안에 든 물을 비우고 다시 새 물을 채워서 막대기로 막 젓고 비우기를 되풀이했어요. 우리가 힘들어하자, 이번에는 할머니랑 철민이가 나서서 그걸 다른 양동이에다 옮기고 물로 헹궈 내기 시작했어요. 아마 수백 번 헹궈 냈을 겁니다. 그러자 하얗게 가라앉은 게 보였어요. '이게 녹말이란다. 이걸 말려서 가루를 만들어 감자떡을 하는 거야. 감자를 캐 보면 호미에 찍혀 상처가 나거나 벌레들이 먹어서 썩어

옥수수   감자   완두콩

녹말의 발견은 식물을 영원하게 하였다.

가는 것들이 있어. 그걸 버리지 않고 이렇게 고무 통에다 모아 두면 저절로 썩는데, 감자 살은 썩어도 그 속에 든 녹말은 썩지 않거든. 그니까 썩은 감자를 걸러 내고 녹말만 모아서 감자떡을 해 먹는 거지.' 그 말을 듣고 저도 놀랐어요. 농부들은 오랜 경험으로 감자 살은 썩어도 그 속에 든 녹말은 썩지 않는다는 걸 안 거죠."

소년이 그 말을 듣고 철민이네 집에 꼭 가 보고 싶다고 했더니, 그 이듬해 지인한테서 연락이 왔다. 소년은 그 선생님이랑 같이 강원도 철민이네 집에 갔다. 그리고 밤새도록 고무 통에 담겨서 썩어 가는 감자를 걸러 내는 노동을 자처했다. 그것을 보면서, '인간이 죽어 썩어 간다면 무엇을 남길까. 온갖 뼈들이 남겠지만, 그보다는 한 줌의 녹말을 남기는 것이 더 유용하지 않을까.' 하고 생각했다.

녹말의 비밀을 알아낸 인간

감자는 잉카인의 주식이었다. 16세기에 유럽인들은 몰락한 잉카 땅에서 감자를 가져왔다. 처음에 유럽인들은 감자 줄기를 채소처럼 먹다가 많이 죽었다. 졸지에 감자는 악마의 식물이 되고야 말았다. 감자에는 솔라닌이라는 독성분이 있다. 그 성분은 설사를 일으키고 구토와 현기증까지 유발하는데, 심할 경우에는 사람이 죽을 수도 있다. 독말풀을 비롯하여 많은 가짓과 식물은 그런 독성을 갖고 있다. 감자도 가지의 친척이다.

당연히 소는 감자를 거들떠보지도 않는다. 토끼도 마찬가지다. 어린 소년은 그게 몹시도 궁금하고 신기했다. 소한테 아무리 감자 줄기를 던져 주어도 고개를 흔들어 버렸다. 감자 잎을 발라 먹는 무당벌레를 보면서, "야, 넌 왜 감자순을 먹지 않냐?" 하고 소에게 물어본 적도 있다. 그때마다 소는 순한 눈을 굴리면서 멍하니 소년을 바라다볼 뿐이었다.

안데스에서 살던 잉카의 조상들은 숱한 감자를 만지고 굴리면서 씹어 보기도 하고, 때론 감당할 수 없는 복통에 시달리면서 그 둥글둥글한 것의 독성을 풀어냈을 것이다. 그 해독제가 바로 불이다. 그때부터 감자는 잉카의 주식이 되었고, 인간들과 동행하기 시작했다.

불이 감자를 데우기 시작하면, 그 속에 저장된 녹말이 단맛으로 변한다. 식물은 불을 사용하지 않고서도 그 비밀을 알아냈다. 식물에게 녹말의 발견이 혁명이었다면, 인간에게는 불의 발견이 혁명이었다. 식물은 녹말을 발견했을 때 모든 욕망을 내려놓았지만, 안타깝게도 인간은 불을 발견하면서 욕망의 질주를 시작했다. 그렇게 두 생명체는 다른 길을 택했다.

겨울철 점심 밥상에는 반드시 고구마가 올라왔다. 소년은 김이 모락모락 피어나는 고구마를 보면서 한동안 관망했다. 할머니가 왜 안 먹냐고 하면 뜨거워서 그런다고 했지만, 다른 속셈이 있었다. 할머니, 할아버지, 어머니는 물렁물렁한 고구마를 좋아했다. 소년이 고구마를 얼른 집어 들지 않자 어머니가 말했다. "솥단지 안에 고구마 많으니까 골라서 먹어라." 그 말을 기다렸다는 듯이 소년은 일어나서 부엌으로 나갔다.

고구마는 감자보다 훨씬 잘 익는다. 그런 고구마의 특징을 예측하지 못하고 불을 많이 때면, 고구마 살이 솥단지에 눌어붙는다. 소년은 솥단지에 눌어붙은 고구마만 골라서 그릇에 담았다. 솥단지에 눌어붙었다는 것은, 그 부분에 가해진 열이 강해서 고구마 살이 탔다는 뜻이다. 그러면 조청 같은 단물이 흠뻑 묻어 있기 마련이다. 열이 가해져서 고구마 녹말이 당분으로 변한 것이니까, 당연히 그 부분을 먹으면 더 달다. 소년은 그렇게 적당히 탄 고구마를 좋아했다.

밤은 감자처럼 녹말을 독으로 사용하지 않는다. 그래서 밤은 찌지 않아도 맛있다. 대신 단단한 갑옷으로 음식 창고를 보호하고 있다. 밤도 음식 창고를 노리는 도적들이 많다는 것을 알고는 날카로운 가시로 음식 창고를 보호하고 있다. 그래도 도둑을 막을 수는 없다. 누구나 삶은 밤을 먹다가 "에이, 이것도 벌레 먹었네! 왜 이렇게 벌레 먹은 게 많지?" 하고 팽개친 경험이 있을 것이다. 아무리 철조망으로 음식 창고를 둘러도 도적들을 막을 수 없다는 뜻이다.

벌레는 밤송이가 어느 정도 속이 들었을 때 침투하는 경우가 많다. 옛날 농부들은 그런 사실을 알고는 어느 정도 밤송이가 채워질 때, 그러니까 아람 벌어지기 전에 풋밤을 장대로 두들겨서 떨어트린다.

소년은 해마다 그 일을 담당했다. 머리를 박 바가지로 보호하고, 밤나무에 올라가서 밤송이를 마구 내리친다. 소년이 밤송이를 털어내면, 식구들이 부대를 들고 모여든다. 식구들은 풋송이를 굴려 부대에 담아서 뒤란으로 간다.

그곳에는 호랑이도 잡을 만큼 깊은 구덩이가 파여 있다. 풋송이가 구덩이에 가득 차면 흙으로 덮는다. 그렇게 보름 정도 묵히고 다시 구덩이를 파내면, 풋송이가 갈색으로 썩어 가고 풋밤도 갈색으로 물들어 있다. 그런 식으로 수확한 밤은 벌레가 없다. 벌레가 밤 속으로 들어가기 전에 수확하기 때문이다. 다만 햇살과 바람을 맞으면서 아람 벌어지는 알밤보다는 맛이 덜하다.

소년은 생무를 좋아했다. 놀다가 지치면 근처 밭으로 가서 생무를 서리하여 헛헛함을 달랬다. 생무를 많이 먹다 보면 속이 아리기 마련이다. 그러면 불에다 무를 구워 먹었다. 무를 구울 때는 적당히 잘라서 숯불 위에다 올려 두면 된다. 김이 모락모락 나면서 구수한 냄새를 풍기면 그것을 끄집어내서 먹는다. 구운 무는 너무 뜨거우니까 천천히 식혀 가면서 먹어야 한다.

어른들은 구운 무를 소나 개에게 주면 안 된다고 했다. 소나 개가 덥석 물었다가 뜨거운 무의 속살에 데여 턱이 빠질 수 있다고 했다. 그만큼 뜨겁다.

무를 구우면 특유의 구수한 맛이 난다. 매운맛은 전혀 느낄 수 없다. 달달하고 시원한 맛이 온몸으로 스며든다. 무의 알싸한 맛도 불에 닿으면 사라진다. 그러니까 식물이 개발한 녹말은 물론이요, 무의 알싸한 맛, 마늘의 아린 맛, 통증에 가까운 고추의 매운맛, 양파의 톡 쏘는 매운맛, 씀바귀의 쓴맛, 감의 떫은맛, 그렇게 식물이 자신을 방어하기 위해서 만들어 낸 화학 무기는 불 앞에서 무용지물이 되고야 말았다.

식물이 눈을 뜨는 순간부터
녹말은 당으로 바뀐다

소년은 모든 군것질거리를 자연의 주술사들에게서 얻었다. 봄의 파동이 한창이면 연한 살이 밴 통통한 삐비를 뽑아 먹고, 소나무 속껍질이나 잔디 뿌리를 캐서 먹었다. 햇살이 노골노골 달궈지면 유채꽃대나 찔레순을 꺾어 먹고, 풋보리를 불에 구워 먹었고, 싱아를 질리도록 꺾어 먹었다.

그뿐이 아니다. 뒷산에는 산딸기가 날마다 붉어졌고, 밭에서는 완두콩이 주렁주렁 흔들렸다. 소년은 비릿한 단맛이 든 어린 완두콩을 콩깍지째 통으로 씹어 먹었다. 살이 짓무를 정도로 더워지면 오이와

기름을 바른 듯 윤이 나는
멍석딸기 주위에는 뱀이 많았다.

© 이상권

어린 가지, 그리고 양파와 당근, 목화가 기다리고 있었다. 한여름에는 밭두렁에 멍석딸기가 굴러다녔고, 가을로 접어들면 보리수와 산포도, 다래, 으름, 산밤이 기다렸다. 겨울이 오면 밤마다 고구마를 구워 먹었다.

그런 먹거리조차 바닥나면, 그때부터 광을 염탐하고 다녔다. 어른들이 감춰 놓은 조청이나 유과 같은 것을 찾아내서 훔쳐 먹었다. 그래선지 어머니는 설날이 되면 식혜를 엄청나게 담갔다. 뒤란 응달 툇마루 옆에 있는 커다란 항아리 가득 식혜가 찰랑거렸다. "맘껏 퍼다 먹어라." 어머니는 소년에게 대놓고 말했다. 따로 용돈을 주지도 못하고, 그렇다고 일부러 자식 먹거리를 챙겨 줄 틈도 없으니 미안하다는 말을 슬그머니 흘리기도 했다. 그때부터 소년은 식혜를 원 없이 먹었다. 올챙이처럼 아랫배가 불룩하도록 먹었다.

그맘때쯤이면 꼭 사촌 형이 찾아왔다. 형은 소년을 보자마자 싱긋 웃으면서 뒤란으로 돌아갔다. 형도 뒤란에 식혜 항아리가 있다는 것을 알았다. 소년은 바가지 가득 식혜를 퍼서 형에게 내밀었다. 형은 어른들 술 마시듯이 꿀꺽꿀꺽 마셨다. 식혜는 하얀 쌀밥이 거의 없었다.

어머니는 비싼 쌀을 식혜에다 헤프게 넣을 수 없었다. 딱 필요한 만큼만 넣고, 나머지는 모두 달달한 물이었다. 그래도 전혀 서운하지 않았다. 식혜에는 쌀밥 알갱이보다 더 근사하게 맛있는 것이 들어 있었다. 살얼음이었다. 항아리 속에는 늘 살얼음이 살았다. 그들은 살얼음이 둥둥 떠 있는 식혜를 오독오독 씹어 가면서 먹었다. 세상에서 가장 맛있는 얼음이었다.

안타깝게도 그 형은 몇 년 전
먼 세상으로 떠나 버렸다. 그
형을 기억하다 보면 식혜에
둥둥 뜬 얼음을 씹어 대던 어
금니가 시려 온다.

© 이상권

싱아는 마디가 있는 부분을
꺾어서 껍질을 벗기고 먹는다.

보리는 한여름에 수확한다. 잘
익은 보리는 베어 놓는데, 보리가
비를 맞으면 금세 싹이 난다. 싹이
났다고 아까운 곡식을 버릴 수는
없다. 그걸 말려 미숫가루를 만
들거나 개떡을 빚어 먹었다. 싹
이 난 보리에서는 약간 달착지근한 맛이 났다.

보리는 녹말이 저장된 창고다. 그 안에는 보리 눈이 잠들어 있다.
잘 익은 보리에 수분이 들어가면 잠들어 있는 눈이 깨어난다. 그와
동시에 녹말이 당분으로 바뀐다. 그래야만 어린눈이 밥을 먹을 수
있기 때문이다.

모든 식물 세포는 그런 식으로 불을 사용하지 않고도 녹말을 당분
으로 바꾼다. 너무도 간단하다. 잠들어 있는 눈을 깨우면, 저장되어
있던 녹말이 자연스럽게 당분으로 바뀐다. 그 비밀을 알아낸 사람들
이 일부러 보리에다 수분을 넣어 싹을 틔워서 엿기름을 만들어 낸
것이다.

광교산 밑으로 이사 온 소년은 해
마다 도토리묵을 해 먹는다.

도토리가 떨어지면 주워다가 말
려서 껍질을 벗겨 내고 물에 불린
다. 그것을 갈아서 결이 촘촘한 자루
에다 넣고, 발로 밟거나 흔들어 대면
입자가 고운 녹말이 빠져나오면서 농주

보리 새순은 태어나자마자
녹말을 당으로 바꿔서 먹는다.

같은 물로 변한다. 그렇게 몇 번이나 물에다 걸러 낸다. 혼란스러운
물속은 몇 시간 지나면 질서가 잡히고, 물속에는 무거운 녹말가루만
가라앉는다. 진흙처럼 바닥에 엉겨 붙어서 물을 버려도 떨어지지 않
는다.

그 녹말 덩어리를 긁어내서 햇볕에 말린다. 녹말 덩어리는 햇살이
닿으면 딱딱해지니까 말리면서 잘게 부순다. 가루가 된 녹말가루는
햇살의 잔소리를 들어가면서 오래 말려야 한다.

언젠가 한번은 그 과정을 소홀히 했다가 낭패를 당한 적이 있다.
겉으로 보기에는 멀쩡해도, 묵이 된 녹말은 특유의 텁텁한 맛을 내
지 못했다. 유통 기한이 지난 듯한 슴슴한 맛이었다. 그때부터 소년
은 녹말가루 말리는 과정을 무척 중시했다.

모든 생명은
세로로 되어 있다

세포들의 연합 국가

생명은 하나의 세포로부터 시작되었다. 무엇인지 알 수 없는 어떤 미지의 세포가 인간의 먼 조상인 셈이다. 최초의 식물도 세포 하나로 된 생명이었다. 바다에서 자유롭게 유랑하는 그들은 태양의 강의를 충실하게 들은 끝에 광합성의 비법을 풀어냈다. 그때부터 그들은 끊임없이 땅으로 오르려고 했다. 물에서 벗어나 산다는 것은 쉽지 않은 일이었다. 그때까지만 해도 식물은 독자적으로 수분을 얻을 수 없었다.

그때 비슷한 고민을 하는 녀석들이 있었다. 곰팡이들이었다. 곰팡이는 수분을 얻어 내는 법을 알았지만, 광합성의 비밀을 풀어내지 못했다. 그들은 서로의 고민을 이야기하다가 같이 뜻을 모으기로 했다.

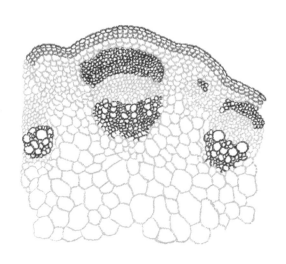

세포들은 좁은 공간 안에서 서로 살을 맞대고 살아간다.

곰팡이가 식물에게 수분을 주자, 식물은 생산해 낸 당을 주었다. 그렇게 시작한 곰팡이와 식물의 연대는 점점 더 광범위하게 넓어졌고, 각자 독자적인 시간을 가진 생명으로 변해 갔다. 다세포 생명도 그렇게 탄생했다.

다세포 생명은 여러 세포가 모여서 이룬 국가다. 세포 혼자서 독립적으로 살다 보니 여러 가지 한계에 부딪혔다. 각자 다른 능력자들이 모여서 지혜를 모은다면 훨씬 살아가기에 좋지 않겠는가. 어떤 세포는 주로 태양 빛을 에너지로 바꾸는 일을 하고, 또 어떤 세포는 물이나 영양분을 흡수하는 일을 하는데, 줄기를 만드는 일만 하는 세포도 있다. 식물은 그렇게 세포들의 연합 국가다. 하나의 나무 속에는 헤아릴 수 없을 만큼 많은 세포가 살아가는데, 그들의 다양한 능력이 거대한 숲을 창조해 낸 것이다.

숲의 쓰레기, 애벌레의 헌 옷을 치우는 청소부

곰팡이류의 세포는 식물처럼 셀룰로스로 이루어져 있지 않고 키틴질로 되어 있다. 키틴질은 동물이 뿔이나 발톱을 만들 때 쓰는 것이고, 곤충 외부 골격의 주된 재료이다.
　곰팡이가 그런 재료를 사용하는 것은, 죽은 자들을 분해할 때 강력한 산을 이용하기 때문이다. 식물이나 동물의 사체를 분해할 때

꼭 필요한 산은, 자기 몸에 닿으면 당사자도 무사할 수 없다. 그래서 곰팡이는 산으로부터 자신을 지켜 낼 수 있는 물질인 키틴질로 된 방호복을 입고 있다. 어쨌든 곰팡이는 세포 분열 방식이 동물하고도 다르고 식물하고도 다른 자기만의 독자적인 체계를 갖고 있다.

버섯은 나무를 흙으로 돌려보내는 성스러운 일을 한다.

초여름에 숲속 나무줄기를 보면 수백 수천 마리의 매미나방 애벌레들이 거꾸로 매달려 있다. 녀석들은 갈고리 모양의 발을 갖고 있는데, 그것을 나무껍질 틈에다 박고는 거꾸로 매달려서 옷을 벗는다. 애벌레 옷은 머리부터 발끝까지 하나로 연결되어 있다. 벗어 놓은 옷도 실제 애벌레랑 똑같다.

참나무를 보면 애벌레의 옷이 수천 벌씩 걸려 있다. 아무도 그걸 수거해 가지 않는다. 바람이 와서 수거하려고 흔들어 대도 떨어지지 않는다. 새들은 아예 먹을 엄두도 내지 않는다. 곤충의 잔해를 치우는 전문가인 개미들도 고개를 흔들어 버린다. 그 헌 옷은 누가 수거해 갈까. 한 달이 지나도록 헌 옷은 멀쩡하게 걸려 있었다.

비가 다녀가고 나서야 곰팡이가 그 옷을 수거하기 시작했다. 곰팡이는 습기를 타고 다니면서 자신들이 수거해야 할 대상을 물색한다. 트럭을 동원하여 헌 옷을 수거해다가 어느 쓰레기장에다 매립하는 게 아니라 그 자리에서 분해하여 흙으로 재생시킨다. 쓰레기를 처리하면서 그 어떤 공해 물질도 토해 내지 않는다. 신과 같은 일을 한다. 그러니까 청소부란 성스런 존재들이다. 인간 세상에서만 천한 직업으로 무시당할 뿐이다. 당연히 바람과 빗물은 그들을 존중한다.

우리 사회에서도 청소부들이 그런 대우를 받았으면 좋겠다. 힘들게 일하는 사람들이 가치를 인정받아야만 그 사회가 건강해질 테니까.

아무튼 숲속에 버려진 애벌레들의 헌 옷은 한나절 만에 사라진다.

매미나방 애벌레도 곰팡이를 진심으로 고마워할 것이다. 그들이 없었다면 매미나방의 삶은 완성되지 않았을 테니까. 곰팡이와 버섯이 죽은 목숨을 흙으로 재생시키면, 다른 목숨은 그 흙에서 살아간다.

애벌레 헌 옷은 습기가 있어야만 곰팡이가 와서 수거해 간다. 매미나방 애벌레.

곰팡이나 버섯은 생겨난 순간부터 온갖 용암이나 바위를 잘게 부수어 흙으로 만드는 일을 했다. 곰팡이나 버섯이 흙을 만들어 놓자 비로소 식물이 생겨났다.

세상 모든 생명은 곰팡이의 고마움을 알지만, 오직 인간들만 "어휴, 또 곰팡이가 슬었네. 아주 불결해. 지긋지긋해!" 하고는 얼굴을 찌푸린다. 그러면 옆에 있는 텔레비전이 장마철에 기승을 부리는 곰팡이 잡는 약이 나왔다고 하면서, 곰팡이 죽이는 약을 선전한다. 물론 곰팡이를 미워하는 마음은 이해가 간다. 아무래도 곰팡이가 끼면 살아가는 데 불편하니까. 그러나 곰팡이 입장에서도 생각을 해 봐야 한다.

항생제는 곰팡이를 존중하는 것에 대한 자연의 선물이다

영국의 미생물학자 알렉산더 플레밍은 1928년 여름 포도상 구균을 기르던 접시를 배양기 밖에 둔 채로 휴가를 다녀왔다. 휴가에서 돌아온 플레밍은 배양기에 생긴 푸른 곰팡이 주위가 무균 상태라는 것을 확인했다. 그는 푸른곰팡이가 생성한 물질을 페니실린이라고 불렀고, 곰팡이가 세균에 대해 항균 작용이 있다는 것을 발견했다. 그렇게 해서 항생제가 만들어졌다.

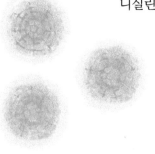

푸른곰팡이는 수많은 인간의 생명을 구원해 주었다.

항생제는 곰팡이를 신비로운 생명으로 받아들이고 존중한 것에 대한 자연의 선물이었다. 만약 항생제가 없다면 인간은 사소한 병에도 죽어 갈 것이다. 항생제가 만들어지기 전에는 폐렴, 결핵을 비롯하여 종기 같은 세균 감염으로 많은 사람이 죽어 갔다. 인간이 세균 잡는 항생제를 발견해 낸 것은 곰팡이 덕이다.

누룩곰팡이는 발효 식품의 씨앗이 되었다.

술을 만들 때 꼭 필요한 미생물 덩어리를 누룩이라고 한다. 그 속에는 누룩곰팡이가 들어 있다. 된장, 고추장, 간장을 만들 때는 반드시 곰팡이의 허락이 떨어져야 한다는 의미다.

술은 포도당을 알코올로 변화시킨 것이다. 술은 인간이 생겨나기 전부터 존재해 왔다. 그러니까 술은 인간이 가장 먼저 발견해 낸 물질이 아니다. 인간보다 먼저 생겨난 생명들이 대자연에서 술을 먼저 발견했다.

대자연에서 살아가는 숱한 미생물들이 포도당 성분이 들어 있는 식물의 씨앗을 발효시켜서 알코올로 만들어 냈고, 그것을 우연히 맛본 동물들은 알코올이 주는 묘한 느낌을 받았을 것이다. 하지만 그들은 스스로 술을 만들어 내지는 못했다. 오직 인간만이 술을 그대로 재현해 냈다.

인간이 술을 만들어 낼 수 있었던 것은 미생물의 무한한 능력을 알아냈기 때문이다. 대자연 속에서 자연적으로 발효되어 술이 된 것들을 관찰하면서, 술을 만들어 내는 일꾼인 미생물을 찾아낸 것이다.

그 미생물이 누룩곰팡이다. 누룩은 곡류에 누룩곰팡이를 번식시킨 술의 원료로 술이나 간장, 된장 등을 만드는 데 이용되고 있다. 삶은 밀이나 콩을 반죽하여 덩이를 만들어 띄워서 누룩곰팡이를 번식시키면 누룩 덩어리가 된다.

인간의 과학이 미치지 못하는 곳에서 사는 버섯

소년의 친구 중에는 버섯 전문가가 있다. 그렇다고 대학에서 버섯을 연구하지도 않았다. 누군가에게 버섯에 대해서 따로 배운 바도 없다. 오로지 혼자 버섯을 대했고, 자기 몸을 이용하여 숱한 버섯에게 다가가서 말을 걸었다. 그는 우리나라에서 살아가는 거의 모든 버섯을 먹어 보았다.

한번은 소년이 그와 함께 숲에서 버섯을 관찰하고 있었다. 어른 손바닥보다 크게 자란 껄껄이그물버섯을 보고 있었다. 몇몇 나이 든 등산객이 다가왔다. 그들은 대뜸 껄껄이그물버섯을 독버섯이라고 단정하고는 이러저러한 훈수를 두기 시작했다. 가만히 듣고 있던 소년이 친구를 보고는, "교수님, 진짜 이 껄껄이그물버섯은 독버섯인가요?" 하고 묻자, 그들이 주춤하면서 친구를 보았다. 소년이 재빠르게 말했다. "이분은 K대 농생물학과 교수님입니다." 그 말이 끝나기도 전에 그분들은 싹 달아나 버렸다. 그분들이 사라지고 나서야 둘은 깔깔거리며 크게 웃었다. 씁쓸한 일이었지만, 그 순간만큼은 묘하게도 통쾌했다.

색깔이 예뻐서 사람들이
독버섯이라고 생각하고
두려워한다. 자주방망이버섯.

친구가 버섯에 대해서 관심을 갖게 된 것은 아주 단순한 호기심 때문이었다. 아직까지 인간에게 정복 당하지 않고 자유롭게 살아가는 그 생명의 당당함 때문이기도 했다. 버섯은 그 누구의 눈치도 보지 않고 살아간다. 버섯은 인간이 두려워하는 존재이기도 하다.

친구는 숲에 가면 온갖 식용 버섯을 따서 가져온다. 간혹 그걸 혼자 먹기가 아까워서 친한 이웃들에게 주기도 한다. "이건 자주방망이버섯이라고 하는데, 예로부터 우리 조상이 즐겨 먹던 식용 버섯입니다. 안심하고 드세요. 소고기보다 더 맛있어요. 살짝만 데쳐서 그냥 초장에 찍어 먹어도 맛있고, 반찬으로 무쳐 먹어도 좋고, 국을 끓여도 좋습니다." 그걸 받아 든 이웃들은 고맙다고 인사를 하고는, 그가 사라지면 슬그머니 버섯을 버린다. 야생에서 따 온 것이기에 불안하기 때문이다. 자주방망이버섯을 인터넷에서 검색해 보고는 식용 버섯이라는 것을 확인하고도 버리는 사람이 있다. 그만큼 인간은 버섯을 두려워한다. 마트에서 파는 버섯이라는 인증이 없는 한, 그 누구도 야생 버섯을 편안하게 먹지 못한다.

오래전부터 인간은 영원함을 갈망해 왔다. 오래오래 살고 싶은 욕망이다. 옛사람들은 영원한 생명을 가진 사람들이 살아가는 무릉도원을 찾아다녔고, 영원히 늙지 않게 하는 약초를 찾아다녔다. 세상에 존재하는 모든 풀로 온갖 인체 실험을 해 보고, 그런 다음에는 불로초라는 상상의 식물을 찾으려고 했다. 그 불로초가 바로 영지버섯이다.

하필 수많은 식물 중에서 버섯을 불로초라고 상상했던 것은, 그만큼 버섯이 신비로우면서도 알 수 없는 존재였기 때문이다. 버섯은 인간이 상상도 할 수 없는 곳에서도 살아가는데, 금방 사라지기 때문에 구하기도 힘들다. 아직도 우리나라에 얼마나 많은 버섯이 살고 있는지 모른다. 그들은 유일하게 인간의 과학을 따돌리면서 살아가고 있다.

곰팡이는 끊임없이 개척의 역사를 써 가고 있다.

단순하게 살아가는 그들의 삶은 성공적이다. 그들은 어떤 존재들보다 오래 살아남을 것이다. 심지어 핵전쟁이 일어나도 살아남을 것이다. 실제로 방사능에 오염된 지역에서 가장 먼저 발견되는 것이 곰팡이나 버섯이니까.

곰팡이는 사람 머리에서도 살아간다

곰팡이나 버섯이 죽은 생명체 주위에서만 살아가는 건 아니다.

통통한 보리 이삭이 까맣게 병들어 죽어 있는 것을 '깜부기'라고 하는데, 어린 소년은 그것을 따서 먹었다. 보리 이삭이 병들어 죽은 것이라 당연히 몸에 좋을 리가 없겠지만, 소년은 텁텁하고 밍밍한 것을 횡재라도 한 양 씹어 먹었다. 달지도 않기 때문에 맛이 있을 리가 없었다. 그냥 배가 고프고 입이 심심하니까 뜯어서 먹었을 뿐이다. 그걸 먹으면 조금이라도 배가 부른 것은 사실이었으니까. 깜부기를 우적우적 씹어 먹고 물을 마시면 유독 배가 부르다고 했다. 소년은 깜부기로 얼굴에다 까만 분장을 하면서 놀기도 했다.

깜부기는 곰팡이들의 해방구다. 멀쩡한 보리 이삭을 기습 공격하여, 완벽하게 자기들 체제로 만들어 버린 것이다. 하나의

살아 있는 청보리를 분해하는
곰팡이를 깜부기라고 불렀다.

보리 이삭에는 수십 개의 알갱이가 달려 있다. 그중 하나만 곰팡이한테 점령 당하면 나머지도 무사할 수 없다.

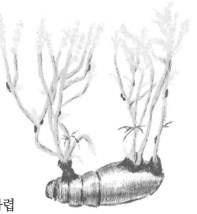

번데기에다 뿌리를 내리고
살아나는 동충하초.

사람이라고 해서 그런 곰팡이로부터 무사할까? 천만의 말씀이다.

사람은 머리를 감지 않으면 아주 가렵다. 놀랍게도 머리를 가렵게 하는 무법자 역시 곰팡이다. 사람의 머리도 수많은 식물이 살아가는 땅이다.

비듬은 두피에서 떨어진 죽은 피부 세포이다. 머리뿐만 아니라 이마, 눈썹, 속눈썹, 귀 등 다른 신체 부위에서도 비듬이 생긴다. 비듬이 많아지면 가렵고, 보기에도 좋지 않다. 비듬이 생겨난 것은 곰팡이 때문이다. 그래서 비듬을 만들어 내는 곰팡이를 없애 준다는 온갖 샴푸들이 인기를 끌고 있다.

박테리아, 곰팡이 같은 미생물과 같이 살아야 더 풍요롭다

여덟 살 나던 해의 늦가을이었다. 소년이 눈을 뜨자마자 마당에서 연기가 피어났다. 할머니가 마당 한복판에다 짚단을 세워 놓고는 불을 피웠다. 소년은 눈을 비비면서 불 가로 달려갔다. 예상치 못한 따뜻한 불기운이 아직 떨어지지 않은 잠기운을 물리쳐 주었다.

소년은 환하게 웃으면서 불기운을 받아들였다. 화려한 짚불은 오래가지 않는다. 소년은 막대기로 불꽃이 스러지는 재를 헤적이면서 빨간 불씨를 찾았다.

그때 할머니가 나타났다. "아가, 그거 헤적이면 안 되는데……." 할머니는 어린 손자를 보고 뭔가 타박하려다가 꾹 참는 눈치였다. 왜 그러지? 내가 뭘 잘못했나? 소년이 두리번거렸다. 할머니가 어디선가 짚단 하나를 더 가지고 왔다. 그때까지도 몰랐다. 혹시 나를 위해서 불을 피워 주려고 그러나? 소년은 그렇게 생각했다. 할머니는 짚단을 세우고, 맨 밑에다 다시 불을 살렸다. "이번에는 재를 헤적이지 마라. 이건 콩나물 놓으려고 재를 만드는 거란다. 곧 제사가 있거든. 재가 다 부스러지면 콩나물을 놓을 수 없단다." 그때도 무슨 말인지 몰랐다. 소년은 콩나물을 재에다 놓는다는 말도 처음 들었다. 소년은 경기도에서 살다가 본가로 돌아온 지 오래되지 않아서 모든 시간이 낯설었다.

할머니는 불이 게걸스럽게 짚단을 먹어 치우고 까만 재를 남기자 시루랑 불린

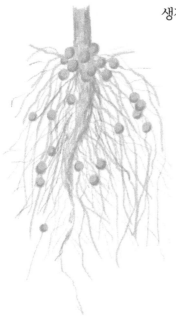

콩과 곰팡이는 아름다운 동행을 하고 있다.

콩을 가져왔다. 할머니는 불씨가 완전히 사라진 재를 조심스럽게 손으로 모아서 시루에다 넣었다. 그 위에다 불린 콩을 깔았다. 그리고 또 재를 얹었다. 다시 콩을 그 위에다 놓았다. 그런 식으로 재를 놓고, 콩을 얹기를 몇 번 되풀이한 다음, 시루에다 물을 뿌렸다. 할머니는 그 시루를 안방 아랫목에다 두었다.

다음 날 기적처럼 노란 콩 사이에서 새순이 돋아났다. 콩이 날개처럼 벌어졌다. 소년이 최초로 경험한 생명의 기적이었다.

밥하기 전에 쌀과 콩을 물에다 불리기도 한다. 30분만 지나도 콩이 꿈틀거린다. 껍질에 금이 가고, 속살이 드러난다. 잠들어 있던 눈이 움직인다. 눈이 움직인다는 것은, 주위가 따뜻하고 알맞게 수분이 있다는 뜻이다.

시루 속도 마찬가지다. 따뜻하면서도 적절하게 수분이 있으며, 까만 천으로 덮여 있으니 콩 눈은 그곳이 땅속이라고 생각한다. 콩 눈은 살짝 고개를 내밀고 뿌리를 뻗어 본다. 뿌리의 첫 임무는 흙 속에다 닻을 내리는 일이다.

콩의 첫 뿌리는 재를 느꼈다. 그때부터 더 빠르게 뿌리를 내린다. 그런 다음 두 개의 떡잎을 머리에 이고서 빠른 속도로 일어난다. 어서 햇살이 드는 곳으로 잎을 내밀기 위한 필사적인 몸부림이다. 인간은 그런 식물의 마음을 알고는 햇살이 스며들지 못하도록 어두운 천으로 가린다. 그래야만 더 부드럽고 연한 줄기를 얻어 낼 수 있기 때문이다.

모든 생명은 세로로 되어 있다

먼 옛날 중국에서 태어난 콩은 인간이 다섯 번째로 많이 재배하는 식물이다. 인간이 가장 많이 재배하는 식물은 옥수수이고, 밀과 벼 그리고 감자가 그 뒤를 잇는다. 옥수수와 밀, 벼는 대식가라서, 그만큼 많은 비료나 퇴비를 주어야 한다. 그에 비해서 콩은 스스로 알아서 자기 먹거리를 해결해 낸다.

콩은 다른 식물이 살아갈 수 없는 땅에서도 살아간다. 그들이 완벽하게 자립할 수 있는 것은 세균인 박테리아와 동맹하면서 공기 속에 질소를 흡수하는 탁월한 능력을 갖췄기 때문이다. 콩은 살아가는 데 필요한 질소를 세균으로부터 무상으로 원조 받는다. 질소는 식물이 살아가는 데 꼭 필요한 영양소이다. 콩은 자기 뿌리에다 둥글둥글한 집을 지어서 세균이 살 수 있도록 극진하게 배려해 준다. 이 아름다운 동행이 황무지에서도 콩이 살아갈 수 있는 자신감을 주었다.

세균과 곰팡이는 시간이 멈춰 버린 물질을 분해하는 일을 하지만, 살아가는 것들의 시간이 잘 흘러가도록 돕는 일도 한다. 식물은 질소와 인산, 칼륨이 있어야 살아갈 수 있다. 식물은 인산을 직접 구할 수 없다. 뿌리도 그 일을 할 수 없다. 뿌리는 살기 위해서 수지상 균근균이라는 균에게 도움을 청했다. 그는 흔쾌히 그 요청을 받아들였고, 인산을 흡수하여 뿌리로 전해 주었다. 대신 그들은 식물의 뿌리에 붙어서 살게 되었다. 식물은 의리가 있는 생명체이니까, 자신이 흡수한 물을 그 균에게 답례로 주었다. 그렇게 그들은 사이좋은 이웃으로 살아간다.

곰팡이는 가난을 원망하지 않는다

콩과 달리 밀은 후손들에게 떡잎 하나를 간신히 물려주었다. 사실 그 떡잎에 든 음식물도 콩과 식물하고 비교하면 형편없다. 밀은 콩과 달리 탄수화물 덩어리다. 콩처럼 고농도의 단백질이 저장되어 있지 않다. 그러니 여러모로 밀의 후손은 가난할 수밖에 없다.

식물도 단백질을 먹지 않고 살아가기란 쉽지 않다.

인간이라면 단백질과 탄수화물을 적절하게 섞어서 먹을 수 있는 식단을 짤 것이다. 우리나라 사람들이 즐겨 먹는 콩밥, 즉 쌀과 콩을 섞어서 밥을 짓는 것은 탄수화물과 단백질의 이상적인 조합이다. 안타깝게도 식물은 그렇게 할 수 없다.

외떡잎식물 밀은 곰팡이보다는 물려받은 재산이 많지만 쌍떡잎식물에 비하면 가난한 편이다.

메소포타미아와 이집트 문명을 일으킨 밀은 거친 초원에서 태어났다. 원래 야생 밀은 낱알이 여물면 떨어지고야 마는데, 낱알이 그대로 붙어 있는 돌연변이가 생겨났다. 농부들은 그것을 밑알 삼아 밭에다 뿌려서 거두기 시작했다. 그렇게 밀과

쌍떡잎식물 콩은 외떡잎식물보다 훨씬 많은 재산을 물려받아 어린눈이 살아가기에 더 수월하다.

인간의 동행이 시작되었다.

야생 밀은 자기 한 몸 살기도 힘들었다. 씨앗 속에다 풍족하게 영양분을 저축하여 후손에게 물려줄 여력이 없었다. 밀이 할 수 있는 것은, 태양 에너지를 이용하여 만들어 낸 탄수화물을 그대로 씨앗에다 저장하는 방법밖에 없었다. 그러니 밀은 어쩔 수 없이 탄수화물을 에너지로 이용하면서 살아간다.

그래도 밀은 행복한 편이다. 흡족하지 않아도 부모가 최소한의 재산을 물려주지 않았던가. 너무도 가난해서 아예 한 푼도 물려주지 못하는 부모들이 훨씬 많다.

곰팡이나 버섯은 부모로부터 재산 한 푼 물려받지 못했다. 그래도 조상 탓을 하지 않는다. 늘 겸손하게 말할 뿐이다. 살아가는 것은 다 똑같다고. 비단옷을 입어도 맨몸으로 살아도 삶은 그냥 버티는 것이라고.

전통과 새로움 속에서
고민해 온 식물

참나무산누에나방과 어치

쌍떡잎식물인 장미는 외떡잎식물인 원추리보다 꽃잎이 잘 정리되어 있다. 장미는 꽃잎을 보호해 주는 꽃받침도 있다. 꽃잎은 서로 한쪽이 엇물리면서 포개져 있고, 요새처럼 둘러싸여 있어서 훨씬 튼튼하다. 비바람이 불어도 잘 떨어지지 않는다. 원추리는 꽃받침도 없고, 꽃잎이 요새처럼 포개져 있지도 않다.

잎을 보면 양쪽 집안의 건축 솜씨는 더 차이가 난다. 장미나 참나무는 잎을 그물처럼 빽빽하게 철근을 넣어서 만들지만, 원추리는 대충 한 방향으로만 나란히 철근을 넣어서 만든다. 왜 그렇게 하는지 직접 원추리에게 들어보자.

"우리는 가을이면 시들어요. 장미는 줄기가 시들지 않고 남아 있다가 이듬해 봄이 되면 다시 싹을 내밀지요. 그러니까 꽃을 피울 때도 힘이 덜 들고 서두를 필요가 없어요. 우리는 봄이 되면 빠르게 자라야 합니다. 우린 꽃도 급하게 만들지요. 장미처럼 꽃받침을 만들고 잎에다 철근을 그물처럼 촘촘하게 엮을 틈이 없어요. 우리 외떡잎 집안은 다 그래요. 키가 자라는 것도 힘겨운데, 어떻게 이파리 하나하나에다 철근을 빽빽하게 넣을 수 있나요? 그러다가는 한 해가 다 가고야 말 겁니다."

그래도 원추리의 말에 수긍하지 않는 논객들이 있다. 하늘하늘 날아온 참나무산누에나방이다. 나방이 가지에 앉아 날개를 접는다. 안쪽에 새겨진 주황색 동그란 문양이 눈에 들어온다. 나방이 다시 날개를 펴자, 날개 자체가 나뭇잎이 된다. 지문처럼 새겨진 날개맥이

외떡잎식물 원추리는
꽃받침이 없고,
꽃잎도 엉성하게
포개져 있다.

쌍떡잎식물 장미는
꽃받침이 꽃송이를
안전하게 보호한다.

나방의 날개는 쌍떡잎식물
나뭇잎 공법을 받아들였다.

어치 깃털은 외떡잎식물의
잎을 모방했다.

외떡잎식물 바나나 잎은
아주 단순하게 설계되었다.

쌍떡잎식물인 국화 잎은
그물 모양으로
복잡하게 설계되었다.

또렷하다.

"아무리 그래도 잎이 튼튼하지 않으면 바람에 성하지 않을 텐데, 외떡잎식물을 이해할 수 없어요. 우린 참나무 잎을 먹고 살아가니까, 생김새만 다를 뿐이지 먼 조상을 거슬러 올라가면 같은 조상이라구요. 그래서 쌍떡잎식물 전통을 받아들이고, 날개를 참나무 잎처럼 만든 거라고요! 당연히 튼튼한 날개는 하늘을 날 때도 쉽게 찢어지지 않아요!"

어디선가 어치가 날아와서 근처에 앉았다.

"우린 외떡잎식물을 더 좋아합니다. 우린 나방보다 더 높은 창공을 달아다녀야 하는데, 그곳에는 땅에서 느끼는 것보다 훨씬 억센 바람이 있답니다. 그래서 쌍떡잎식물의 건축 공법을 받아들여 **촘촘하게** 그물 모양으로 깃털을 만들기도 했지만, 강한 바람을 견디어 내지 못했습니다. 우린 고민하다가 외떡잎식물인 야자나무 잎처럼 깃털 가운데다 튼튼한 기둥을 설치하고, 그 좌우 측으로 나란히 깃털을 배치했지요. 바람이 불면 우린 그 깃털 하나하나를 맘대로 조절할 수 있어요. 그 깃털 사이로 바람이 새어듭니다. 바람이 잘 통하니까, 깃털이 망가질 염려가 없는 거지요. 바람과 싸우는 게 아니라 바람을 인정하고 바람의 힘을 역이용하는 겁니다. 깃털로 된 날개는, 바람이 둥근 **뼈**에 부딪히면서 생겨난 양력이 흩어지지 않도록 잘 모아서, 우리의 몸이 허공으로 떠오르게 해 준답니다."

새 깃털에는 그런 비밀이 숨어 있다.

전통에 충실하면서도
외떡잎식물의 장점을 받아들인 오동나무

나무는 인간과 더불어서 중력에 저항하면서 살아간다. 중력은 나무가 커질수록 집요하게 공격하여 그 건축물을 무너트리려고 한다. 바람은 중력의 가장 강력한 동맹군이다.

오동나무는 바람과 중력에 맞서기 위해서 끊임없이 건축물을 보강한다. 두 장의 떡잎 속에서 태어난 오동나무 어린눈은 뿌리를 내밀자마자 건축물을 설계한다. 공사는 빠르게 진행된다. 쌍떡잎식물의 전통을 지키면서 꼼꼼하게 벽돌을 쌓아가는데도, 외떡잎식물인 갈대나 밀만큼이나 빠르게 건축물을 지어 간다.

참나무는 그런 오동나무한테 불만이 많다. 제발 좀 천천히, 꼼꼼하게 줄기를 쌓아 가라고 잔소리투성이다. 너무 빨리 자라다 보니까 어린 오동나무는 밀처럼 줄기 속이 비어 있다. 속도전을 하기 위해서 그런 공법을 쓴 것이다. 그러니 줄기가 단단할 리 없다. 낫으로 살짝 내리쳐도 줄기가 잘려 나간다. 목질이 단단한 참나무는 잔가지조차 낫으로는 쉽게 잘라 낼 수 없다. 반드시 톱이 있어야 한다. 오동나무가 빨리 건축물을 올리는 것은 분명 장점이지만, 그만큼 아쉬움도 따른다는 의미다.

참나무는 수치스럽게도 오동나무가 외떡잎식물의 건축법을 사용하고 있다고 조롱했다. 그때마다 오동나무는 참나무가 너무 고지식하다고 맞받아쳤다. 바야흐로 세상은 시간과의 싸움이지 않은가. 다른 나무보다 더 빨리, 더 높은 곳으로 건축물을 올리는 것이 유리하지 않은가. 당연히 속도전을 강조하다 보면 부실도 있겠지만, 그때 보강 공사를

꽃이 예뻐서 옛 그림과 옛글에 많이 나오는 오동나무는 외떡잎식물인 대나무처럼 빨리 자란다.

하면 되지 않는가. 외떡잎식물의 건축 공법 중에서 좋은 점을 배워서 이용하는 게 뭐가 그리 나쁜가. 어렸을 때 줄기 속을 비우게 하는 것은 전형적인 외떡잎식물의 건축 공법이다. 하지만 오동나무는 대나무와 달리 건축물 외벽을 계속 보강해 간다. 오동나무는 전통에 충실하면서도 외떡잎식물의 장점을 과감하게 받아들인 식물이고, 참나무는 고지식하게 전통적인 건축 양식만 그대로 따르고 있다.

얼마나 빨리 자라서 물나무라고 불렸을까?

쌍떡잎식물인 한해살이 식물도 가을이면 모든 삶을 마무리해야 한다. 집안 전통에 얽매여 느릿느릿 일하다 보면, 가을이 와도 제대로 줄기 하나 올리지 못할 것이다. 살아 있어야 전통도 의미가 있는 것이다. 살아가지 못하면 무슨 의미가 있겠는가. 그들은 우선 살아가야 한다고 생각했고, 과감하게 외떡잎식물의 전통을 받아들였다. 그들은 외떡잎식물들처럼 최대한 빠르게 빠르게 건축물을 지어간다. 건축 재료 역시 좋은 것을 쓰지 않는다. 값싼 재료도 상관없다. 어차피 그들의 건축물은 가을이면 다 말라 버릴 것이다. 그때까지만 무너지지 않으면 되니까, 굳이 많은 돈을 투자할 이유가 없지 않은가.

물나무라는 말에는 빨리 자란다는 뜻이 담겨 있다. 옛날에는 빨리 자라는 것들에게 '물'이라는 말을 붙였다. 감나무도 빨리 크면 '물

물나무란 빨리 자라는
나무라는 뜻이다.
미국자리공 열매.

감', 닭도 빨리 크면 '물씨'라고 했다. 오이를 '물외'
라고 부르는 것도 그런 의미다.

물나무의 정식 이름은 미국자리공이다. 불과
한두 달 만에 웬만한 나무보다 크게 자라는
미국자리공은 숲과 들의 경계에서 살아간
다. 여름이면 붉은 열매를 주렁주렁 늘어
트린다. 예전에는 잔칫날 전을 부칠 때 그
것을 색소로 이용했다.

자리공이 열매에다 공을 들이는 것은
새들을 유혹하기 위해서다. 인가 주위에
서 살아가는 물까치와 직박구리는 그런 유혹에 못 이겨 붉은 열매를
실컷 따 먹는다. 자리공 씨앗은 그들의 배 속을 돌아다니다가 똥에
섞여 다시 세상으로 나오는 행운을 누린다. 직박구리나 물까치의 영
역은 자리공이 만만하게 살아갈 수 있는 곳이다.

쌍떡잎식물인 자리공은 외떡잎식물의 건축 공법을 받아들였다. 물
론 그들의 건축물은 대나무처럼 속이 비어 있지 않다. 그러니까 겉으
로 보면 쌍떡잎식물의 건축법을 따르는 것처럼 보이지만, 그것은 교
묘한 눈속임이다. 실제로 그들의 건축물은 대부분 수액을 가득 머금
은 녹색 세포 덩어리다. 비어 있는 거나 다름없다. 대신 그들은 관다
발을 만드는 데 신경 썼다. 땅속뿌리와 허공 속 잎까지 아주 유기적으
로 연결되어, 살아가는 데 필요한 모든 재료를 신속하게 주고받는다.

자리공은 건축물을 설계하면서 나이테를 염두에 두지 않는다. 그
건 외떡잎식물도 마찬가지다. 자리공이야 한 해밖에 살지 않기 때문

에 굳이 나이테를 고려할 이유가 없다지만, 대나무처럼 여러해살이 식물이 나이테를 신경 쓰지 않은 이유는 뭘까. 나이테는 단순한 나잇살이 아니다. 그것이 겹쳐지고 겹쳐지면서 나무를 더욱 튼튼하게 해 준다. 대나무도 그것을 알고 있지만, 외떡잎식물의 전통을 지키려다 보니 그렇게 되었다. 대나무는 아예 속을 비워서 나이테가 새겨질 자리를 없애 버렸다. 나이테가 없다는 것은, 해마다 성장하지 않는다는 뜻이다. 나무는 줄기가 커지기 위해서는 부름켜가 있어야 한다. 즉 새로운 세포를 만들어 내는 곳, 새살이 돋아나게 하는 곳이다.

자리공과 대나무의 건축법이 얼핏 비슷해 보여도, 자세히 들여다보면 확실하게 다르다. 자리공은 건축 설계를 하면서 집안의 전통인 부름켜를 포함시켰다. 새로움을 추구하면서도 오래된 것을 소중하게 가슴에다 새겨 놓았다.

그래서 봄부터 가을까지 끊임없이 건물 보강 공사를 할 수 있었다. 계속 줄기가 굵어진다는 뜻이다. 부름켜에서 파견한 새로운 세포 노동자들이 계속 외벽 공사를 하여 건축물을 확장하지만, 대나무는 부름켜가 없으니 외벽 보강 공사를 할 노동자들을 파견할 수 없다. 그러니 그들은 처음에 설계된 건축물 구조를 그대로 두면서, 그 위에다 새로운 건축물을 지어 간다. 줄기가 옆으로 확장되지 않고 위로만 커진다는 뜻이다.

소년은 어른들이 들고 다니는 지팡이를 볼 때마다 고개를 갸우뚱거렸다. 아니, 저게 명아주로 만든 것이라고? 어떻게 한해살이 식물이 그렇게 클 수 있단 말인가. 더구나 명아주는 자리공처럼 뿌리로

한해살이풀 명아주는 봄에 생을 시작하여
가을이면 어른들 키만큼 자라나는 힘을 갖고 있다.

© 이상권

월동하는 식물도 아니다. 먼지 같은 씨앗에서 삶을 시작하여 몇 개월 만에 지팡이가 될 만큼 단단하게 자란다는 것이다. 그때부터 소년은 명아주를 유심히 관찰했다.

어머니나 할머니는 명아주만 보면 싹을 뜯어서 말렸다. 말린 명아주는 정월 대보름날 맛있는 나물이 되어 밥상에 올라왔다. 명아주는 들이나 울타리 가에서 흔하게 자라는 잡초다. 쌍떡잎식물인 명아주는 놀랍게도 나무만큼이나 크게 자랐다. 부지런하기만 하면 얼마든지 부자인 나무처럼 살 수 있다고 떠벌리면서. 어떤 명아주는 한 해 2미터 이상 자라나기도 하니까, 굳이 나무의 삶을 부러워하지 않는다. 게다가 바람조차 헤아릴 수 없을 정도로 많은 씨앗을 매달고 있으니, 이 풀이 번성하지 않을 이유가 없다. 풀과 나무의 특징을 다 갖고 있는 셈이다.

소년은 가을이 되자 명아주 지팡이를 만들었다. 줄기를 잘라 내고 그늘에서 말리면 끝이었다. 확실히 명아주 지팡이는 가볍다. 다만 습기에 약하기 때문에 물에 젖지 않도록 해야 한다. 습기를 막기 위해서 옻칠을 하기도 했다. 명아주 지팡이는 풍을 예방해 준다고 하여 나이 든 어른들에게 아주 인기가 좋았다.

외떡잎 집안에서 가장 부유한 대나무의 삶

외떡잎식물인 대나무는 전통을 고수하면서 건축물을 크게 짓는 방법을 연구했다. 대나무는 땅속줄기에다 재산을 저축하면서, 새로운 건축법을 설계하고 또 설계했다. 최대한 굵고 크게, 그리고 한순간에 밀어 올려야만 가능하다. 그런 고민 끝에 죽순을 설계해 냈다. 어차피 공사 기간은 봄날 한순간이니까, 한두 달 안에 공사를 마무리한다.

죽순의 성장 속도를 본 쌍떡잎 건축가들은 그저 놀랄 뿐이었다. 한두 달 만에 그 거대한 빌딩을 솟아나게 한다니! 그렇게 빨리 지은 빌딩이 무너지지 않고 버틸 수 있다니! 봐도 봐도 믿기지 않는다. 게다가 속은 텅 비어 있다. 이파리도 엉성하다.

대나무는 한 번 지은 건축물은 보강하지 않는다. 전통을 중시하다 보니 그렇게 된 것이다. 그것이 대나무 미덕이다. 자존심이다. 대나무는 계속 자기 욕망과 싸우면서 살아갈 것이다.

대나무는 평생 꽃을 한 번만 피운다. 꽃조차 화려하지 않아서 인간의 눈에는 꽃으로 보이지도 않는다. 가진 게 많으니까 얼마든지 화려하게 치장할 수도 있을 텐데, 대나무는 그런 욕망에도 흔들리지 않는다. 꽃을 피운 다음 대나무는 자기 생을 마감한다. 꽃을 계속 피우다 보면 자기 욕망을 감당할 수 없을 것 같아서, 욕망이 절정에 오를 즈음 스스로 생을 정리하는 결단을 내린 것이다. 가장 나이가 들어서야 아름다움을 빛내고 스스로 목숨을 정리할 수 있다는 것은, 너무도 부러운 삶이다. 더구나

딱 한 번 꽃을 피운 대나무는
아름답게 생을 마감한다.

병원에서 태어나 병원에서 쓸쓸하게 죽어 가는 인간에게, 그들의 삶이 더더욱 부러울 수밖에 없다.

큰 줄기의 기득권을 버린
외떡잎식물의 위대한 결단

한때 수십 미터까지 빌딩 숲을 이루면서 절정의 문명을 이룬 키 큰 양치식물들은 다 소멸했다. 지금 살아남은 작은 양치식물들은 화려했던 시기에 갖고 있던 기득권을 포기했다. 그들은 다시 작아졌다. 식물이 작아진다는 것은 그만큼 경쟁력이 떨어져서 살아가기 힘들다는 뜻이다. 식물이 나무가 되어서 커질 수밖에 없었던 것은, 그래야만 더 넓은 가지와 잎을 허공에다 펼쳐 놓고 햇살을 독점할 수 있으며, 그만큼 막강한 생산력을 이용하여 숲을 장악할 수 있기 때문이다. 나무는 커질수록 더 많은 결핍을 느꼈고, 그때마다 더 높이 자라야 한다는 욕망을 맹렬하게 부르짖었다. 식물은 무조건 키다리가 유리할 수밖에 없으니까.

그걸 알면서도, 작아질 수밖에 없었다는 것은 그만큼 힘든 상황이 닥쳤다는 뜻일 테다. 예측하기 힘든 재난 속에서는, 작아지는 것도 위기를 극복하는 지혜이다. 오늘날 살아남은 양치식물은 그렇게 현명한 선택을 한 것들의 후손이다.

양치식물만 그런 선택을 한 게 아니다. 속씨식물도 그런 선택을 했다. 야자나무는 외떡잎식물의 시조이다. 아득한 옛날 이산화 탄소가 풍부했던 시기에 태어난 야자나무는 크게 성장할 수 있었다. 그들은 수분을 이동시키는 제대로 된 물관 하나 제대로 정비하지 않았다. 굳이 그런 것에 신경 쓸 필요가 없다고 판단한 것이다. 선배인 키다리 양치식물이 엉성한 헛물관을 갖고도 크게 자라는 것을 보았기 때문이다.

야자나무도 사는 데 큰 불편이 없었다. 다만 그런 상태로는 건조한 지역으로 이사하는 것은 상상조차 할 수 없었다. 큰 체구를 유지하기 위해서는 몸속 구석구석으로 물을 원활하게 공급해야 하기 때문이다.

야자나무보다 늦게 생겨난 후손들은 생각이 달랐다. 그들은 미지의 세상으로 나아가고 싶었다. 그러기 위해서 수분 공급 시스템을 손봐서 물관의 흐름을 원활하게 하였지만, 미지의 세상으로 나가는데 한계가 있었다. 결국 야자나무 후손인 외떡잎식물은 자신들의 생을 걸고 결단을 내렸다. 작아지자! 집안 어른인 야자나무가 갖고 있는 큰 줄기의 기득권을 다 내려놓자!

그것은 대단한 결단이었다. 큰 집에서 살던 사람이 작은 집에서 살기 어렵다는 것을 우리는 잘 알고 있다. 고급 승용차를 굴리다가 경차를 굴릴 수 없다는 것도. 하늘로 솟구쳐 있던 줄기가 작아져서 한 뼘도 안 되는 줄기로 움츠린다는 것은, 자칫 되돌릴 수 없는 파국을 맞이할 수도 있다. 그런데도 외떡잎식물은 결단을 내렸다.

아마도 지구 역사상 이처럼 위대한 결단은 없을 것이다. 인간의 과학은 나무에서 풀로 뒷걸음질한 것을 퇴보라고 할지 몰라도, 그들은 반드시 앞으로 가는 것만이 진화라고 생각하지 않았다. 진화란 때때로 마음을 비우고 자신을 낮추는 행위라는 것을, 그들은 살아 있는 시간으로 증명해 냈다. 풀이 된 외떡잎식물은 나무가 적응할 수 없는 땅으로 퍼져 나가기 시작했다. 몸이 가벼워진 만큼 움직이는 것도 편했다. 작은 풀은 변덕스러운 날씨에도 비위를 잘 맞추면서 적응할 수 있었고, 외떡잎식물은 그런 힘으로 온갖 재난을 이겨 낼 수 있었다.

인간은 그런 외떡잎식물의 후손인 밀과 보리, 쌀을 먹고 살아가니까, 인간의 몸속에서는 거룩한 외떡잎식물의 영혼이 흐르고 있다. 온갖 풀들의 피가 흐르고 있는 것이다.

다듬잇돌 밑에 눌려 있던 식물 채집용 헌책

쌍떡잎식물은 끊임없이 새 옷으로 갈아입는다. 그들은 인간과 달리 나이가 들어도 계속 허리가 굵어지고, 키도 커지고, 팔다리도 길어진다. 몸이 커지는 만큼 옷은 작아지고, 갈아입지 않으면 어딘가 찢어지고 불편해진다. 그러니 늘 새 옷을 준비해 두어야 한다. 쌍떡잎식물은 패션에 민감하다. 나무마다 옷 디자인도 다 다르다. 참나무는 두껍고 튼튼한 옷을 좋아하고, 자작나무는 얇고 부드러운 옷을 즐겨 입는다.

소년이 학교에 다닐 때는, 여름 방학 숙제로 곤충 채집, 식물 채집,

나뭇잎 모으기, 나무껍질 모으기 같은 것
이 있었다. 자신이 좋아하는 분야를 하나
골라서 하는 것이었다.

소년의 방에는 알코올과 주사기가 있었다.
채집 망은 따로 없었다. 시골 아이들은 그들만의
방법으로, 나방의 레이더조차 알아채지 못할 만
큼 살금살금 다가가서 풀잎으로 그것들을 눌
러서 잡는다. 잡은 곤충에다 알코올을 주입
해서 벽에다 고정시켜 말리고, 표본이 완
성되면 수수깡을 짧게 잘라서 세워
놓은 상자 속으로 모셔 온다. 수
수깡에 안치된 곤충은 꼭 살아
있는 것 같다.

새로운 나방을 발견하면 기를
쓰고 쫓아가서 잡아낸다. 어떨 때는
친구들이랑 연합 작전을 펼친다. 그
렇게 해서 새로운 나방을 잡아내면,
그들은 엄청난 보물이라도 찾은 것처
럼 기뻐했다.

식물 채집은 방학 때만 하는 게 아
니라 일상적으로 이루어진다. 방학이
면 으레 식물 채집 숙제가 있다는 걸
알고 미리 준비한다는 핑계를 대지만,

소년은 새로운 풀을 보면 놀이 삼아
뿌리째 뽑아서 책갈피 속에다 넣어
다듬잇돌로 눌러서 말렸다.
꽃다지 식물 채집.

실은 그냥 놀이였다.

식물 채집을 하기 위해서는 허드레 책이 필요하다. 식물의 잎과 뿌리를 깨끗하게 털어 낸 다음 책갈피 사이에 잘 펼쳐서 넣는다. 그런 다음 마루에 있는 다듬잇돌을 뒤집어서 눌러 놓는다. 다듬잇돌 밑에는 항상 식물 채집용 책이 엄숙하게 눌려 있었다. 강한 무게로 눌러 주어야만 식물이 썩지 않고 잘 마른다. 그렇게 한 1주일 정도 지나면 납작한 모양으로 식물이 마른다. 그걸 끄집어내서 미리 준비해 둔 종이에다 붙이고, 그 밑에다 식물의 이름과 특징을 적어 둔다.

나무껍질 모음도 마찬가지다. 숲에 가서 다양한 나무의 껍질을 벗겨 낸다. 연장을 사용해서 강제로 벗겨 내는 것이 아니라 손으로 만져서 떨어지는 것을 모은다. 나무껍질을 벗겨 내는 것도 요령이 있다. 떨어지지 않는 것을 무리하게 뜯어내려고 하면 안 된다. 날마다 조금씩 흔들어서 뜯어낸다. 나무껍질도 그 형상을 보고 이름을 붙이고, 그 이유를 적는다.

쌍떡잎식물과 외떡잎식물이 자랑하는 건축물

쌍떡잎 건축가들이 가장 완벽하게 만들었다고 내세우는 건축물은 참나무이다. 참나무 어린눈은 도토리 쌍떡잎 사이에서 얼굴을 내밀자마자 뿌리를 뻗고, 그때부터 건축가로 변해서 곧장 줄기를 만들어 간다. 그들은 건축물을 지을 때 나선형으로 벽돌을 쌓아 간다.

참나무 어린눈은 누군가에게 건축법을 배우지도 않았다. 그래도 그는 전문가이다. 숱한 조상들의 기술과 철학이 농축되어 그의 몸속에 저장되어 있다. 그는 봄부터 가을까지 계속 공사를 한다. 그래 봤자 고작 한 뼘 정도 줄기를 올릴 수 있다. 그래도 괜찮다. 이듬해 봄에 다시 공사를 이어 갈 수 있으니까. 그런 식으로 해마다 건축물을 보강하면서 위쪽으로 올라간다. 처음이 느려도 어느 정도 기반이 잡히면 그때부터 점차 빨라진다. 그렇게 기반을 잡기 위해서는 적어도 5년에서 10년은 숲 바닥 생활을 각오해야 한다.

대나무는 죽순이라는 기발한 건축 양식으로 건물을 빠르게 올린다.

참나무 건축가들은 낡은 건물을 안쪽으로 밀어 넣고 바깥쪽에다 새로운 건물을 덧붙이는 전통적인 방법을 쓴다. 줄기를 오래 쓰기 위해서 날마다 보수 공사를 하는 셈이다. 그러니 줄기 안쪽은 낡은 건물로 가득 차 있고, 바깥쪽에는 자연스럽게 신도심이 만들어진다.

건축가들은 신도심에서 살아가는 젊은이들을 보호하기 위해서 외벽을 무척 신경 쓴다. 나무껍질 즉 나무의 외벽은 코르크라는 아주 특수한 재료를 사용한다. 코르크는 빗물을 막아 줄 뿐만 아니라 추위에도 강하다. 게다가 애벌레들이 물어뜯을 수 없을 만큼 질기다.

참나무 껍질은 해가 갈수록 두꺼워지면서도 깊게 주름골이 패이고 낡아 간다. 안쪽에서는 낡은 껍질을 계속 바깥쪽으로 밀어내니까, 자연스럽게 좀 더 큰 옷으로 갈아입는 셈이다. 그렇게 참나무는 날마다 아주 조금씩 조금씩 새 옷으로 갈아입는다.

물론 모든 나무가 두꺼운 코르크를 껍질로 이용하는 건 아니다. 복숭아나무는 자신의 미래인 씨앗의 눈을 보호하는 집의 외벽으로 코르크를 이용하고, 화살나무는 날개처럼 코르크를 얇게 가공하여 붙여서 가지를 보호한다.

나방 애벌레는 일정하게 자라면 옷을 갈아입어야 한다. 만약 새 옷으로 갈아입지 않으면, 작아진 헌 옷이 옭아매어 애벌레가 자라지 못한다. 애벌레 옷은 뼈로 만들어져서 의외로 질기다. 온몸이 팽팽하게 부풀어 올라도 찢어지지 않는 것은 그런 이유이다. 그러니까 순조롭게 성장하기 위해서는, 때가 되면 반드시 헌 옷을 벗어야만 한다.

인간의 옷은 살과 분리된 별도의 물질이다.

나무나 애벌레 옷은 살과 붙어 있다. 그러니 그것을 분리하기 위해서는 시간이 필요하다.

애벌레는 옷을 벗기 위해서 나무줄기에 거꾸로 매달린다. 하루나 이틀 정도 시간이 필요하다. 몸속에서 새 옷이 만들어지면 그제야 헌 옷이 갈라지면서 중력의 도움을 받아 떨어져 나간다. 애벌레가 거꾸로 매달려서 옷을 벗는 것은, 중력을 이용하여 옷을 벗는 나무의 지혜를 배

화살나무는 코르크를
날개처럼 만들어서
초식 동물의 공격을
예방한다.

운 것이다. 다만 나무는 애벌레보다 옷을 갈아입는 데 시간이 더 걸릴 뿐이다.

    외떡잎 건축가들이 가장 자랑하는 건축물은 대나무이다. 대나무의 시간은 씨앗이 아니라 땅속 줄기에서 시작된다. 대나무는 씨앗이 없다. 대지를 뚫고 나온 어린눈은 놀라운 속도로 건축물을 지어 간다. 빨리 지어야 하니까 속을 비운다. 그만큼 건축비도 절약할 수 있다. 대나무는 단 며칠 만에 수십 년 지은 참나무보다 더 큰 빌딩을 올릴 수 있다. 그걸로 끝이다. 어린눈이 땅속에서 줄기를 밀어 올리면, 그 체형이 죽을 때까지 그대로 유지된다. 그러니 어린이가 입을 옷, 청소년이 입을 옷, 나이 든 어른이 입을 옷이 따로 없다. 비슷한 크기의 옷 한 벌만 준비하면 죽을 때까지 신경 쓰지 않는다.

    그렇다면 대나무는 누구에게 그런 건축 양식을 배웠을까. 아마도 식물의 선배인 양치식물에게 배웠을 것이다. 아주 오랜 옛날에는 양치식물이 대나무보다 더 크게 자랐다. 그런 양치식물들은 죽순처럼 단숨에 줄기를 수직으로 세운 다음, 점차 잎과 줄기를 만들어 가는 공사를 했다. 지금은 아주 오랜 옛날처럼 큰 고사리를 볼 수는 없지만, 그들은 지금도 죽순과 비슷한 공법을 쓴다.

© 이강구

고사리는 죽순처럼 아주 빠르게 건물을 짓는다.

제사 음식으로 쓰이는 고사리는 이른 봄이 되면 땅에서 줄기를 쑥 밀어 올린다. 자신이 설계한 만큼 망설임 없이 건축물을 올린다. 그런 다음 잎을 펼쳐 낸다. 그것으로 끝이다. 그때부터는 더 이상 자라지 않는다. 대나무랑 똑같은 건축 양식이다.

대나무가 겨울을 나기 위해서는 두껍고 따뜻한 옷을 입어야 한다. 당연히 참나무처럼 비싼 갑옷을 입고 싶었지만, 외떡잎 집안의 전통을 지키려다 보니 그렇게 할 수 없었다. 그래서 대나무는 두꺼운 코르크 대신에 비늘로 매끄럽고도 질긴 옷을 만들어 냈다. 비늘 원단은 값도 싸고 질도 좋다. 방수도 된다. 게다가 옷감이 속살에 딱 달라붙으니, 아무리 강한 바람에도 옷이 찢어지지 않는다. 다만 두껍지 않아서 추위에는 약하다는 단점을 갖고 있다. 대나무가 추운 곳에서 살지 못하는 것은 그런 이유 때문이다.

모든 식물은 자기만의 마법 약을 갖고 있다

쇠서나물은 어린 소년이 좋아하는 야생풀이었다. 어른들은 그 풀을 잡초라고 하면서 뽑아내라고 했다. 그때마다 소년은 고개를 흔들었다. 꽃밭에서 가장 예쁘게 꽃을 피우는데, 왜 뽑나? 어른들은 흔한 들꽃을 애지중지 모시는 소년을 이해할 수 없다고 했다. 소년은 들에 흔해도 쇠서나물이 마음에 들었다. 쇠서나물은 특별히 신경 쓰지 않아도 알아서 잘 자란다. 줄기를 뜯으면 씀바귀처럼 하얀 액체가 나

© 이상권
토끼는 쇠서나물의 쓴 독을 좋아한다.

온다. 아주 쓰다. 토끼는 쓴맛을 좋아한다. 사람도 나이 들면 쓴맛을 좋아한다. 소년은 토끼 입맛이 나이 든 어른들 입맛이랑 똑같다고 생각했다.

식물은 살아가는 방식에 따라서 복잡하고 신비로운 물질을 제조해 내는 방법을 알아냈다. 나무껍질과 목질 사이에는 향수 공장, 염색 공장, 약품 공장, 가죽 공장 같은 화학 공장들이 즐비하게 늘어서 있다. 동물의 시간을 파멸시킬 수 있을 정도로 치명적인 독을 생산해 내는 식물도 있지만, 대부분은 적당히 상대를 위협하는 정도의 화학 무기를 만들어 낸다. 줄기를 물어뜯는 상대를 죽이는 것보다 적당히 겁을 줘서 쫓아 버리는 것이 더 효율적이기 때문이다. 치명적인 독에 당한 것들은 더 적극적으로 그에 대한 방어책을 찾아내기 마련이다.

식물은 자기만의 유액을, 즉 자기만의 화학 무기를 갖고 있다. 소나무의 송진, 옻나무의 옻처럼 자극적이고 강한 냄새를 풍기는 것도 있다. 그것을 식물의 고유 액이라고 부른다. 끈끈이대나물은 끈적끈적한 고유 액을 갖고 있으며, 쇠서나물은 쌀뜨물 같은 고유 액을 갖고 있다.

광교산 밑으로 이사 온 뒤, 소년은 아침에 일어나자마자 양푼을 들고 마당으로 나가는 것이 하루의 첫 일과이다. 마당은 기름을 바른 듯 윤기 나는 잔디들 세상이 아니다. 그냥 풀밭이다. 혼돈 그 자체이다. 소년이 마당으로 나가는 이유는, 밥상에 올릴 샐러드 거리를 얻기 위해서이다. 가늘게 솟아오른 달래 줄기부터 뜯는다. 알싸한 고유 액을 갖고 있다.

민들레가 보인다. 하얀색 고유 액은 쓰다. 돌나물도 있다. 봄부터 가을까지 늘 밥상에 오르는 고마운 풀이다. 순한 고유 액을 갖고 있다. 울타리 가에 산뽕나무가 산다. 산뽕나무 새순을 따면 무화과나무만큼이나 하얀 물방울이 떨어진다. 뽕나무 아래 수영이 있다. 수영은 신맛 나는 고유 액을 갖고 있어서 샐러드에 섞이면 더 입맛을 돋운다. 게다가 신맛 때문에 애벌레도 타지 않는다.

몇 걸음 더 움직이니까 방풍이 눈에 들어온다. 방풍도 순한 고유 액을 갖고 있다. 왕고들빼기도 소년이 즐겨 먹는 식물이다. 하얀 고유 액이 쓰다. 냉이와 황새냉이도 보인다. 약간 매콤한 고유 액을 갖고 있다. 어성초도 보인다. 부드러운 이파리 몇 개를 뜯어낸다. 민물고기 비린내가 코를 찌른다. 자신의 고유 액에다 강한 향수까지 첨가해 놓았다. 박하는 그의 아내가 좋아하는 풀이다. 박하 특유의 향이 코를 찌른다. 어느새 양푼이 가득 찬다.

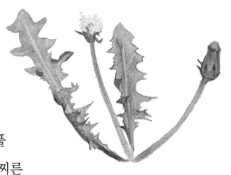

민들레는 소년의 밥상에
올라오는 고마운 풀이다.

마당에서 팽이치기를 조율하던 어린 권력자

겉껍질과 목질 사이 속껍질은 체관부 섬유로 이루어져 있다. 체관부에서 만들어지는 섬유는 가늘고 길며 다발로 되어 있다. 겉보기와 달리 섬유들은 무척 질기다. 과학이 발달하지 않았던 아주 오랜 옛날부터 인간들은 그 섬유의 가치를 알아냈고, 그것을 뽑아내서 끈이나 종이 혹은 옷을 만들었다. 식물은 오랫동안 인간의 먹이와 옷이 되어 주었다.

잎에서 보내오는 풍부한 원료들 덕분에 체관부 소속 노동자들은 마음껏 속옷을 만들어 낸다. 이렇게 만들어진 속옷을 한 장씩 걸쳐 놓는다. 오늘 당장 만들어진 것을 가장 안쪽에다 걸어 두니까, 더 오래된 것은 바깥쪽으로 밀려난다. 그렇게 제조된 순서대로 오래된 것은 바깥쪽으로, 새것은 안쪽으로 쌓인다.

에어컨이 없던 옛날에는 모시옷을 최고의 여름옷으로 쳐주었다. 모시옷만 있으면 아무리 더운 여름이라도 끄떡없었다. 시원한 바람이 잘 통하는 모시는 아주 비싼 옷감이었다.

옷감을 만들기 위해서는 잘 자란 모시 겉껍질을 벗겨 내고 남은 속껍질을 물에 적시고 말리기를 여러 번 되풀이한다. 그러면 미색의 섬유가 되는데, 그것을 태모시라고 한다. 태모시를 손톱이나 이로 한 올, 한 올 째서 실을 만든다. 이때 얼마나 가늘게 찢느냐에 따라서 모시의 품질이 결정된다. 실의 두께가 일정하면서 얇고 가늘수록 좋은 모시가 된다.

실이 만들어지면 그것을 무릎에 문질러 꼬아서 길게 잇는다. 실을 만드는 과정만 해도 손톱이나 무릎이 다 까질 정도다. 실이 완성되면 베틀을 이용해서 본격적으로 모시 길쌈을 한다. 베틀로 모시를 길쌈하는 일은, 실을 만드는 것보다 훨씬 까다롭고 고달프다. 예민한 모시는 습도가 낮으면 쉽게 끊어져 버린다. 더운 여름날에도 통풍이 안 되는 움집에서 일해야 하니, 길쌈하는 동안 살이 내리고 피가 마른다. 그만큼 힘든 노동을 거쳐야만 아름다운 모시가 만들어진다.

소년의 생가 헛간 뒤쪽에는 닥나무 숲이 있었다. 뽕나무 사촌인 닥나무는 한 해에 어린아이보다 더 크게 자랐다. 소년은 가끔 토끼밥을 보충하려고 닥나무 숲에 갔을 뿐, 겨울이 되기 전에는 별로 관심이 없었다. 닥나무 잎은 토끼나 소가 좋아하는 음식이다.

찬 바람이 굴러오면 할아버지는 소년을 불러서 닥나무를 함부로 베지 말라고, 몇 번이나 주의를 주었다. 옴닥옴닥 오십여 가구가 어깨살을 맞대고 살아가는 마을에서 닥나무가 있는 곳은 소년네 집뿐이었다. 닥나무는 할아버지가 특별 관리 하는 나무였다. 소년은 왜 할아버지가 닥나무를 애지중지하는지 곧 알았다.

가을 설거지가 끝나 가던 어느 날, 낯선 사람이 집에 들어와서 할아버지를 찾았다. 할아버지랑 몇 마디 주고받던 그 사람은 일꾼들을 동원해서 닥나무를 베어 갔다. 닥나무는 할아버지의 술값이 되었다. 그제야 소년은 닥나무가 종이를 만드는 원료가 된다는 사실을 알았다. 하지만 그 뒤로는 닥나무를 사겠다는 사람이 나타나지 않았다. 안타깝게도 세상이 변해서 더 이상 한지가 필요하지 않다고 할아버

전통과 새로움 속에서 고민해 온 식물

지가 웅얼거렸다.

초겨울이 되면 아이들은 들이나 산에서 마당으로 놀이 공간을 옮긴다. 마당놀이의 꽃은 팽이치기다. 팽이 놀음의 맛은 팽이 싸움이다. 상대를 이기기 위해서는 큰 팽이를 건조해야 한다. 하지만 아무리 팽이가 커도 그것을 빠르게 움직일 수 있는 에너지가 없으면 소용없다.

그 에너지를 만들어 내는 것이 팽이채이다. 보통 팽이채는 헌 옷감을 찢어서 만드는데, 닥나무 껍질로 만든 것을 최고로 쳤다. 닥나무 껍질에 수분이 적당히 있어서 팽이의 몸통을 정확하게 타격하기에 유리했다. 그때마다 팽이는 폭발적인 가속력으로 상대를 침몰시켰다.

닥나무 팽이채의 위력을 확인한 아이들은 며칠간 손품을 팔아 깎은 팽이를 갖고 와서, 소년에게 닥나무 껍질과 맞교환을 제안했다. 팽이는 주로 소나무로 만든다. 목질이 부드러워서 깎기에 수월하고, 나이테 결이 아름답기 때문이다. 뽕나무 껍질로 팽이채를 만드는 아이들도 있었지만, 그 성능이 떨어지는 것을 확인하면 닥나무의 주가는 더 올라갔다. 소년은 겨우내 으스대면서 팽이치기 놀이를 조율할 수 있었다. 조금이라도 소년의 심기를 불편하게 하는 아이라면, 절대로 닥나무 껍질을 주지 않았다.

생솔가지를 나무하다가 질겅질겅 씹어 댄
소나무 속껍질

닥나무나 모시의 속껍질은 체관부 옷 다발이다. 옷 한 벌이 아니라 수십만 아니 수천만 벌의 옷이 쌓여 있는 것이다. 그것을 인간은 자기들만의 방식으로 재가공하여 몸에 맞게 만들어서 입는다. 똑같은 옷이지만 살아가는 방식이 다르니까 새로운 시간이 투자되어야만 쓸모 있는 옷이 되는 것이다. 어쨌거나 모양은 바뀌어도 근원은 바뀌지 않는다. 인간은 오랫동안 식물의 껍질을 입고 살아온 셈이다. 그뿐이 아니다. 인간은 체관부에서 만들어진 옷 다발로 음식을 만들어 먹기도 했다.

서른여섯 살에 아버지를 먼 세상으로 떠나보낸 어머니는 유달리 땔감 걱정을 많이 했다. 어머니는 배고픔도 그렇지만 추위만큼 외로움을 덧나게 하는 것이 없다고 생각했다. 그래서 초겨울부터 이른 봄까지 틈만 나면 소년을 데리고 산에 가서 땔감용 나무를 해 왔다.

어머니가 준비하는 땔감용 나무는 딱 두 종류였다. 갈퀴로 소나무가 떨군 낙엽을 긁어모으고, 새파란 소나무 가지를 잘라 내는 것이었다. 불 때는 요령만 터득한다면 생솔은 화력도 세고 구들도 따뜻하게 데우는 괜찮은 땔감이다. 다만 첫 불을 살려 내기가 너무 힘들다. 게다가 맞바람이라도 들이치면 아궁이는 그걸 감당하지 못하고 독한 연기를 마구 토해 내는데, 그럴 때마다 부엌에서 뛰쳐나와 생눈을 비비면서 괜히 죄 없는 생솔가지에게 한바탕 욕을 뱉어야만 참

나무하던 어머니는 소년에게
소나무 속껍질을 벗겨 주었다.

아 낼 수 있었다. 특히 이른 봄 물오른 생솔가지를 태우기란 더욱 난
이도가 높았다. 그래도 어머니가 관리하는 아궁이는 봄날 내내 생솔
이 주식이었다.

생솔가지는 유독 무거웠다. 어머니는 그것을 소년의 지게에다 올
려놓고는 가끔씩 한숨을 몰아쉬었다. 어린 자식에게 너무 힘든 일을
시키는 것이 안쓰러웠던 모양이다. 신기하게도 그런 순간에는 꼭 봄
눈이 날려서 서러운 마음을 더욱 덧나게 했다. 어머니는 시무룩해진
소년을 달래려고 제법 물오른 소나무 줄기를 낫으로 베어 와서 겉껍
질을 살살살 벗겨 냈다. 겉껍질이 사라지면 제법 살 오른 속껍질이
목질에 붙어 있다. 어머니는 먼저 나무에 붙은 속껍질을 발라 먹었
다. 어떻게 먹는지 시범을 보인 것이다. 소년도 엉거주춤 속살을 발
라 먹었다. 송진 비린내가 강렬해도 너무 배가 고파서 그런지 몇 번
씹다 보면 목구멍으로 맛있게 넘어갔다.

그것을 '송기', '송쿠'라고 했는데, 그것으로 떡을 해 먹기도 했다. 보통 작년에 자란 가지를 골라서 겉껍질을 벗기고 속껍질을 발라낸다. 발라낸 속껍질을 절구에 넣고 곱게 찧은 다음 멥쌀가루와 반죽하여 둥글납작하게 빚어 찌면 떡이 된다.

나무의 껍질은, 나무의 주름살이다. 껍질이 두껍기로 소문난 참나무나 소나무도 어렸을 때는 피부가 매끄럽다. 살갗이 거칠기로 소문난 두꺼비도 어렸을 때는 피부가 부드럽다. 세상 모든 어린것들은 다 부드럽다.

나무는 나이가 들수록 하체가 튼튼해진다. 그래야만 허공으로 팔을 뻗은 수많은 가지를 감당할 수 있다. 나무는 끊임없이 하체를 보강한다. 하체가 굵어지는 만큼 피부에 주름 골은 깊어지고, 굵어진다.

사람은 살이 오르면 오히려 피부가 탱탱해진다. 나이 든 사람들이 성형외과를 많이 찾는 것도, 얼굴이 탱탱해지도록 보톡스를 넣어서 주름 골을 메우려는 것이다.

나무는 보톡스를 넣을 필요가 없다. 나이가 들어도 계속 살이 찌기 때문이다. 나이가 들면서도 살이 찌지 않는 나무는 존재할 수 없다. 나이 들수록 나무의 주름살은 더 깊어지면서도 갈라진다. 마치 부풀어 오르는 빵이 여기저기 갈라지는 것과 같다.

다양한 것들이
살아남는다

모든 식물의 건축물은 세로로 지어진다

나무라는 건축물은 모두 세로로 이어져 있다. 나무는 건축물을 세로로 올리면서도, 조금씩 가로 방향으로도 확장한다. 그렇게 확장할 때조차도 세로로 건축물을 쌓아 가는 것이 원칙이다. 만약 천 살 먹은 나무가 있다면 세로로 벽돌 쌓는 작업을 최소한 천 번 이상 했다는 뜻이다. 밑에서부터 위로 벽돌을 쌓고, 다시 밑에서부터 쌓고, 쌓고, 그렇게 건축물을 보강해 간다. 그렇게 해서 나이테라는 문양이 새겨진다.

이런 원칙을 어기는 식물이란 존재할 수 없다. 만약 나무가 벽돌을 가로로 쌓는다면 누가 살짝만 밀어도 부러질 것이다. 장작을 패보면 그냥 알 수 있다. 장작을 패려면 우선 톱으로 일정하게 토막을 낸다. 그런 다음 토막을 세로 방향으로 세워 놓고 위에서 도끼를 내리친다. 세로로 된 결을 따라 쪼개야 한다는 뜻이다. 그래야 잘 쪼개지지, 가로 방향으로 놓고 도끼로 내리쳐서는 쉽게 쪼갤 수 없다. 가로 방향은 아주 강하기 때문이다. 반대로 세로 방향은 약할 수밖에 없다. 나무의 몸에 설치된 물관이나 체관도 모두 세로로 놓여 있다.

식물이 세로로 벽돌을 쌓아 간 것은 바람을 의식했기 때문이다. 바람과 함께 살기 위해서는 이 문제를 반드시 해결해야만 한다.

식물은 바다에서 육지로 나갈 때부터 이 고민에 빠졌다. 식물은 태양의 계시를 듣지 않고서는 존재할 수 없다. 물에서는 그냥 수면에 떠다니기만 해도 편안하게 태양의 계시를 들을 수 있다. 그러나 육지는 사정이 다르다. 태양을 보기 위해서는 경쟁자들보다 빨리 더 높은 곳으로 올라가야 하니까. 가늘고 길쭉한 건축물에는 그런 식물의 고뇌가 깃들어 있다.

바람은 흔들리는 것을 해코지하지 못한다

자빠진다는 것은 나무에게 치명적이다. 중력을 거부하고 직립하는 것들은 자빠지는 것을 두려워한다.

바람은 귀신같이 불안한 뿌리를 가진 나무를 찾아낸다. 그들의 임무는 숲에서 꼼수를 부리면서 위선적으로 살아가는 나무를 찾아서 흙으로 돌려보내는 일이다. 위선적이란 보이지 않는 땅속뿌리를 소홀히 하고 눈에 잘 보이는 줄기만 무성하게 키운다는 뜻이다.

태풍이 몰아치고 나서 숲에 가 보면 곳곳에 나무가 침몰해 있는데, 대부분 줄기와 뿌리의 비율이 한쪽으로 편향되어 있다. 그걸 보면 숨겨진 진실이 드러난다. 줄기에 비해 뿌리에 대한 투자가 너무 인색했다. 그것마저도 뿌리가 어느 한쪽으로만 뻗어 있었으니, 그런 상황을 줄기가 납득했을 리 없다. 바람은 줄기와 뿌리가 조화롭게 살아가는 나무는 함부로 건드리지 않는다. 바람은 몸속에 비밀스럽게 저장된 나이테까지 탐사하면서, 그의 욕망을 꾸짖듯이 줄기와 뿌리가 정비례하지 않는 나무를 정밀하게 타격하는 것이다.

인간도 고층 건물일수록 하부 구조를 더 튼튼하게 한다. 땅을 깊게 파서 상부 구조가 버틸 수 있도록 기둥을 숱하게 박고, 철근과 콘크리트로 바닥을 다진다. 그런 다음 건물을 천천히 위로 올린다. 그런데 외떡잎식물의 기초 공사는 너무도 허술하다. 그들의 뿌리는 수직이 아니라 옆으로 퍼져 있다. 그러니 무턱대고 건축물을 크게 올린다면 작은 바람에도 무너지고야 말 것이다.

사실 참나무는 대나무를 볼 때마다 걱정이다. 대나무가 건축물을 감당하려면 하체가 어느 정도 넓고 튼튼해야 한다. 인간이 지은 빌딩도 하체가 튼튼하다. 위로 올라갈수록 좁아지고 뾰족한 형태가 된다. 그런데 대나무는 줄기 밑둥이나 꼭대기 넓이가 그리 차이가 나지 않는다.

밀도 마찬가지다. 하체와 상체의 둘레가 크게 차이 나지 않는다. 그러니 줄기 끝에다 무거운 이삭까지 매달 경우, 그것을 버티기란 참 힘들다. 그래도 밀이 쓰러지는 경우는 거의 없다.

해마다 5월이면 읍내에서 큰 축제가 벌어졌다. 소년은 그 축제에 참여했다가 마을에 돌아오자마자 골목 끝에 펼쳐진 밀밭으로 빨려 들었다. 길바닥으로 떨어진 달빛이 파닥거리던 밤이었다. 소년은 몸을 던지듯이 밀밭에 누웠다. 향기로운 풀과 흙의 냄새가 차멀미에 전 아이를 달래 주었다. 소년은 그대로 잠이 들었다. 죽음 같은 잠이었다.

마을이 발칵 뒤집혔다. 읍내에 간 아이가 돌아오지 않았기 때문이다.

새벽녘 누군가의 목소리가 소년을 깨웠다. 할머니였다. 소년이 종종 밀밭에 가서 누워 있다는 걸 안 할머니가 혹시나 하고 목소리로

밀밭을 더듬었다. 그제야 소년은 방이 아니라 밀밭에서 잠들었다는
사실을 깨달았다. 할머니는 소년을 발견하자마자 "차멀미로 얼마나
힘들었으면 여기서 잠이 들었을꼬!" 하고는 어깨를 토닥여 주셨다.

소년은 속상한 일이 생기면 밀밭으로 숨는 버릇이 있었다. 밀밭
에 누우면 바람의 맥박이 느껴지고, 밀 이삭들이 한 타령으로 흔들
린다. 밀은 바람의 기척이 커질수록 더 흥겹게 춤을 추었는데, 바람
의 박자와 그 흔들림의 궁합이 잘 맞았다. 밀밭에 가만히 머무르면
몸이 정제되면서 머리가 맑아졌고, 소년은 아련한 몽
상가가 되었다.

밀은 속이 비어 있다. 그만
큼 가볍다는 뜻이다. 밀은 가벼
움과 부드러움으로 바람을 견디
어 낸다. 바람은 다정하다가도 갑자
기 변덕을 부리면서 난폭해진다. 그때
마다 밀 줄기는 못 이기는 척 흔들린다.
서 있으니까 흔들리는 것인데, 살아 있으
니까 흔들리는 것이다. 죽어서 누우면 더
이상 흔들릴 수 없다. 아무리 강한 바람도 흔
들리는 것을 해코지하지 못한다. 힘을 빼면 뺄
수록 강해진다는 것을 그들은 잘 알고 있다.

밀과 달리 보리나 벼는 잘 쓰러진다. 밀의 사
촌인 보리나 벼는 훨씬 많은 줄기를 번식한다. 당

밀은 흔들리면서
바람과 타협한다.

다양한 것들이 살아남는다

연히 보리나 벼가 밀보다 수확량도 훨씬 많다. 하나의 씨앗이 생을 시작하여 새로 번식하는 줄기는 밀보다는 보리와 벼가 더 많다는 뜻이다.

줄기를 많이 거느린다는 것은 인간의 욕망을 반영한 결과이다. 땅이 척박한 곳에서 살아가는 보리나 밀은 절대 쓰러지지 않는다. 그러나 땅이 거름 지고 화학 비료가 많이 투입된 곳에서 살아가는 것들은 약한 바람에도 견디지 못한다. 자신들이 감당할 수 없을 만큼 자라 버렸기 때문에, 바람을 이겨 내는 것도 인간의 도움이 있어야만 가능하다.

벼과 식물이 심긴 논밭을 보면 인간의 욕망을 측정할 수 있다. 욕망이 강할수록 뿌려지는 화학 비료는 늘어날 테고, 그걸 먹고 웃자란 식물은 자기 몸을 가누지 못하고 쓰러진다.

키가 큰 품종보다 키 작은 품종이 잘 쓰러질 때도 있는데, 더 많은 줄기를 번식하도록 인간이 재촉하기 때문이다. 하나의 포기에서 서너 개의 줄기를 번식하는 게 정상인데 열 개 이상 번식한다고 생각해 보라. 벼 포기 주변이 빽빽하게 우거지고, 바람이 불면 부드러운 줄기가 흔들릴 수 있는 여백조차 사라진다. 너무 빽빽하게 우거지면 마치 한꺼번에 사람들이 쏟아져 나와서 압사 당하듯, 서로를 짓누르면서 모두가 쓰러져 눕는다.

소년은 쉰 살이 넘어서야 파랑새가 제비처럼 작년에 살았던 집을 찾아온다는 사실을 알았다. 해마다 소년이 사는 집 울타리 가에 있는 참나무 둥지로 파랑새가 돌아왔다. 햇살에 반사되는 그 푸르름은

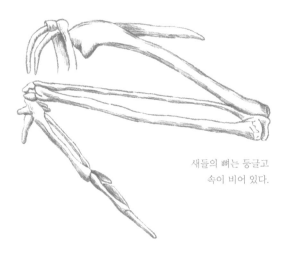

새들의 뼈는 둥글고
속이 비어 있다.

사실 검은색에 가까웠다. 파랑새는 파랑의 경계 너머에 있는 색을
가지고 있었다. 그들은 소탈해서 새집을 원하지 않았고, 항상 까치가
살았던 헌 집에서 살아간다.

　파랑새는 빛의 속도로 날아다닌다. 날갯짓이 아니라 그 존재의 힘
을 바람이 모시고 다닌다. 그렇지 않고서야 그런 속도를 낼 수 없다.
파랑새가 빛의 속도로 흘러 다닐 수 있는 것도 밀의 지혜를 배웠기
때문이다.

　하늘 높은 곳은 땅보다 바람의 근육이 몇 배나 강하다. 그런 곳에
서 날갯짓하기 위해서는 몸을 지탱하는 뼈대도 훨씬 더 두꺼워야 한
다. 뼈대가 무거워지면 그만큼 무거워져서 날기 힘들어진다. 설령 난
다고 해도 파랑새처럼 빛의 속도를 낼 수는 없을 것이다. 새의 몸을
지탱하는 둥글둥글한 뼈는 거의 다 속이 비어 있다. 그래야만 공기
저항을 최소화하면서 빛의 속도로 하늘을 질주할 수 있다.

속을 비우면서도 뼈를 단단하게 하는 밀의 과학은 인간에게도 전해져서, 바람이 심한 곳에다 건축물을 지을 때 이용된다. 다리를 힘있게 받쳐 주는 둥근 기둥도 밀의 과학을 이용한 것이다.

둥글다. 속이 비어 있다. 일정한 간격으로 매듭이 구축되어 있다. 이 세 가지 요소가 외떡잎식물 건축 양식의 기본 원리다. 둥글다는 것은 그만큼 바람의 강도를 분산시킬 수 있다는 뜻이고, 속이 비어 있다는 것은 몸을 가볍게 한다는 뜻이며, 일정한 간격으로 매듭이 있다는 것은 버티는 힘을 그만큼 더 모아 낼 수 있다는 뜻이다.

벼과 식물은 소년의 친구가 되어 주기도 했다.

소년은 힘들거나 외롭거나 어떤 미지의 세계를 갈망하거나 누군가를 그리워할 때마다 밀이나 보리 줄기로 만든 풀피리로 자신의 마음을 표현했다. 그때마다 바람과 노을이 한없이 부드러워지면서 풀피리 소리를 편곡해 주었다. 풀피리는 소년이 가장 많이 불었던 자연의 악기였다. 그것은 아이만의 소리였고, 다른 생명체하고 소통하는 언어였다.

들판의 들뜬 열기를 은연중에 풀피리로 대변하고 있었는지도 모른다. 그래선지 풀피리를 불다 보

청보리가 우줄거리면
소년의 입에는 늘
보리피리가 물려 있다.

면 소년의 몸도 풀처럼 흔들렸다. 그때마다 자연과 일심동체가 되었고, 주체할 수 없는 아름다움 속에서 막 뛰어놀다가 죽어 버리고 싶은 역동성을, 그런 꿈을 자유롭게 연주해 냈다.

풀피리는 전염성이 강해서, 어디선가 선율이 시작되면 들 곳곳에서, 마을 곳곳에서, 뒷산 곳곳에서, 오고 가는 길 곳곳에서 또 다른 소리가 꼬리를 물었다. 풀피리 선율은 다른 선율과 충돌하지 않았고, 소리와 소리가 만나서 어우러져 놀았다. 아이들은 그렇게 선율로 연대했다.

소년은 보리밭에다 몰래 키우던 뱀을 보면서 풀피리를 불었다. 집안에서 키우던 가재, 들꿩, 산토끼 앞에서도 풀피리를 불면 이상하게도 그들이랑 마음이 통하는 것 같았다.

쌍떡잎식물도 외떡잎식물의 공법을 받아들이는 경우가 늘어났다.

수양버들은 갈대처럼 줄기 속을 비우지는 않는다. 대신 가늘고 부드럽게 줄기를 설계하여 아래로 늘어트린다. 그리하여 누군가가 흔드는 만큼 흔들린다.

마음껏 흔들리게 하는 것은 외떡잎식물의 건축 공법이다. 쌍떡잎식물의 건축 공법은 최대한 흔들림을 줄이는 것이니까 그것이 계율에 위반되지만, 수양버들은 과감하게 다른 집안의 기술을 받아들였다. 참나무처럼 바람에 맞서지 않고 그냥 순응한다. 늘어지고, 틀어지고, 휘어지고, 흔들리고, 심지어 땅에 닿기도 한다. 그러다 보면 바람이 제풀에 힘이 빠져 그만 순해진다는 것을 수양버들은 알고 있었다.

외떡잎식물의 상징적인 존재인 대나무는 바람을 두려워하지 않지만, 눈은 끔찍하게도 싫어한다. 떡가루 같은 눈은 댓잎에 달라붙어 떨어지지 않는다. 그 무게가 늘어날수록 대나무는 힘들어하다가 결국은 허리를 굽히면서 쓰러지고야 만다. 눈 무게에 짓눌려진 대나무는 자기 힘으로는 일어날 수 없다. 바람이라도 도와준다면 모를까, 바람마저도 외면해 버리면 그대로 죽어 간다.

눈 풍년이 들면 대밭은 누렇게 변해서 재난의 현장으로 바뀐다. 그런 참사를 막기 위해서는 참나무 같은 쌍떡잎식물의 공법을 받아들여야 한다. 그러나 대나무는 고개를 흔들어 버린다. 지금까지는 눈으로 인한 피해가 그들의 삶에 치명적인 타격을 주지 않았기 때문이다.

눈이 많이 내린 뒤에는 청년들이 지게를 지고 숲으로 들어갔다. 어린아이는 엄두도 낼 수 없었다. 소년은 몇 번 이웃집 형들을 따라나섰다. 숲에 들어갔더니, 엄청난 사태가 일어나 있었다. 얼마나 나이가 들었는지 알 수 없는 커다란 소나무가 뿌리째 뽑혀 있기도 하고, 줄기 중간이 부러져 있기도 하고, 크고 작은 가지들이 부러져 떨어져 있었다. 청년들이 숲에 들어간 이유는, 그런 나무들을 정리하기 위해서였다. 덕분에 청년들은 짧은 시간에 질 좋은 나무를 많이 할 수 있었다.

숲을 둘러보았더니, 사방에 그런 나무들이 뒹굴고 있었다. 한결같이 소나무였다. 잎을 다 떨군 참나무는 한 그루도 보이지 않았다. 그제야 소년은 소나무가 눈 무게를 버티지 못하고 그런 참사를 당했다는 사실을 알았다. 촘촘하게 붙어 있는 솔잎은 눈송이 하나하나를 손아귀에 쥐듯이 모아서 들고 있는데, 그 무게를 감당할 수 없다면 얼른 눈을 놓아 버려야 하는데 그럴 수 없었다. 솔잎이 너무도 **촘촘**하여 눈을 털어 낼 수 없었다. 그러니 소나무는 점점 쌓이는 눈의 무게를 감당할 수 없었다.

소년은 왜 가을에 나무들이 푸른 잎을 다 떨구는지 알 것 같았다. 만약 참나무가 잎을 떨구지 않았다면 눈의 무게를 감당하지 못하고 다 부러졌을 것이다. 모든 것을 다 놓아 버린 나무들은 무사했지만, 푸른 잎을 고스란히 갖고 있었던 소나무는 결국 재난을 피할 수 없었다. 자신의 푸르른 줄기가, 결국 자신을 파멸시키는 것이다.

"그래도 괜찮아. 이렇게 가지가 부러지고 줄기가 부러지면, 그 틈으로 햇살이 들어오잖아. 그 햇살을 먹고 어린 소나무가 자라나거든. 그게 그런 거야. 눈에 소나무 가지가 부러진 것을 반드시 나쁘게 볼 필요는 없다 이 말이야."

어떤 형이 소년에게 그렇게 말했다. 그나마 소나무가 대나무보다 피해가 적은 것은, 가지를 사방으로 분산시키고 줄기를 아주 튼튼하게 하기 때문이다. 눈이 많이 내리면 어느 정도 피해를 입기는 해도 대나무처럼 치명적인 타격을 입지는 않는다는 뜻이다.

고전적인 직립의 건축 양식을 파괴한 덩굴

대자연은 원래 공평하다. 누구나 햇살을 사냥할 권리가 있다지만, 숲 바닥에 사는 식물은 아예 태양을 볼 수가 없다. 그렇다고 가만히 앉아서 죽을 수야 없지 않은가. 숲 바닥에서 사는 풀들은 각자 살아가는 환경에 맞게 지혜를 모으기 시작했다.

식물이 덩굴을 갖게 된 것도 그런 고민의 결과물이다.

옛날에 칡이 살고 있었다. 숲과 들의 경계에서 살아가는 칡은 늘 나무에 치여 우울하게 살았다. 가난하고 힘겨운 삶이었다. 그렇다고 삶을 포기할 수 없으니까 나무에게 줄기를 조금만 옆으로 치워 달라고 부탁했다. 그래야 햇살을 얻어 몸을 조금이라도 담금질할 수 있을 테니까. 그들이 들어줄 리가 없었다. 위로 일어서는 재주가 없으니 다른 방법을 찾지 않으면 살기가 힘들었다. 칡은 살기 위해서 줄기를 뻗어 땅으로 기어다니기 시작했다. 원래 식물은 씨앗이 닻을 내린 곳에서 생을 시작하고 그곳에서 생을 마감한다. 조금이라도 덩굴을 만들어서 움직인다는 것은, 다른 식물들은 상상조차 할 수 없는 일이다. 움직이자 햇살이 드는 곳을 찾아낼 수 있었다. 그때부터 칡은 더 적극적으로 움직이기 시작했다.

칡은 단순하게 기어다니는 데 만족하지 않았다. 땅으로 기어다니기 위해서 만든 덩굴을 이용하여 허공으로 올라가기로 했다. 이미 허공으로 솟아 있는 다른 나무를 이용하면 되는 것이다. 다른 나무의 허락을 받을 필요도

© 이상권

칡은 뿌리에다 영양분을 저축하여 그 힘으로 살아간다.

없었다. 자기 덩굴을 이용하여 다른 나무를 칭칭 감고 오르면 되니까. 그때부터 칡은 닥치는 대로 나무줄기를 타고 더 높은 곳으로 오를 수 있었다. 칡이 나무를 타고 오르는 비법을 터득하자, 나무는 칡이 두려워졌다.

숲 바닥에서 사는 풀들의 반란은 그렇게 시작되었다. 덩굴을 이용해서 높은 곳까지 올라가는 기술을 터득한 식물들이 늘어났다. 절대자처럼 군림하던 나무도 덩굴 식물을 두려워하기 시작했다.

덩굴 식물은 나무보다 훨씬 성장 속도가 빠르다. 직립하는 시스템을 다 구축해 놓은 나무를 그냥 잡고 올라가기만 하면 되니까, 높은 곳에 오르기 위한 사다리를 따로 준비할 필요도 없다. 불필요한 낭비를 하지 않아도 되고, 오롯이 자기 자신에게만 투자하면 되니까 나무보다 훨씬 빨리 자랄 수 있었다.

쌍떡잎식물 집안에서 이단아 취급을 받는 담쟁이덩굴

나무들은 담쟁이덩굴을 배신자라고 욕했다. "넌 풀이 아니라 나무잖아? 근데 왜 풀처럼 살아가냐고! 직립하는 나무의 자존심을 버리고, 풀처럼 기어다니잖아? 아이고, 창피해!" 담쟁이가 살아야 하니까 어쩔 수 없었다고 해도 나무들은 비난을 멈추지 않았다. 나무의 불문율을 어겼다고 하면서 담쟁이를 따돌렸다. 결국 담쟁이는 숲에서 걸어 나올 수밖에 없었다.

담쟁이도 나무라는 정체성을 부정하지 않는다. 살려다 보니, 나무는 반드시 직립한다는 공식을 포기했을 뿐이다. 담쟁이는 작은 나무였으니까, 아무리 발버둥 쳐도 키 큰 나무 밑에서는 살기가 힘들었다. 숱한 소멸의 위기를 겪은 담쟁이는 살아남기 위해서 삶을 개척해야 했다. 그게 바로 직립을 포기하고, 풀의 지혜를 배우기로 한 것이다. 담쟁이는 잎으로 빨판을 만들었다. 그런 안전장치 때문에 담쟁이는 높은 곳으로 오를 수 있다. 그게 뭐가 잘못된 것인가. 풀의 지혜를 배우지 않았다면 지금 담쟁이라는 존재는 소멸해 버렸을지도 모른다.

나무의 기득권을 포기하고
풀의 장점을 받아들인
담쟁이는 행복하다.

담쟁이는 인간이 사는 도시에서도 살게 되었다. 그건 담쟁이도 예상치 못했던 일이다. 담쟁이는 인간이 만든 건축물에 붙어도 거의 공간을 차지하지 않는다. 인간은 그런 담쟁이를 우호적으로 받아들였다. 건축물을 숨 쉬는 잎으로 치장해 주니까 미적으로나 생태적으로나 나쁠 게 없었다. 게다가 공간을 차지하지 않으니까 따로 자리를 마련해 줄 필요도 없다. 그러니 인간이 얼마나 담쟁이를 예뻐하겠는가.

쌍떡잎식물인 담쟁이는 조상의 전통을 충실하게 따르면서도 새로움을 추구했으니, 가장 진보적이라고 할 수 있다. 그들 집안에서는 이단아로 취급되지만, 너무 앞서간다는 것은 항상 외로운 법이다. 다른 이들이 생각할 수 없는 가치란, 일정한 시간이 흘러야만 평가될 수 있기 때문이다.

식물은 오른손잡이와 왼손잡이를 차별하지 않는다

소년의 친구 중에 왼손잡이들은 그 손으로 글씨를 쓸 수 없었다. 왼손으로 연필을 쥐면 선생님이 혼냈다. 밥을 먹을 때도 수저를 왼손으로 쥐면 부모님이 혼냈다. 그래서 왼손잡이들은 왼손의 기운이 강한 것을 원죄로 받아들였고, 자신이 왼손잡이라는 사실을 감췄다.

식물도 왼손잡이가 있다는 사실을 아는가. 당연히 오른손잡이도 있다.

덩굴 식물은 직립하는 식물보다 빠르게 자란다. 그래야만 그들의 시간을 추월할 수가 있다. 칡은 아무리 키가 큰 나무라고 해도 한번 작정하면 금세 추월해 버린다. 나무들이 수십 년간 쌓아 놓은 시간을 단 몇 달 만에 극복해 낸다. 정도의 차이가 있지만 다들 빠른 속도를 자랑한다. 칡은 하루

나팔꽃은 시계 반대 방향, 왼쪽으로 감고 올라간다.

에 20센티미터 이상 자라기도 하니까, 어마어마한 성장력이다. 그러다 보니 그들의 줄기는 아무래도 약할 수밖에 없다.

그들은 다양한 방법으로 약한 줄기를 보호한다. 덩굴손을 만들어서 줄기의 무게를 거들어 주기도 하고, 지지대인 나무를 나선형으로 감아 가면서 줄기가 하중을 지탱하기도 하고, 능소화나 담쟁이처럼 흡착 뿌리로 몸을 고정하기도 한다. 그런 다양한 과정 속에서 왼손잡이와 오른손잡이도 생겨났다.

왼손잡이는 항상 왼쪽으로만 덩굴을 감아 간다. 나팔꽃, 메꽃, 박주가리, 야생콩, 칡, 으름, 댕댕이덩굴, 다래는 왼손잡이다. 식물은 인간과 달리 왼손잡이가 훨씬 더 많다.

소년의 생가 뒤란 울타리 가에는 왼손잡이인 으름덩굴이 살고 있다. 이른 봄 꽃을 피우는 그들은 가을에 바나나랑 비슷한 열매를 맺는다. 너무 벌어지면 속살이 덩이째 떨어진다. 으름덩굴은 해마다 소년에게 바나나 모양의 과일을 선물로 주었다. 소년은 그것을 받아들고는 감격해 하면서 먹었다. 하얀 으름 속살을 입안에다 넣고 혀로 맛을 느끼면서 우물거렸다. 이때 씹어서는 안 된다. 씹으면 씨앗의 쓴맛이 터져 나와 그 단맛을 없애 버린다.

소년은 으름 같은 단맛을 느껴 본 적이 없었다. 천연의 단맛은 설탕의 당도하고는 차원이 달랐다. 뭔가 아련하면서도 시원하고 그러면서도 깊다.

으름덩굴 옆에는 인동덩굴이 세력을 장악하고 있었다. 잎이 다 지지 않고 남아서 겨울을 나기 때문에 인동(忍冬: 겨울을 견딘다는 뜻)이라는 이름이 붙었다. 꽃을 터트릴 때는 순백이지만 점차 금빛으로 변해서 금은화라고 불리기도 한다.

한번은 아랫집 누나가 소년네 울타리에 핀 인동 꽃을 보더니 사진기를 들고 왔다. 인동 꽃은 현란한 색의 교태가 아니라 지적인 순수함으로 그녀를 황홀하게 하였다.

그녀는 그 황홀한 자태를 기억하기 위해서 카메라에다 필름을 장전했다. 그날 오후에 읍내에 다녀온 그녀는 다시 인동 꽃을 찍었지만, 아무리 셔터를 눌러도 그 순백의 고요를 담아낼 수 없었다. 그다음 날 그녀는 필터를 장착하고 인동 꽃을 찍었다. 그래도 제대로 꽃

단풍마는 중심축을 안쪽으로 휘감아서 시계 방향으로 돌아가는 오른손잡이다.

© 이상권

을 담아낼 수 없었다. 그녀는 사흘간 수십 통의 필름을 소비하고는 결국 눈에 보이는 것, 그 이상을 담아낼 수 없다고 고개를 흔들어 버렸다. 그러니까 인동은 인간의 최첨단 문명으로도 잡을 수 없는 색을 간직하고 있었다. 오른손잡이 인동은 출발을 왼쪽으로 한 다음 시계 방향으로 휘감아 올라간다. 인동, 단풍마, 환삼덩굴은 대표적인 오른손잡이다.

식물은 왼손잡이든 오른손잡이든 조상으로부터 물려받은 전통을 자랑스러워 한다. 설령 그것이 살기에 불편해도 전통을 버리지는 않는다. 소년은 가끔 호기심 때문에 오른쪽으로 감고 올라간 인동덩굴을 풀어서 왼쪽으로 감아 줬는데, 인동덩굴은 "당신이 아무리 내 줄기로 장난쳐도, 나는 오른쪽으로 감으면서 살아갈 거요." 하고는 다시 원래대로 돌아가 버렸다.

그건 으름덩굴도 마찬가지다. 으름덩굴을 오른쪽으로 감아 놓으면, 며칠 지나지 않아 으름덩굴은 다시금 왼쪽으로 감고서 올라간다. 덩굴은 오체투지 하듯 자신을 먼저 던지면서 계속 나아가는 힘으로 살아간다. 그렇게 자신을 던지면서 살아가야 하니까, 삶의 법칙이 흔들리면 안 되는 것이다.

소년의 입에는 으름이 단맛의 기준이 되었다.

땅속줄기의 희생으로 살아가는 대나무

식물은 추위를 두려워한다. 추위를 이겨 낼 수 있는 건축물을 가진 것들은 여러해살이 식물이 되었고, 그렇지 못한 것들은 한해살이 식물로서 살아간다. 겨울이 오기 전에 시든 줄기를 버리고 대신 땅속으로 줄기를 끌어들인 채 겨울을 버티는 것들도 있다. 그들은 흙이 따뜻한 이불이라는 것을 잘 알고 있다. 줄기가 뿌리의 전통을 공부하여 삶의 터전을 땅속으로 재배치한 것이다.

이런 획기적인 발상은 식물이 아니면 도저히 할 수 없다. 황홀한 달빛과 신비로운 별빛, 그리고 맛있는 음식 재료인 햇볕을 포기하고 어둠의 세계로 들어가는 결단은, 누군가의 희생이 없다면 불가능한 일이다. 땅속으로 들어간 줄기는, 줄기 본연의 정체성을 놓아 버리고 뿌리로 살아간다. 줄기 특유의 불문율도 아무런 문제가 되지 않는다. 흙은 줄기의 기득권을 버리고 지하 세계로 들어온 땅속줄기의 아낌없는 후원자가 되어 준다.

대나무는 땅속줄기의 희생으로 살아간다. 대밭에 사는 시민들은 다 같은 핏줄이다. 그곳에는 가장 나이 든 시조 어른이 살아 있다. 맨 처음에 그곳에다 뿌리를 내린 시조 어른이 그 후손을 퍼트린 셈이다. 대나무는 씨앗이 아니라 땅속줄기를 통해서 후손을 이어 가니까, 그들은 모두 직계 가족이다. 만약 50년 된 대나무 숲이 있다면, 그곳에는 한 살부터 쉰 살 먹은 조상이 같이 살고 있는 것이다.

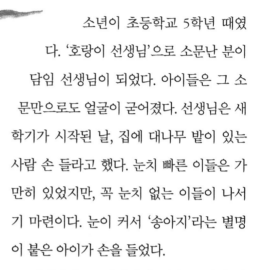

전체를 위해서 땅속으로 들어간 대나무 땅속줄기는 외모에 대한 환상을 다 버렸다.

소년이 초등학교 5학년 때였다. '호랑이 선생님'으로 소문난 분이 담임 선생님이 되었다. 아이들은 그 소문만으로도 얼굴이 굳어졌다. 선생님은 새 학기가 시작된 날, 집에 대나무 밭이 있는 사람 손 들라고 했다. 눈치 빠른 이들은 가만히 있었지만, 꼭 눈치 없는 이들이 나서기 마련이다. 눈이 커서 '송아지'라는 별명이 붙은 아이가 손을 들었다.

선생님이 그 아이에게, 다음 주까지 대나무 뿌리로 매를 만들어서 오라고 했다. 그 아이가 만들어 온 대나무 뿌리로 만들어진 매는 한 해 동안 아이들을 괴롭혔다. 그건 절대 부러지지 않았다. 게다가 매듭이 있어서 맞을 때 훨씬 아팠다. 그 매에 손을 맞은 소년의 친구는 손가락 하나가 뒤틀렸다. 지금이야 그런 일이 생기면 난리가 나겠지만, 당시는 아무런 일도 일어나지 않았다. 친구의 부모님도 아무런 말을 하지 않았다. 그 친구는 지금도 그때 맞은 후유증으로 손가락 하나가 휘어져서 잘 움직이지 못한다.

대나무나 둥굴레가 땅속줄기를 이용하는 것은, 참나무처럼 많은 투자를 하여 두툼한 코르크로 만들어진 방한복을 장만할 수 없기 때문이다. 대신 그들은 땅속줄기를 이용하여 겨울을 피해 간다. 참나무가 겨울하고 맞서 싸운다면, 둥굴레는 땅속으로 피신하여 겨울을 피해 간다. 하지만 대나무는 엄청나게 큰 줄기 때문에 땅속으로 도망칠 수 없다. 둥굴레나 갈대처럼 한해살이가 아니기 때문이다. 추위를 이겨 내기 위해서는 자신이 살아온 시간을 버려야 하는데, 대나무로서는 도저히 그것을 포기할 수 없었다. 그래서 대나무는 추운 곳에서는 살아갈 수 없다. 두꺼운 방한복을 입지 않았으니, 겨울을 버틸 수 없는 건 당연한 일이다.

그렇다고 땅속줄기가 추위에 전혀 도움이 되지 않는 것은 아니다. 극한 추위나 엄청난 폭설이 내리면 푸르른 대나무는 노랗게 말라서 죽어 버린다. 그래도 괜찮다. 땅속줄기는 살아 있으니까, 봄날 다시 생을 시작할 수 있다. 다만 극한 추위에도 푸르름을 유지하기 위해서는 참나무처럼 방한복을 잘 챙겨 입든가, 아니면 조릿대처럼 줄기를 작게 만들어야 한다. 추운 곳에서 사는 사람일수록 집이 작은 것도 그런 이유 때문이다.

뿌리로 겨울을 버티는 메꽃과, 씨앗으로 겨울을 버티는 나팔꽃의 선택

메꽃은 잎맥 가운데가 크게 만들어져 있으며, 그것을 중심으로 가느다란 철근이 위아래로 배치된 쌍떡잎식물이다. 메꽃의 가장 가까운 친척인 고구마도 쌍떡잎식물이다. 야생 고구마인 메꽃도 추위를 견디기 위해서 뿌리에다 투자하여 겨울을 버틴다.

주로 외떡잎식물이 많이 쓰는 땅속줄기 대신 뿌리에다 투자하여 겨울을 나는 전략을 짠 것이다. 메꽃은 뿌리에 투자된 식량 덕분에 땅속에서 안전하게 겨울을 지내고, 그 뿌리에서 직접 새로운 가지를 싹틔운다.

메꽃 뿌리는 콩처럼
밥을 지을 때 넣어서 먹었다.

소년이 열세 살 때다. 소년은 친구들과 함께 1박 2일로 숲속 탐험에 나섰다. 근처에 우뚝 솟아오른 큰 산봉우리를 다 오른 다음 바다까지 순례하고 오는 일정이었다. 모두 다섯 명인 탐험대는 부모님에게 편지를 남기고 숲으로 떠났다. 비상식량 따위는 처음부터 무시했다. 대신 성냥을 챙겼으니까, 숲에서 얼마든지 먹거리를 구할 수 있다고 자신했다. 탐험의 진짜 맛은 모든 음식을 자급자족하는 것이라고 확신하고 있었다.

탐험대는 자신이 있었다. 숱한 산나물과 나무 열매를 다 알고 있었기 때문이다. 새알을 찾아 구워 먹는 법도 알았고, 계곡에서 가재나 물고기를 잡아서 구워 먹는 재미도 맛본 상태였다. 하지만 탐험대는 반나절 만에 제법 까탈스러운 봉우리를 넘다가 소나기의 기습을 받았다.

탐험대는 급히 동굴로 피했다. 비가 그치자 갑자기 허기가 쏟아졌다. 탐험대는 먹을 만한 열매를 찾다가 메를 캤다. 메꽃 뿌리를 '메'라고 불렀다. 밭에서 쟁기질하다가 메가 나오면, 그것을 호주머니에

넣었다. 밥할 때 쌀 위에다 올려서 쪄 먹는 맛 좋은 간식거리였다.

아쉽게도 비가 내린 뒤라 불을 피울 수가 없었다. 할 수 없이 메를 씻어서 생으로 먹었다. 야생 고구마니까 생으로도 먹을 수 있다. 얼마 있다가 한 친구가 설사를 했고, 곧이어 배가 아프다며 주저앉았다. 탐험대의 특별 게스트였던 그 친구는 면 소재지에 사는 공무원의 아들이었다. 소년과 친구들은 평소에 메를 생으로 먹어 보았기 때문에 아무렇지도 않았지만, 그 친구는 야생 고구마를 편안하게 소화해 낼 힘이 없었다. 결국 탐험대는 그 이상 나아갈 수 없었다. 친구 얼굴이 핏기 하나 없이 하얘지면서 제대로 걸을 수 없는 상태였으니까. 결국 소년과 친구들은 낑낑대면서 친구를 업고 퇴각할 수밖에 없었다.

메꽃의 친척인 고구마도 원래는 꽃이 아름답기로 유명했다. 그러나 인간과 동행한 뒤로는 자기 마음대로 꽃을 꾸밀 수 없었다. 인간이 화려한 고구마 꽃을 반기지 않았기 때문이다.

꽃을 불러내지 못한다는 것은, 희망이 없다는 뜻이다. 대를 이어갈 수 없기 때문이다. 그래도 고구마는 희망을 버리지 않았고, 꽃 대신 땅속줄기를 만들어 대를 이으려고 했다. 하지만 땅속줄기를 만드는 것은 외떡잎식물의 전통이다.

고민 끝에 고구마는 뿌리를 이용해서 대를 이어 가기로 했다. 그때부터 고구마는 양자나 다름없는 뿌리에다 재산을 주기 시작했다. 조금만 발상을 전환하면 큰 문제가 없다. 뿌리냐 줄기냐 하는 것도 큰 문제가 되지 않는다.

고구마는 그렇게 통통해진 뿌리로 겨울을 난다. 메꽃도 마찬가지다.

메꽃 사촌인 나팔꽃은 씨앗으로 겨울을 이겨 낸다. 괜히 땅속뿌리에다 식량을 저장하면서 힘들게 겨울을 날 필요가 있을까. 하나의 생명이 죽지 않고 백 년을 살아가는 것이랑, 하나의 씨앗이 해마다 삶의 바통을 이어받아서 백 년을 살아가는 것이랑 어떻게 다를까. 메꽃은 전자의 삶을 택했고, 나팔꽃은 후자의 삶을 택했다. 누가 더 영원하다고 할 수 있을까.

지하 세계의 찬란한 문명,
뿌리 자치 공화국

서로 다른 체제로 이루어진 나무 연방 공화국

뿌리는 물의 신을 모시고, 줄기는 태양신을 모신다. 두 체제는 서로 다른 정체성을 품은 연방 국가다. 땅 위에 있는 줄기를 잘라 버린다면 어떤 일이 벌어질까. 줄기는 말라서 천천히 썩어 갈 것이다. 뿌리는 처지가 다르다. 줄기가 없으면 당장은 힘들어도 이내 다른 줄기를 내밀어서 새로운 희망을 노래할 것이다. 그러니까 줄기는 뿌리가 없으면 살 수 없지만, 뿌리는 줄기가 사라져도 또 다른 생을 꿈꿀 수 있다.

나무는 뿌리와 줄기라는
서로 다른 체제가 합쳐진
연방 국가이다.

같은 나무에서도 줄기보다 뿌리가 더 오래 산다. 줄기는 햇살과 허공에 기생하는 이산화 탄소를 선별하여 당을 만들어 내고, 뿌리는 물을 흡수해 줄기로 올려 보낸다. 서로 부족한 부분을 그렇게 채워 가면서 살아간다. 그들은 서로 간섭하거나 비난하지 않는다. 그냥 서로를 존중해 줄 뿐이다.

뿌리가 사는 지하 건축물은 지상 건축물보다 훨씬 더 안전하다. 지하 도시에서는 비바람과 눈보라가 없다. 가끔 지하 도시에 침투하여 건축물을 갉아 먹는 두더지라든가 매미 애벌레 같은 게릴라 때문에 애를 먹기는 해도, 그들의 삶에 치명적일 만큼 두려운 존재는 아니다. 그래서 뿌리에서 사는 시민들은, 줄기에서 사는 시민들보다 오래오래 살아간다.

지상 건축물과 지하 건축물이 조화를 이루지 않으면 그 공동체는 위태롭다. 지상의 도시는 인구 천만이 넘는 거대한 규모인데, 지하 도시는 고작해야 인구가 5만인 도시라면 어찌 되겠는가. 지하 도시는 지상 도시의 무게를 감당하지 못할 것이고, 그 공화국은 멸망하고야 말 것이다. 그러니 나무 공화국에서는 어느 한쪽이 일방적으로 발전하는 일이란 있을 수 없다.

지상의 도시도 동서남북으로 골고루 발전해 나간다. 그래야 소외되는 시민이 없고, 공중에 설계된 도시가 균형을 이룬다. 지하 도시도 마찬가지다. 뿌리가 어느 한쪽으로만 뻗어 간다면, 지상의 도시를 지탱하는 뿌리에 과부하가 걸리면서 결국은 전체가 무너지고야 말 것이다.

식물이든 인간이든 그런 공평성의 원칙을 지키기란 참 힘들다. 인간도 도시를 건설할 때는 공평하게 모든 지역을 다 발전시키겠다고 하지만 시간이 흐르면서 여러 가지 변수가 생겨난다. 시청이나 법원 같은 공공건물이 들어선 지역을 중심으로 발전하기도 하고, 교육 기관이 많은 곳을 중심으로 발전하기도 하며, 강이나 호수가 있는 곳을 중심으로, 공단 지역이 있는 곳을 중심으로, 교통이 좋은 곳을 중심으로 발전하기도 한다. 그러다 보니 늘 어딘가는 소외된 지역이 있기 마련이다.

소년이 결혼하자마자 신혼살림을 차렸던 서울의 북한산 아랫마을은 살기 좋은 명당이다. 지혜로운 사람을 많이 길러 낸 산에 의지하면서 살아갈 수 있다는 것은 행운이었다. 다만 집값이 싸다. 수도권 어디를 둘러보아도 그보다 싼 곳은 없다. 그곳 사람들은 소외되었다고 한탄한다. 그들이 말하는 소외는 경제적인 개념이다.

소년은 그런 탄식에 동의하지 않았다. 소년은 일부러 그 지역을 선택했고, 적은 금액으로 넓은 평수의 아파트에서 안락하게 살았다. 경제적인 개념에 휘둘리지 않은 것이다.

물은 농도가 낮은 쪽에서 높은 쪽으로 걸어간다

뿌리 자치 공화국은 표피, 피층, 내피, 관다발로 되어 있다. 가장 바깥쪽에 있는 표피는 뿌리를 보호하는 방어 조직이다. 피층은 표피 안쪽에 자리 잡은 여러 겹 세포층이며, 피층 가장 안쪽에 있는 하나의 세포층은 내피라고 한다. 물관과 체관으로 된 관다발은 물과 양분을 공급하는 일을 한다.

생장점이라는 특별한 기관도 있다. 그곳에서는 새로운 건축물을 짓는 일을 한다. 생장점 바깥쪽에는 뿌리골무라는 단단한 성벽이 구축되어 있다. 생장점을 보호하는 성벽은 죽은 세포로 이루어져 있다. 뿌리 공화국 시민인 세포는 죽어서도 국가를 위해 헌신한다. 죽은 세포들은 단단한 성벽이 되어 생장점을 보호해 주는 것이다.

나무 공화국은 죽은 것들이 후손을 철저하게 보호해 준다. 허공으로 뻗은 줄기 속 세포도 살다가 죽으면 굳어져서 단단한 목질이 되어, 그 사회를 지탱하고 보호해 주는 역할을 한다는 사실을 이미 말했다. 죽음이 삶을 떠받치고 살기에 그들이 영원한지도 모른다.

식물은 이 세상에 생겨날 때부터
삼투압 원리를 알았다.

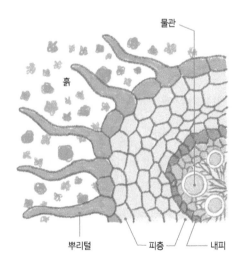

뿌리 자치국은 늘 물을 확보하고 있어야 한다.

그 일을 담당하는 곳이 뿌리털이다. 그들은 어떻게 물을 확보하는 것일까. 물의 농도가 낮은 쪽에서 높은 쪽으로 흡수되는 것은, 물이 높은 곳에서 낮은 곳으로 흐르는 것만큼 자연스러운 섭리다. 식물은 그런 순리를 이용하기 위해서, 땅속에 있는 물의 농도보다 뿌리 속에 있는 물의 농도를 높게 하였다. 그러자 땅속에 있는 물은 자연스럽게 뿌리 속으로 스며들었다. 굳이 힘들여서 강제로 물을 뺏어 올 필요가 없다.

나무의 뿌리는 아주 다양하게 생겼고, 살아가는 곳도 다 다르다. 어떤 놈들은 수분이 많은 곳에서 살고, 어떤 놈들은 메마른 곳에서 살아간다. 메마른 곳에서 사는 뿌리도 크게 걱정하지 않는다. 다른 뿌리들이 열심히 일해서 모은 수분을 원조해 주면, 그는 그것을 아낌없이 흙으로 내보내서 촉촉하게 한다. 뿌리와 흙의 농도를 조절하는 것이다. 그렇게 뿌리와 흙은 서로를 도와가면서 살아간다.

아주 메마른 날 나무 근처를 파 보면 흙이 촉촉하게 젖어 있음을 알 수 있다. 말라 가는 흙을 위해서 뿌리가 아낌없이 지원하고 있다는 뜻이다. 그 촉촉함 속에서 지렁이를 비롯하여 다른 생명체들도 살아가니까, 뿌리는 다른 생명체까지 챙기면서 더불어 산다.

밭에 심긴 농작물이 시들시들 누렇게 말라 간다. 지나가던 농부들이 그 앞으로 모여든다. 농부들은 밭주인에게 제초제를 쳤냐고 묻기도 하고, 어떤 씨앗을 썼냐고 묻기도 한다. 그러다가 자기만의 방식으로 진단한다. 놀랍게도 그 진단은 거의 일치했다. 웃거름을 너무 많이 줘서 타 죽은 것이다. 웃거름은 성장 촉진제인 요소 비료인데, 뿌리보다 줄기를 잘 자라게 한다고 하여 웃거름이라고 한다. 반대로 뿌리를 튼튼하게 해 주는 거름은 밑거름이라고 부른다.

농부들은 웃거름을 아주 신중하게 사용한다. 줄기의 살이 닿지 않도록 하고, 뿌리에서 일정하게 떨어져 있는 곳에다 준다. 식물의 크기에 따라서 양을 조절하는 것도 중요하다. 어린 식물에게 너무 많은 웃거름을 주면, 탈이 나서 하루를 버티지 못하고 죽어 버린다.

요소 비료는 흙 속에서 녹아 아주 진한 농도가 되어서, 그곳에 있는 뿌리 속보다 농도가 높아진다. 당연히 뿌리 안에 있는 수분은 밖으로 빠져나간다. 그 갑작스러운 상황에 세포들은 당황하지만 어찌할 방법이 없다.

뿌리 세포들이 우왕좌왕하는 사이 그곳에 있는 수분이 다 빠져나간다. 다른 뿌리가 확보한 수분은 물론이요, 나중에는 줄기에 있는 수분까지도 다 빠져나간다. 농작물을 더 빨리 키워 보겠다는 인간의 욕심이 자초한 대참사이다.

농작물과 달리 솔나물 같은 잡초는 화학 비료를 많이 먹어도 잘 죽지 않는다. 이파리를 솔잎처럼 가늘게 빚어낸 솔나물은 뒷동산이 삶의 터전이다. 뒷동산은 소년이 늘 소를 끌고 가는 곳이었다. 그러니 솔나물은 오줌이나 똥 같은 소의 배설물을 피할 수도 없었다. 그래도 솔나물은 죽지 않았다. 오줌이나 똥을 먹는 솔나물은 다른 종으로 느껴질 만큼 웃자라고 짙은 녹색으로 변한다.

신기하게도 소들은 오줌이나 똥을 먹은 풀은 거들떠보지도 않는다. 화학 비료가 쏟아진 발두렁의 풀도 먹지 않는다. 소년은 몇 번이나 소를 끌고 그런 풀이 있는 곳으로 가서 "여기 솔나물이 좋으니까 어서 뜯어 먹어." 하고 말했다. 소는 몇 번 냄새를 맡자마자 거칠게 숨을 토해 내면서 고개를 흔들어 버렸다.

소년이 그 풀을 베어다가 다른 풀이랑 섞어서 주어도, 소는 귀신같이 그걸 골라냈다. 그때마다 소년은 화를 냈다. 그러고는 바지를 내렸다. 왜 그런지 모르겠지만 소는 아이들 오줌을 좋아한다. 소에게 오줌을 싸면 녀석은 긴 혀를 내밀고 그 뜨거운 오줌을 받아먹는다.

아이들은 소가 풀을 뜯지 않으면, 풀에다 오줌을 쌌다. 소에게 아이들 오줌은 라면 수프 같은 존재였다. 아이들 오줌이 풀에 뿌려지면, 소는 그 풀만 맛있게 뜯어 먹었다. 그런데 화학 비료나 퇴비를 먹고 웃자란 풀에다가는 아무리 오줌을 갈겨도 녀석들은 고개를 흔들어 버렸다. 싫어, 싫다니까! 아이들 오줌발조차 통하지 않는다는 뜻이었다.

타협을 거부하는 나리와 마타리

뿌리는 땅속에서 살지만, 땅 위에서 사는 줄기의 시간표를 정확하게 헤아리고 있다. 땅 위에는 태양이 있고 달이 있으며 바람이 존재한다. 그곳은 뿌리가 사는 세상이 아니다. 그러니까 태어나는 순간 땅 위로 고개를 드는 짓을 하지 않는다. 누가 가르쳐 주지 않아도, 어두

운 땅속에서 정확하게 자기 방향성을 잡아
간다. 흙 위로 뿌리를 내미는 짓은 절대
하지 않는다.

　빗방울이 종일 수다를 떠는 날이면
나리는 비밀스럽게 움직인다. 잎겨
드랑이 사이에서 자라는 알눈이 뿌
리를 내리는 것이다. 알눈은 비구름
이 햇살을 어느 정도 통제한다는 것을 알고 있으며, 습기가 자기편
이라는 사실도 알고 있다. 그래서 겁 없이 허공에서 뿌리를 내민다.
당장은 햇살이 없으니까 뿌리는 마르지 않는다.

　뿌리는 그들의 계율대로 흙이 있는 아래쪽으로 뻗어 있다. 가끔
그것을 뒤집어 놓으면, 대체 왜 그러냐고 항의하면서 아래쪽으로 뿌
리를 구부린다.

　소년은 울타리 사이에 나리 알눈이 끼어 있는 것을 자주 보았다.
줄기에서 떨어져 거기에 걸린 것인데, 비가 종일 내리자 재빠르게
뿌리를 내밀고 있었다. 안타깝게도 뿌리의 힘으로는 땅까지 갈 수
없었다. 보다 못한 소년이 흙덩이를 알눈 위에다 슬쩍 올려놓았다.
이제 뿌리가 위로 방향을 틀어서 흙덩어리 속으로 들어가면 된다.
울타리에 걸친 알눈 뿌리는 그런 친절을 비웃었다. 그렇게 살 바에
는 차라리 죽음을 택하겠다고 선언하고는, 비가 그친 후 쏟아진 햇
살에 말라 죽었다. 잠시만 생각을 바꿔서 뿌리의 방향을 돌렸으면
살아남았을 텐데, 왜 그런 고집을 꺾지 않았을까. 지켜보는 감시자도
없건만 그들은 계율을 어기지 않고 죽음을 택했다.

울타리에 걸친 알눈 뿌리는 소년이 위에다 놓은 흙 속으로 피신하지 않았다. 그것은 뿌리의 오랜 전통을 버리는 것이고, 자신들의 법을 위반하는 일이기 때문이다. 그럴 바에는 죽음을 택한 것이다. 여기에는 어떤 예외도 없다. 그래야만 뿌리 전체가 혼란스럽지 않고 살아남을 수 있을 테니까.

만약 원칙이 지켜지지 않는다면, 뿌리들은 대혼란을 겪을 것이다. 상황에 따라 흙 위로 솟아나서 말라 죽는 뿌리들이 생겨날 것이다. 그런 혼란을 막기 위해서 뿌리는 무조건 중력의 방향대로, 아래쪽으로, 흙 경전의 가르침대로 살아간다.

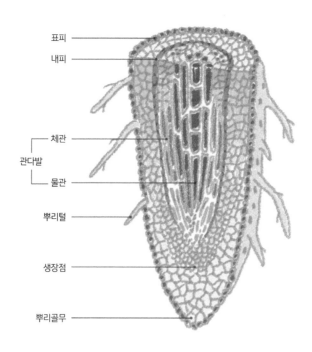

표피
내피
체관
관다발
물관
뿌리털
생장점
뿌리골무

광교산 주위에는 마타리가 많았다. 숲이 파괴되면서 자신들의 터전이 사라지자, 마타리는 소년네 마당으로 몰려들었다. 소년은 그들을 너그럽게 받아 주었고, 몇 년 새 녀석들은 마당에서 가장 텃세를 많이 부리면서 살아간다. 어떤 녀석은 어른들보다 키가 크다. 그 어마어마한 빌딩을 보면서도, '이게 정말 올해 성장한 것이 맞나.' 하는 의심까지 든다.

소년의 아내는 그걸 볼 때마다 걱정한다. 녀석은 너무 키가 크다. 그러니 버틸 수 있겠는가. 아내의 걱정대로 녀석은 꽃다발이 커지면서 제 무게를 감당하지 못하고 점점 기울어진다. 소년은 식물의 삶에 간섭하지 않는 게 원칙인데, 하도 안타까워서 녀석 옆에다 지지대를 박고 묶어 준다. 그래도 녀석은 반쯤 허리를 굽힌다. 중력이 땅에서 마구 잡아당기고 있다.

"마타리는 문제가 있어. 무작정 키만 크면 어떡할 거야. 자기 몸은 스스로 가누어야 할 게 아냐? 아니 저런 몸으로 자연에서 어떻게 살아가지? 지금까지 살아남은 게 신기하네!"

아내의 말을 들은 소년은 마타리의 삶이 궁금했다. 숲에 가서 관찰해 보니까, 그놈들은 여기저기 쓰러져 있다. 어라, 그런데 전혀 개의치 않는 듯했다. 마타리가 사는 곳에는 온갖 덩굴과 키 큰 풀, 키 작은 나무들이 어우러져 있다. 그러니 키가 커서 쓰러져도 걱정할 필요가 없다. 덩굴이나 다른 풀과 어깨를 맞대고 있으니까, 쓰러져도 땅에 닿지는 않는다. 풀과 덩굴이 어우러져서 서로서로 힘을 받쳐 주기 때문이다.

안타깝게도 소년네 마당은 사정이 다르다. 기댈 만한 덩굴과 풀이 없기 때문이다.

만약 마타리가 외떡잎식물이었다면 줄기 속을 비워서 건물을 더 부드럽게 흔들리도록 했을 것이다. 아쉽게도 그런 공법을 쓰지 않는다. 그들은 무조건 단단하게 건물을 지으려고 한다. 그 단단함의 한계는 너무 뻔했다. 나팔꽃이 감고 올라가자 결국 자기 꽃다발을 땅에 처박고야 말았다.

마타리는 꽃이 무거워지면
중심을 지탱하지 못하고 쓰러진다.

소년은 차라리 잘됐다고 중얼거렸다. 꽃다발이 땅에 처박혔으니 이제 쓰러질 염려도 없고, 씨앗이 여물면 흙으로 돌아가기도 쉬우니까 오히려 잘된 일이라고.

소년의 말을 들은 마타리는 불같이 화를 냈다. 꽃이 땅에 닿는 건 수치스러운 일이라고 하면서, 꽃이 달린 모든 줄기를 다그치더니 악착같이 올라가기 시작했다. 햇살이 손을 잡아당기자, 마타리 줄기는 날마다 조금씩 꽃다발을 위로 올렸다. 그냥 흙에다 편안하게 꽃다발을 내려놓으면 될 것을, 절대 그렇게 하지 않는다. 흙에서 살면서도 흙이 지저분하다고 생각하는 인간이랑 비슷한 사고를 하는지도 모른다.

해마다 마당에서 마타리가 쓰러지자 뭔가 대책을 세우려고 고민하던 차에, 제 발로 찾아온 풀이 있었다. 달맞이꽃이었다. 쌍떡잎식물인 달맞이꽃은 소년이 어렸을 때부터 좋아했던 풀이다. 어린 소년의 꽃밭 가장자리에는 달맞이꽃이 있었다. 여름밤 평상에 누워서 은하수 밭을 헤아리고 있을 때 향기롭게 밀려오는 달맞이꽃 향기는 소년의 마음을 흐뭇하게 해 주었다. 어른들도 꽃향기에 마음이 편안하다고 했다. 달맞이꽃은 일에 지친 사람들 마음을 어루만져 주는 힘이 있었다. 달빛이 쏟아질 때면 마당 가득 찬 그 꽃가루들이 아롱아롱 눈에 들어왔다. 그때마다 소년은 입을 크게 벌리고 그 향기를 받아들였다.

달맞이꽃은 가을에 씨앗에서 움튼 다음, 이파리를 땅바닥에다 동그랗게 붙인 채 추운 겨울을 이겨 낸다. 그러니 봄이 되어야 씨앗에

서 삶을 시작하는 다른 풀보다 몇 배나 빠르게 살 수 있다. 달맞이꽃
은 외떡잎식물인 나리처럼 수직의 빌딩을 선호하지만 훨씬 더 튼튼
하게 건물을 짓는다. 여름이 되자 마타리는 달맞이꽃 줄기에다 자신
의 몸을 의지하고 있었다.

달맞이꽃은 수직으로
건물을 올리면서 끊임없이
보강 공사를 한다.

© 이상권

자연은 기생이라는 단어를 거부한다

모든 식물은 흙 속에다 뿌리를 묻고 살아야 한다. 온갖 생명의 비린 내를 품고 있는 흙은 그 선구자에게 아무 조건 없이 자기의 살을 내 주었다. 어떤 식으로든 흙에다 뿌리를 내리기만 하면, 그곳은 해당 식물의 땅이 된다. 세금 한 푼 내지 않아도 된다. 누구의 간섭도 받지 않는다. 다만 한 번 터를 잡으면, 그곳에서 생을 마쳐야 한다는 조건 이 붙을 뿐이다.

세상 어디에나 항상 예외가 있다. 살기 위해서는 항상 새로운 환 경에 적응해야 한다. 변화해야 한다는 뜻이다. 겨우살이는 땅을 떠나 나뭇가지로 터전을 옮기겠다고 신에게 이민 신청을 했다. 목숨을 건 도전이었다. 나무는 땅에다 뿌리를 내리고 살아야 한다는 경전의 섭 리를 전복하는 매우 위험한 발상이었다. 늘 바람이 깔보면서 위협하 고, 볕이 마구 노략질하는 허공은, 뿌리에게 지옥보다 더한 곳이다. 어쨌든 그런 발상으로, 흙이 아닌 곳에서도 식물이라는 존재의 재배 치가 이루어질 수 있었다.

아무도 가지 않는 곳, 그런 유배지로 간 겨우살이는 끈질긴 구걸 끝에 참나무에게 줄기 속으로 뿌리가 들어와도 된다는 허락을 얻어 냈다. 그때부터 겨우살이는 다른 뿌리와 달리 흙 비린내를 맡지 않 고도 살 수 있었다.

겨우살이는 주로 참나무 높은 가지 위에서 첫 싹을 터트린다. 겨 우살이 눈은 태어나자마자 재빠르게 참나무 껍질 틈으로 뿌리를 뻗

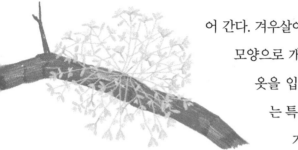

어 간다. 겨우살이는 뿌리를 빨판과 흡사한 모양으로 개량했다. 두꺼운 코르크 갑옷을 입은 참나무를 뚫기 위해서는 특수한 뿌리가 필요했다.

겨우살이는 상대의 영토를 침략하듯이 거칠게 다가가지 않는다. 상대가 불쾌하지 않도록 조심조심 다가가서 빨판을 뿌리 사이로 밀착시키고, 아주 느리게 갑옷 사이를 비집고 들어간다. 상대가 거의 느끼지 못할 만큼 감쪽같이 한 몸이 된다.

겨우살이 뿌리는 살아가는 데 필요한 모든 물자를 참나무로부터 얻어 낸다. 딱 거기까지다. 불필요하게 줄기 속으로 뿌리를 진격시킬 이유가 없다. 더 많이 달라고 요구하면서 행패를 부리거나 여기저기 쓰레기통을 뒤지고 다닐 필요도 없다. 의붓어미는 인심이 후해서 겨우살이가 충분히 먹을 수 있도록 배려해 주기 때문이다.

겨우살이가 더 욕심을 내서 상대의 집 속으로 헤집고 다닌다면, 당사자도 당하고만 있지 않을 것이다. 어떻게 해서든 그 동냥치를 쫓아내려고 비책을 찾아낼 것이다. 다행스럽게도 아직은 참나무들이 겨우살이에게 관대하다. 겨우살이랑 함께 살아도 견딜 만하다는 뜻이다.

나무들이 동안거에 들어가도 겨우살이는 초록 잎을 품고 있다. 그건 스스로 어느 정도의 광합성을 하여 에너지를 비축하기에 가능한 일이다. 여름내 자신을 먹여 살린 참나무 잎이 다 떨어져 버리자,

대지를 떠나 나무줄기로 터전을 옮긴
겨우살이의 모험은 성공적이다.

214

그제야 겨우살이는 이제 얻어먹을 때도 없으니, 조금이라도 벌어야 한다고 어설프게 광합성을 해낸다. 그 힘으로 겨우살이는 추운 겨울을 버티어 낸다.

9월 초가 되면 태양이 두 개 떠 있는 것처럼 뜨거운 기세가 한풀 꺾인다. 소년은 광교산에서 갈색 작은 애벌레를 만났다. 키가 작은 밀나물 줄기에서 사는 청띠신선나비 애벌레였다. 백합의 사촌 밀나물은 청미래덩굴하고 외모가 비슷하다. 깊은 숲으로 들어온 밀나물은 순하고 부드러워서 봄날이면 샐러드로 소년네 식구들 밥상에 단골로 올라온다.

애벌레는 온몸을 피뢰침 모양의 가시로 중무장하고 있었다.

소년은 날마다 그 애벌레하고 눈을 마주쳤다. 1주일쯤 되었을까. 애벌레가 줄기 아래쪽으로 움직였다. 뭔가 서두르는 표정이다. 이상하다. 아직은 애벌레로서의 생을 정리할 때가 아닌 것 같은데, 자꾸만 두리번거리면서 여기저기 줄기를 돌아다니다가 어느 한곳에서 움직이지 않는다.

해가 꺼질 무렵 애벌레 몸속에서 뭔가 뚫고 나온다. 워낙 작아서 인간의 눈에는 잘 보이지 않는다. 부랴부랴 돋보기를 끄집

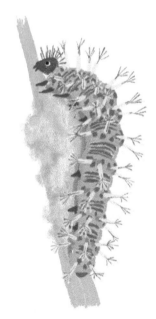

어미는 자기 몸에서 자라는 기생벌을 자식으로 키운다. 청띠신선나비 애벌레.

어낸다. 구더기 같은 애벌레이다. 애벌레 옆구리에서 쏟아져 나온다. 수백 마리로 추정된다. 그 작은 기지에 소집된 구더기를 보는 순간, 소년은 자꾸만 자기 눈을 의심했다. 모체의 크기에 비해서 소집된 구더기가 너무 많다.

애벌레 몸에서 나온 구더기들은 누군가의 지령을 받고는 한곳으로 모여든다. 그들은 곧장 건축 일을 하는 일꾼으로 변한다. 숲이 어둠으로 충전되기도 전에, 애벌레의 가슴에는 10층 규모의 아파트가 완공된다. 애벌레보다 건축물이 훨씬 더 크다. 구더기들이 아파트로 다 사라지자, 그제야 애벌레는 몸을 움직이면서 그 건물을 살핀다. 공사가 잘 됐는지, 바람이라도 불면 무너지지 않을지 꼼꼼하게 살핀 다음, 가슴으로 꼭 끌어안는다.

다음 날도 애벌레는 그 아파트를 끌어안고 있었다. 아무것도 먹지 않는다. 오직 자신의 배 속에서 길러 낸 자식들 걱정뿐이다. 애벌레 옆구리에는 총 맞은 것처럼 구멍이 나 있다. 구더기가 세상으로 나올 때 뚫은 구멍이다. 어미는 점점 힘이 빠지고 고통이 밀려온다. 그래도 어린 아기를 안 듯, 공동 주택을 감싸고 있다. 너무도 소중하게 안고 있어서 마치 보물 같은데, 실은 자신의 생을 파괴한 흉측한 놈들이 숨 쉬고 있는 집이다.

바람의 채찍이 사나워지자, 애벌레는 아파트가 날아갈세라 더욱 꼭 끌어안는다. 전생에 애벌레가 아니라 인간이었을지도 모른다. 그렇지 않고서야 저렇게 끌어안을 수가 없다. 애벌레는 늘 혼자 살아가니까 누군가를 안아 본 적이 없을 텐데, 저럴 수 있단 말인가.

며칠째인지 모르겠다. 자정 무렵 숲에 갔다. 비가 내린다. 애벌레는 심하게 동요했다. 자꾸 고개를 들어 주위를 살피고, 가슴에 있는 공동 주택을 두리번거린다. 혹시 물이 새지 않나, 어디 바람이 들어가지 않나? 자꾸자꾸 두리번거리다가 온 힘을 다해서 그 집을 안았다. 그 순간에 자기 품이 크지 않은 것을 아쉬워한다.

공동 주택은 애벌레의 살덩어리다. 애벌레 살이 그렇게 변한 것이다. 결국은 자신인 것이다. 자기 새끼다. 자기 미래다. 애벌레는 그렇게 받아들였다. 그러니까 겉모습만 청띠신선나비 애벌레이지, 그 순간에는 정신까지도 구더기들의 어머니였다.

날이 추워진다. 비가 내린 뒤 기온이 뚝 떨어졌다. 애벌레는 자꾸만 경련을 일으킨다. 그 고통스러운 참선이 언제 끝날지 모른다.

열흘째 되는 날 저녁이다. 납골당을 연상시키는 아파트의 문이 거의 동시에 열리더니, 인간의 눈을 초월한 먼지 같은 벌이 흘러나온다. 그제야 어미는 자식들의 탄생을 축하한다. 벌은 서둘러 저 무한한 세상으로 날아간다. 다음 날 새벽 무렵, 어미는 고물이 된 몸을 바닥으로 던진다.

인간은 먼지처럼 스러진 작은 것들을 기생벌이라고 한다. 소년은 고개를 흔들어 댄다. 그 벌이 애벌레의 자식들이라고 확신한다. 애벌레는 나비를 환생시킬 수도 있고, 벌을 환생시킬 수도 있다. 이번에는 수많은 벌을 환생시켰다.

메꽃의 먼 친척인 새삼 덩굴은 농부가 저주하는 놈이다. 만약 새삼이 밭에 들이닥친다면, 농부는 한숨부터 내쉰다. 제초제를 쓸 수도 없으니, 줄기에 붙은 덩굴을 하나하나 뜯어내야 한다. 어른들은 그 전투에 꼼꼼한 손을 가진 아이들을 동원한다.

어린 소년은 방아 밭을 점령한 그 무법자에 맞서 종일 전투를 하였다. 흔히 방앗잎이라고 부르는 배초향은 할머니가 애지중지 가꾸는 풀이었다. 쌍떡잎식물인 배초향은 깻잎과 비슷한 향으로 무장하고 있다. 초식 동물들은 그런 향을 싫어한다. 배초향은 키가 아주 크게 자란다. 당연히 바람에 시달릴 것이다. 배초향은 그런 바람을 의식하고는 줄기를 사각형으로 설계하여 아주 튼튼하게 만들었다.

배초향은 자기 자신이 완벽하다고 생각했다. 그런데 생각지도 못한 놈들이 괴롭혔다. 새삼 덩굴이 달라붙는 것이다. 배초향은 무방비

독특한 향에다 네모난 줄기를 가진
배초향은 모범적인 쌍떡잎식물이다.

© 이상권

로 당했다. 도무지 어찌할 수가 없었다. 그걸
보고 할머니가 우군으로 달라붙었다. 그 일
은 가장 원시적인 각개 전투였다. 하나하나
적을 확인한 다음, 꼼꼼하게 줄기에 붙어 있
는 것들을 뜯어내야 한다. 서둘러도 안 된다.
그놈들은 교묘하고 질기다. 배초향 줄기에
자신들의 작은 점 하나만 남아 있어도 살아
나니까 완벽하게 제거해야만 한다. 할머니는
어쩔 수 없이 소년에게 도움을 청했다.

땅에서 발아된 그놈들은 살아가면서 땅을
배반한다. 어느 순간부턴지 땅하고 교류를
끊어 버린다. 그때부터 다른 식물의 영역 속
으로 침범해서 살아간다. 그들의 삶은 시작
부터 싸움이다. 무조건 다른 식물들의 영역으로 침투해야만 살 수
있다. 아마도 그들만큼 잘 싸우는 종족은 없을 것이다. 그들은 겨우
살이하고 달리 이파리가 없다. 당연히 광합성 따위는 안중에도 없다.

새삼은 잘 살고 부자인 식물만 골라서 달라붙는다. 상대가 너무
가난하고 시들시들하면 그냥 지나친다. 마치 눈을 가진 것처럼 주변
식물들의 삶을 들여다보고 있다. 새삼도 겨우살이처럼 **변형된 빨판**
뿌리를 갖고 있다. 뿌리는 한 번 달라붙으면 절대 떨어지지 않고, 상
대의 살 속으로 파고든다. 높은 곳에서 살아가는 겨우살이가 싸움을
피하려고 한다면, 새삼은 가장 낮은 곳에서 살아가면서 싸우는 것을
즐긴다.

지하 건축물을 짓는 대표적인 두 가지 공법

지방의 작은 마을에 가면, 어느 곳에서나 마을 회관 앞에서는 늙은 느티나무를 볼 수 있다. 보통 수백 년을 살아온 그 나무는 구새 먹어 바람에 부러지기는 해도, 뿌리째 뽑히는 경우는 거의 없다. 뿌리와 줄기를 균형 있게 발전시키면서 살아왔기 때문이다. 당산나무로 지정되면 주위에 경쟁 상대가 없고, 바람을 막아 줄 다른 나무도 없다. 오롯이 혼자 버텨야 한다. 나무는 현명하니까, 그런 상황을 알아채고 해마다 뿌리에게 투자를 많이 한다.

식물의 뿌리와 줄기는 건축 공법이 다르다. 줄기는 햇살을 많이 받아 내면서도 바람의 저항에 견딜 수 있도록 설계되지만, 뿌리는 자기들 안전 따위는 전혀 신경 쓸 필요가 없다. 뿌리는 절대 허물어 질 염려가 없기 때문이다. 그래서 그들은 철저하게 줄기의 불안함을 보완하기 위해서 자신들을 희생시킨다. 거대한 줄기를 짓고 사는 느티나무는 줄기와 거의 비슷한 규모의 뿌리를 갖고 있을 것이다. 그래야만 줄기의 무게와 중력을 감당할 수 있을 테니까.

줄기가 큰 나무는 뿌리를 건축할 때 아주 엄격한 기준을 마련했다. 반드시 뿌리를 땅속으로, 그것도 수직으로 박아야 한다. 굵고 튼튼해야 한다.

쌍떡잎식물은 그런 공법을 원칙으로 한다. 굵고 튼튼한 뿌리는 줄기를 지탱하기에 적당하지만, 땅속에서 수분이나 다른 영양분을 찾아내기에는 적당한 형태가 아니다. 뿌리는 흙 속 물질을 단순하게

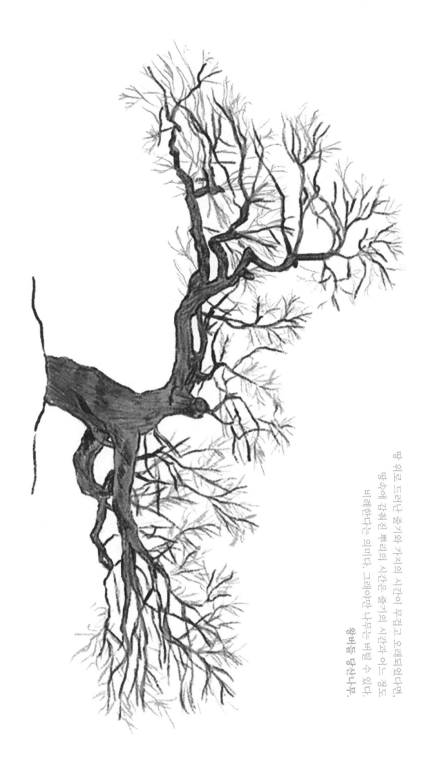

땅 위로 드러난 줄기와 가지의 시간이 무겁고 오래되었다면,
땅속에 감춰진 뿌리의 시간은 줄기의 시간과 어느 정도
비례한다는 의미다. 그래야만 나무는 버틸 수 있다.
앙베르 당산나무.

흡수하는 게 아니라 새로운 것으로 창조한다. 식물이 필요로 하는 영양분은 대부분이 얕은 흙 속에 있다. 영양분이란 땅속에서 생겨나기도 하지만, 땅 위에서 생겨나는 경우가 훨씬 많다. 살아가는 모든 생명체는 일정한 나이가 되면 죽기 마련이고, 그것들은 반드시 흙으로 돌아온다. 나무도 해마다 수많은 이파리와 줄기를 떨어트린다. 그것들은 썩어서 흙 위에 쌓인다. 뿌리는 흙 속에서 그것을 찾아낸 다음 자신들에게 필요한 칼슘이나 마그네슘 같은 물질로 바꾸어 낸다.

흙이란 잃는 것도 새로 만들어지는 것도 없다. 모든 것은 변형될 뿐이다. 두더지 한 마리가 죽어서 땅에 묻히면, 시간이 벌레, 박테리아, 균류 같은 업자들이 고용해서 천천히 분해한다. 결국 해골까지도 사라지겠지만, 두더지는 다른 것으로 변형되었을 뿐이다. 그 모든 일은 20센티미터 정도의 얕은 흙 속에서 이루어지니까, 쌍떡잎식물의 굵고 곧게 뻗은 뿌리는 별 소용이 없다. 그걸 알면서도 쌍떡잎식물은 곧은뿌리를 선호한다. 그래야만 국가가 안전해진다. 굵고 곧은 뿌리는, 먹고사는 것보다 나라의 안전을 더 우선시하는 쌍떡잎식물의 국가관이 반영된 건축물이다. 먹고사는 건, 그다음 문제다.

쌍떡잎식물은 곧은뿌리로 국가를 튼튼하게 한 다음, 별도로 수염뿌리를 만들어서 얕은 흙속에 있는 영양분을 채굴하는 일을 시킨다. 그래도 수염뿌리보다 곧은뿌리가 더 대접받는다. 수염뿌리에서 일하는 시민들은 불만이 많아도 나라의 정책이 그러니 어쩔 수 없다.

외떡잎식물은 전혀 다른 정책을 편다. 나라의 규모가 쌍떡잎식물보다 훨씬 작다 보니 굳이 굵은 뿌리가 없어도 나라의 안전에 위협

대체로 줄기가 큰 쌍떡잎식물은 곧은뿌리를 하고,
줄기가 작은 외떡잎식물은 수염뿌리를 하고 있다.

이 되지 않는다. 그러니 애써 국방비에다 많은 예산을 책정할 필요
가 없다. 대신 시민들의 직접적인 생활과 관련된 예산을 대폭 증액
할 수 있다. 당연히 그들은 굵고 곧은 뿌리보다 가늘고 옆으로 뻗어
가는 뿌리를 선호한다.

외떡잎식물은 고층 빌딩을 선호하지 않는다. 건물을 높이 올리지
도 않는데, 굳이 기둥뿌리 공법을 도입할 이유가 없다. 그건 낭비다.
당연히 그들의 뿌리는 굵지도 않고, 수직으로 곧게 뻗지도 않는다.
그들의 뿌리는 건물을 지탱하는 역할보다, 수분을 구하고 갖가지 먹
거리를 찾아내는 데 더 집중해야 한다. 그래서 지면과 가깝게 옆으
로 뻗어 나간다. 이것이 외떡잎 집안 고유의 건축 공법이다.

대나무가 바람을 두려워하지 않는 진짜 이유는?

소년의 생가 남새밭 옆에는 제법 세력이 강한 대밭이 있었다. 어른들은 텃밭을 늘리기 위해 대밭을 해체하기로 했다. 우선 톱으로 대나무를 베어 낸다. 대나무는 줄기가 비어서 톱질하기가 수월하다. 몇번만 톱질해도 그 건축물은 스스로 쓰러져 버린다.

어른들은 '대밭을 해체한다'는 표현을 썼다. 소년은 나중에서야 그 이유를 알았다. 대나무가 사라지자 식구들은 괭이와 도끼 그리고 낫을 준비했다. 줄기가 사라졌다고 해도 그들이 항복한 건 아니다. 그대로 두면 다시금 땅속뿌리에서 파릇파릇 새순들이 반격할 것이다. 대나무 공화국은 뿌리에다 배수의 진을 치고 결사적으로 저항하는 것이 특유의 전술이다.

소년이 삽을 들고 대밭으로 돌진했다. 땅에다 삽을 대고 발에다 힘을 주었다. 하, 맙소사! 삽은 강력한 저항에 부딪혔다. 삽날이 전혀 들어가지 않았다. 대밭 어느 곳도 만만하게 삽날이 파고들 수 없었다.

어른들은 괭이로 내리쳤다. 그러자 마디가 많은 대나무 땅속줄기가 드러났다. 대나무 땅속줄기가 끊어지지 않으면 도끼로 내리쳤다. 그렇게 땅속줄기 한 토막을 무찌르기 위해서는 괭이와 도끼를 수십번은 내리쳐야 했다. 땅속줄기는 손가락 하나 들어갈 틈이 없을 만큼 빽빽하게 포진해 있었다. 그제야 '대밭을 해체한다'는 말의 의미를 알 수 있었다.

대나무는 가늘고 긴 건물을 지탱하기 위해서, 줄기를 땅속으로 내려보내기로 했다. 땅 위에다 건축물을 지을 때는 수직으로 올리는 빌딩이지만, 땅속에서는 수평으로 뻗어 가는 건축물이다. 다만 땅속 건물은 곧지 않고 구불구불하다. 줄기의 매듭도 땅속줄기보다 훨씬 짧게 배치되었다. 그러니까 땅속줄기는 땅 위로 솟은 줄기보다 훨씬 더 강도가 있다. 대나무는 그런 땅속줄기를 그물처럼 배치해 놓았다. 이웃에 대나무들이 있으면 그 땅속줄기는 겹치고 또 겹친다. 그래도 줄기끼리 충돌하는 경우는 없다. 서로 높낮이가 다르게 피해 가기 때문이다.

땅속줄기와 줄기는 서로를 응원한다. 그들은 서로 살을 맞대고, 얽히고설킨다. 그래도 방해가 되지 않는다. 오히려 얽히고설킨 줄기는 서로에게 힘을 주면서, 흙 위로 뻗은 줄기가 흔들 때 서로의 힘을 모아 준다. 대나무가 단결력이 강한 것도 이런 이유 때문이다.

대나무는 모여 살수록 힘이 강해진다. 그 어떤 강풍이 몰아닥쳐도 집성촌을 이룬 대나무 숲이 쓰러지지 않는다. 대나무는 뿌리가 약하다는 치명적인 약점을 집단적인 단결로 극복해 냈다. 줄기의 지령이 아니라 땅속에서 살아가는 것들의 절박한 선택이 그들 모두를 행복하게 하였다.

대밭에 가면 온갖 바람이 다 보인다. 아장아장 걸음마 하는 아기 바람까지도. 대나무는 부드러운 이파리로 살랑살랑 바람의 걸음을 표현한다. 한때는 바람이 원수였다가 이제는 친구가 되어서, 대나무와 바람은 그렇게 한 몸처럼 살아간다. 아무리 숨결이 얕은 바람이라고 해도, 대나무조차 모르게 지나갈 수는 없다. 그만큼 대나무 잎은 바람에 예민하다.

융통성 없어 보이는 냉이의 속사정을 들어보자

풀은 굳이 뿌리를 수직으로 내릴 필요가 없다. 줄기가 크지 않아서 바람을 걱정하지 않아도 되니까, 국가 안보보다는 먹고사는 일에 더 신경 쓴다. 그러기 위해서는 비용이 많이 드는 곧은뿌리보다는 저렴한 실뿌리를 많이 배치하는 것이 여러모로 현명한 일이다. 만약 풀이 곧은뿌리를 하고 있다면 대체 무슨 생각인지 물어보고 싶다.

냉이는 몇 장 되지 않은 잎을 지탱하기 위해 곧은뿌리를 하고 있다. 그건 불필요한 낭비다. 곧은뿌리를 수직으로 뻗기 위해서는 많은 투자가 필요하다. 그럴 시간에 수염뿌리를 만들어서 사방으로 뻗어 간다면 훨씬 시민들의 삶이 풍족해질 것이다. 왜 그렇게 하지 않을까.

냉이라고 어찌 그걸 모르겠는가. 냉이는 쌍떡잎식물이다. 그러니까 어쩔 수 없이 전통에 따라 곧은뿌리를 채택한 것이다. 대신 냉이는 곧은뿌리에다 물자를 비축하여 겨울을 난다. 결국 냉이 뿌리는 줄기를 지탱하는 국가 안보보다는 겨울을 나는 데 필요한 물자를 비축하는 식량 창고로 쓰인다. 겨울을 난 냉이와 겨울을 나지 않은 냉이 뿌리를 뽑아 보면 그 차이를 알 수 있다. 겨울을 난 냉이는 잎이 크지 않다. 대신 수직으로 뻗어 간 뿌리는 아주 굵고 길다. 이른 봄에 돋아난 냉이는 잎이 무성하고 뿌리가 굵지 않다.

아무리 그래도 냉이 뿌리가 얼어 죽지 않은 게 신기하다. 뿌리 속으로 흐르는 물이 있다면 틀림없이 얼어 버릴 것이고, 터져 버릴 것이다. 나무도 마찬가지다. 잎을 떨궈도 줄기 속에는 핏줄처럼 연결된 물관을 통해 물이 흐르고 있다. 나무의 보온 장치라고 해 봤자 껍데기뿐이다. 그런 것으로 혹독한 추위를 이겨 낼 수 있겠는가.

소년이 대학에 들어가서 두 번째로 맞이한 겨울이었다. 한파 주의보가 내려진 어느 날이었다. 잠을 자고 있는데 이상하게도 한기가 들었다. 눈을 떠 보니 몸이 축축했다. 세상에나, 차가운 물이 방 안으로 밀려들고 있었다.

소년의 방은 지하에 있었다. 급하게 문을 열고 나가자 부엌은 이미 물바다였다. 허겁지겁 계단을 통해 밖으로 나가자, 1층과 2층에 사는 사람들이 북새통을 이루고 있었다. 갑자기 정전되자 사람들이 놀라서 밖으로 나온 것이었다. 정전의 원인은 물이었다.

부엌이 지하에 있어서 물이 빠져나가는 배수관이 따로 없었다. 물을 버리기 위해서는 밖으로 나와야 했다. 사람들은 소년에게 수도꼭지를 잘 잠궜냐고 물었다. 소년은 망설임 없이 그렇다고 대답했다. 부엌에 배수관이 없으니, 수도꼭지 잠그는 것을 병적일 만큼 확실히 했다.

사람들은 소년의 말을 믿지 않았다. 억울했다. 그래서 밤새워 물을 혼자 퍼냈다. 새벽이 되어서야 몇몇 사람들이 오더니 "아이고, 수도관이 터졌구면!" 하고 말했다. 그제야 소년은 어떤 혐의에서 벗어나듯이 안도의 한숨을 내뱉을

겨울을 난 냉이 뿌리는
줄기에 비해서 아주 길다.

지하 세계의 찬란한 문명, 뿌리 자치 공화국

수 있었다.

그렇게 지하에 있는 수도관도 터지는데, 식물의 몸속에 있는 수도관이 터지지 않는다는 것을 믿을 수 있는가. 물은 얼음이 되면서 팽창하는 버릇이 있다. 그래도 식물은 걱정하지 않는다. 식물 세포는 겨울이 되면 불가사의한 능력을 발휘한다. 몸속에 흐르는 물을 여과하여 순수한 물을 만들어 낸다. 그러면서 세포는 당, 단백질, 산을 농축시킨다. 그 화학 물질이 부동액이 되어서, 세포 속에 든 물이 시럽 같은 액체 상태를 유지한다. 세포들 사이는 정제된 물로 채워지고, 그 순수한 물은 영하 40도에도 얼지 않는다. 일부 침엽수는 그보다 더한 추위에도 견딜 수 있다고 하니까, 식물의 과학은 이미 오래전에 신의 영역에 도달해 있었다.

식물은 이 세상에서 가장 고집 센 생명체다. 한 번 옳다고 확신하면 그 신념을 절대 포기하지 않는다. 앞으로 태초의 식물이 생겨났을 만큼의 시간이 흐른다고 해도 식물의 그런 생각은 바뀌지 않을 것이다. 식물은 그런 힘으로 살아왔으니까. 그래서 식물이 그 어떤 생명체보다 영원한지도 모른다.

살아남기 위한 동행,
뿌리 고민

정원수로 끌려다니는 어느 나무의 이야기

소년이 첫울음을 터트린 생가 뒤에는, 해뜨기를 보기 좋은 자그마한 동산이 있다. 해마다 세상 모든 봄은 그곳으로 집결한다. 꽃이란 봄이 왔음을 알리는 가장 확실한 기호이다. 환상적인 봄꽃의 가장행렬이 시작되면, 흐르는 강조차 잠시 걸음을 멈춘다. 그중에서도 산벚나무 꽃구름이 가장 돋보인다. 하루하루 잔치 같은 날이다.

　소년은 광교산 밑으로 이사하자마자 그런 봄날을 꿈꾸면서 제법 나이 든 산벚나무 한 그루를 모셔 왔다. 당연히 마당 가장 좋은 자리를 내주었다. 그런 배려에도 불구하고 산벚나무는 온갖 병치레로 힘들어 했다. 산벚나무는 곧은뿌리가 싹둑 잘려 있었다. 정원수로 선택받은 나무들은 그렇게 곧은뿌리를 거세 당한 채 기형적인 시간을 살아간다. 그런데 그 산벚나무는 잔뿌리조차 부실했으니, 잔병치레를 하는 건 당연했다.

소년은 이사할 때마다 산벚나무의 굵고 곧은 뿌리를 잘라내야 했다. 산벚나무 꽃.

가까스로 그 나무를 살려 냈는데, 2년 만에 다시 이사할 처지가 되자 걱정이었다. 그 집에다 남겨 두고 싶었지만, 집주인으로부터 끔찍한 통보를 받았다. 집주인은 모든 나무를 다 베어 내고, 정원을 다시 꾸민다고 했다. 결국 이사 시킬 준비를 사흘간이나 했다. 수많은 실뿌리를 조심조심 잘라 내고, 곧은뿌리까지 톱으로 잘라 냈다. 애지중지 마련한 곧은뿌리를 또 거세 당했으니 얼마나 상심이 컸겠는가. 그래도 특유의 살아가는 힘으로 자신을 치료하면서 건강해졌다. 산벚나무는 무럭무럭 자라났다.

아쉽게도 몇 년 뒤, 다시 이사할 처지가 되었다. 부랴부랴 산벚나무 주위를 파 보니, 전보다 더 굵은 곧은뿌리가 완공된 상태였다. 소년은 산벚나무가 원망스러웠다.

"야, 이놈아! 저번에 이사 올 때 분명 말했잖아? 넌 우리랑 같은 운명이니까, 언제든 이사 갈지도 모른다고. 그니까 잠시 쌍떡잎식물의 전통을 무시하고, 그냥 이대로 살아가라고 했잖아? 그러면 너도 편하고, 나도 편하잖아?"

산벚나무가 대답했다.

"난 어렸을 때부터 인간에게 팔려 나가는 나무로 길들어졌어. 나를 관리하는 사람은 1년에 한 번씩 땅속을 파서, 내 뿌리 모양을 살펴보지. 그러고는 조금이라도 뿌리를 수직으로 내리면 잘라 버렸어. 그래도 난 포기하지 않았어. 뿌리가 잘려 나가면 뻗고, 또 뻗고, 또 뻗고……. 난 그래야 살 수 있다고. 만약 희망이 없다면 난 살 수 없을 거야. 그니까 너무 걱정 말고 내 뿌리를 잘라 줘. 난 이사 가면 다시 수직으로 뿌리를 내릴 거야. 그걸 포기하라는 것은, 나한테 죽으라는 뜻이야."

마음이 아팠다. 그래도 산벚나무에게 물을 듬뿍 주고 굵은 뿌리를 톱으로 잘라 냈다. 산벚나무는 아무리 굵은 뿌리가 잘려도 절망하지 않는다고 했다. 소년이 굵은 뿌리를 잘라 낼 수 있어도, 그들의 마음까지는 잘라 낼 수 없었다. 그들은 인간에게 물리적으로 저항하지 않지만, 절대 항복하지 않았다. 그런 식으로 그들은 버티면서 살아간다.

소년은 화분에다 식물 키우는 것을 좋아하지 않는다. 특히 화분에다 쌍떡잎식물인 나무를 키운다는 것은, 감옥에다 가두는 것이나 마찬가지다. 나무는 땅과 허공을 정확하게 반반씩 이용하면서 살아간다. 식물에게는 땅속이 허공보다 더 자유로운 세상이다. 화분에서 살아가는 나무들은 그런 자유를 잃고 살아간다. 반쪽 세상만 살아간다는 뜻이다.

화분에서 사는 쌍떡잎식물은 자신의 자존심마저도 거세 당한 채 살아간다. 자신의 정체성을 잃어버린 채, 꿈과 희망을 다 잃어버린 채 겨우겨우 목숨을 유지하고 있다. 화분에다 쌍떡잎식물인 나무를 키운다는 것은, 식물에 대한 가혹한 학대이다.

칡은 그 어떤 경쟁자도 두려워하지 않는다

초겨울이 되면 아이들은 괭이나 삽 혹은 낫을 들고 뒷동산으로 모여든다. 특별한 놀이를 하기 위해서다. 모든 놀이가 그렇듯 이 놀이도 여럿이 해야만 더 즐겁다. 아이들은 저마다 들고 온 연장을 어깨에 메고 숲으로 들어간다. 아이들은 칡넝쿨을 찾아 나선다. 나무에게는 두려움의 대상인 칡넝쿨이 초식 동물에게는 고마운 존재이다. 칡넝쿨 덕에 수십 종의 애벌레들은 편안하게 살아간다. 칡넝쿨은 산토끼가 가장 좋아하는 음식이다. 먹이가 흔한 철에는 산토끼도 칡넝쿨을 먹지 않는다. 어쩌면 겨울에 먹기 위해서 아껴 두는지도 모른다. 겨울이 되면 토끼들은 한두 살 정도 먹은 칡넝쿨을 찾아서 갉아 먹는다. 멧돼지나 고라니는 정확하게 칡넝쿨이 시작되는 곳을 알고 있다. 그곳을 공략해야만 칡뿌리를 캘 수 있다.

아이들은 먼저 칡넝쿨이 시작된 곳을 찾아낸다. 그곳을 '칡 머리'라고 한다. 칡 줄기는 겨울이 되어도 죽지 않고 해마다 굵어지는데, 당연히 칡 머리가 커야 뿌리도 굵다.

칡은 쌍떡잎 집안에서 가장 큰 덩이뿌리를 갖고 있다. 덩이뿌리를 소유하고 있는 고구마나 무, 당근하고 감히 비교조차 할 수 없다. 칡은 자신의 덩이뿌리에 대한 자부심이 대단하다. 칡이 숲에서 절대적인 강자가 된 것도 그 덩이뿌리 때문이다. 워낙 많은 자본을 그곳에다 비축해 두었기 때문에, 경쟁에서는 밀리지 않는다. 막강한 자본력을 바탕으로 경쟁자를 압도해 버린다.

칡 머리에서 땅속으로 뻗어 내린 뿌리의 시작은 가늘다. 처음 시작할 때는 떡볶이용 떡 정도의 굵기여도, 점차 땅속으로 들어갈수록 어른들 팔뚝보다 더 굵어진다. 그렇게 뿌리가 굵어지는 것을 보면서 아이들은 더 신나게 흙을 파낸다. 아무리 많은 아이가 달라붙어도 그 뿌리의 종점까지 파내는 것은 불가능하다. 뿌리는 차츰차츰 굵어졌다가 어느 부분부터 다시 가늘어지는데, 그 정도에서 적당히 타협하고 뿌리를 자른다. 아이들은 동서남북으로 산신령님께 절을 한 다음, 그 뿌리를 어깨에 메고 돌림 노래를 끝없이 부르면서 내려온다.

아이들은 우물가에서 그것을 깨끗하게 씻어 낸 다음, 호주머니에

들어가기 좋을 만큼 측정해서 토막 낸다. 앞니로 칡 토막의 껍질을 벗겨 내고 속살을 옆으로 물어뜯는다. 달콤하면서도 아련한 쓴맛이 섞인 칡 섬유질이 입안으로 들어온다. 아이가 이로 그걸 씩씩하게 씹어 대면, 그 속에 있는 녹말 덩어리가 밥 알갱이처럼 굴러 나온다. 녹말 덩어리가 많은 칡을 '밥 칡', 혹은 '참칡'이라고 한다. 재수 없으면 녹말 덩어리가 많지 않고 줄기가 딱딱한 칡뿌리를 캐는데, 그것을 '나무 칡', '개칡'이라고 한다.

칡이 이렇게 마음 놓고 뿌리를 식량 창고로 이용할 수 있었던 것은 덩굴 식물이라서 줄기를 지탱하는 국방비에다 많은 예산을 쓰지 않아도 되기 때문이다. 게다가 오이나 호박처럼 어마어마하게 큰 열매를 키우지도 않는다. 칡뿌리는 줄기가 힘들어 하지 않을 정도의 수분만 빨아들이면 되니까, 오이나 호박에 비하면 훨씬 여유롭다. 그렇다고 놀 수는 없지 않은가. 칡뿌리는 직접 일해서 모은 것과 줄기에서 보내오는 음식을 꼼꼼하게 비축한다.

외떡잎식물인 둥굴레나 백합도 땅속에다 식량 창고를 갖고 있으나 쌍떡잎식물인 칡하고는 다르다. 칡이 보유한 창고는 뿌리를 개조한 것이고, 둥굴레가 보유한 창고는 줄기를 개조한 것이다. 땅속 토박이인 뿌리를 개조하면 될 것을, 둥굴레는 왜 굳이 바깥세상에서 사는 줄기를 억지로 불러들였을까.

안타깝게도 외떡잎 집안은 한번 만들어진 줄기나 뿌리를 증축하는 기술이 없다. 게다가 외떡잎 집안의 뿌리는 거의 다 양파나 파처럼 실뿌리로 되어 있다. 만약 뿌리를 크게 증축할 수 있다면 모든 문제가 풀리겠지만, 그런 기술이 없으니 가느다란 뿌리에다 뭘 저장하겠는가. 그러니 어쩔 수 없이 줄기를 땅속으로 끌어들인 다음, 그곳을 저장 창고로 이용하는 것이다.

당연히 뿌리를 맘대로 확대할 수 있는 기술을 가졌다면 둥굴레나 백합도 굳이 땅속줄기를 이용하지 않고 뿌리를 저장 창고로 썼을 것이다. 아무래도 줄기보다는 뿌리가 땅속 창고로 이용하기에는 좋기 때문이다.

사실 땅속줄기는 모두를 위해서 불편을 참아 내고 있기는 해도, 햇살 한 줌 들지 않는 땅속에서 벗어나고 싶은 마음이 간절하다. 원래 땅속은 줄기가 사는 곳이 아니니까.

땅속 수맥을 찾아내는 지표 식물이었던 소리쟁이

정월 대보름이 지날 즈음이면 당산나무에 매달린 스피커에서 낯선 목소리가 흘러나왔다. 마을 사람들은 귀에 익숙한 이장 목소리가 아니라서 더 집중했다. 도시에서 온 채소 상인의 목소리였다. 그는 들에서 소리쟁이를 캐 오면 전량 구입하겠다고 하였다. 그 말을 듣자마자 온 마을이 들썩거렸다.

소리쟁이는 주로 물가에 많다. 가끔씩 봄에 잎을 뜯어다가 토장국을 끓여 먹지만, 그냥 잡초라고 손가락질 받는 풀이다. 옛날에는 산모들이 그 잎을 뜯어다가 미역 대용으로 끓여 먹었다. 실제로 소리쟁이 이파리는 미역처럼 끈적거린다.

소년도 그 갑작스러운 소집에 동원되었다. 그걸 캐서 팔면 용돈을 주겠다는 어머니의 달콤한 유혹이 소년의 발을 자극했다. 소년은 그 누구보다도 빠르게 움직이면서 소리쟁이를 캤다. 그리고 당당하게 상인에게 갔다. 얼굴이 유독 통통해서 찐빵 같다는 인상을 주는 그는 소년이 캐 온 소리쟁이를 보자마자 "에구구! 넌 왜 이렇게 캤니? 죄다 이파리만 잘라 왔네. 이건 뿌리 윗부분을 살짝 캐듯이 잘라야 상품 가치가 있다. 이렇게 이파리만 있으면 값어치가 없어."라고 말했다. 소년이 가져간 소리쟁이는 등외품이 되어 돈을 하나도 받지 못했다. 아니, 그럼 애초에 그런 말을 했어야 하지 않은가. 소년은 너무도 허탈해서 괜히 쫄랑쫄랑 따라오는 누렁이한테 화풀이하면서 발길질했다.

그해 여름은 유독 가뭄이 길었다. 강이 밑바닥을 드러내자 조개들이 지옥을 체험하고 있었다. 사람들은 물을 찾기 위해 혈안이 되었다. 살기 위해서는, 노랗게 타들어 가는 벼를 살려 내기 위해서는 물이 필요했다.

물은 땅속에 있다. 사람들은 금을 찾듯이 여기저기 땅을 파헤치기 시작했다. 소년의 식구도 마찬가지였다. 논밭 옆에 빈터가 있으면 무조건 파들어 갔다. 물은 보이지 않았다.

어느 날 어른들이 말했다. 소리쟁이를 찾아라! 소리쟁이는 수맥을 아는 풀이라고 했다. 그때부터 소년은 소리쟁이를 찾아 나섰다. 쌍떡잎식물인 소리쟁이는 굵은 뿌리가 땅속으로 깊게 뻗어 있다. 소년은 그 뿌리가 안내하는 대로 땅을 파내면서 제발제발 기적이 일어나기를 얼마나 바랐는지 모른다. 그렇게 다섯 번째 소리쟁이 뿌리를 캐냈을 무렵 촉촉하게 젖어 있는 흙을 발견했다. 그곳에는 제법 많은 물이 저장되어 있었다. 우연인지 아니면 진짜 소리쟁이가 수맥을 찾아내는 능력이 있는지 그건 모르겠다. 아무튼 그렇게 찾아낸 물로 소년네 논뿐만 아니라 근처 다른 논까지 충분하게 먹일 수 있었다.

옛날 사람들은 가뭄이 들면 소리쟁이를 보고 수맥을 찾아 나섰다.

　식물은 작은 물주머니인 세포로 되어 있다. 인간도 물주머니로 되어 있다. 생명이란 물이 없이는 존재할 수 없다는 뜻이다. 그런데 식물은 물을 찾아 멀리 이동할 수 없다. 그런 불평등을 식물은 받아들였다. 땅속 길을 해독해 내는 뿌리만으로 제한적인 거리를 움직이면서도, 그 불평등을 해결해 나갔다.

　소년은 유독 길쭉해서 탐사대 역할을 한 소리쟁이 뿌리를 발견했다. 그걸 보면서, 뭐라 표현할 수 없는 경건함을 느꼈다. 인간의 능력으로는, 인간의 과학으로는 해결할 수 없는 힘을 가진 뿌리를 보면서, 왜 식물이라는 생명체가 이 세상에서 선구자가 되었는지 막연하게나마 알 것 같았다.

살아남기 위한 동행, 뿌리 고민

식물은 절대 인간에게 굽신거리지 않는다

채소나 과일나무는 인간과 동행하고 있다. 그러나 식물은 동물보다 훨씬 고집이 세고 자존심도 강하다. 아주 오래전 인간이 늑대에게 "늑대야, 우리랑 살자. 우리가 서로 도우면서 살면 훨씬 좋을 거야. 넌 밝은 눈과 귀, 그리고 빠른 발이 있잖아? 우린 여러 가지 무기를 만들 수 있으니까, 널 지켜 줄게. 그니까, 넌 우릴 도와주면 돼. 밤에 보초를 서고, 적이 오는 소리를 들으면 빨리 우리한테 알려 주면 돼." 하고 제안했다. 그걸 받아들인 늑대는 개가 되었고, 거부한 늑대는 멸종해 가고 있다.

인간은 식물에게도 그런 제안을 했다. "우리랑 같이 살자. 그럼 너희의 안전 즉, 자식을 낳아서 기르고, 대를 이어 갈 수 있도록 보장해 줄게. 대신 우리가 너희들 줄기나 이파리 혹은 뿌리나 열매를 일정 부분 먹을 거야. 그래야 우리도 살 수 있으니까. 어때, 같이 살 거지?" 식물 입장에서도 나쁜 조건은 아니었다. 그런데도 식물은 인간이랑 동맹하지 않았다. 그만큼 식물은 자존심이 강하다.

힘들면 힘든 대로 살아가면 되는 것이지 왜 인간한테 굽신거려야 하는가. 식물은 단호하게 거부했다. 그렇다고 인간이 포기할 리가 없다. 인간은 잘살기 위해서 반드시 식물을 마음대로 통제할 수 있어야 했다. 그래야 농사를 지을 수 있고, 더 많은 식량을 확보할 수 있을 테니까.

인간은 강제로 식물을 길들이기 시작했다.

원래 야생 양배추는 긴 줄기에다 뻣뻣한 잎, 그리고 매운 냄새를 풍겼다. 도저히 인간이 먹을 수 없는 풀이다. 사람들은 그 풀을 길들이기로 작정했다. 야생에서 파 온 것을 집 근처에다 심고 보호해 주었다. 양배추는 야생에서 살 때보다 편안함을 느꼈다.

양배추는 쌍떡잎식물이다. 뿌리는 굵고 곧게 뻗으며, 줄기는 위로 쭉 뻗어 오른다. 인간은 그렇게 뻗어 오르는 줄기를 잘라 냈다. 자라면 자르고, 또 자르고, 또 자르고…… 그러다가 남은 이파리를 동그랗게 묶어 버렸다. 처음에는 양배추가 당황했고, 싫다고 반항했다. 슬그머니 위로 줄기를 내밀었다.

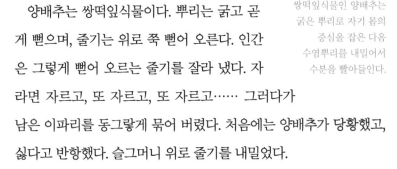

쌍떡잎식물인 양배추는 굵은 뿌리로 자기 몸의 중심을 잡은 다음 수염뿌리를 내밀어서 수분을 빨아들인다.

그걸 인간이 봐줄 리가 없었다. 또 다시 잘리고, 잘리고, 잘리다 보니 양배추는 지쳤다. 지친 양배추에게 인간은 더 많은 물을 주었다. 햇살도 잘 받게 했다. 양배추는 저도 모르게 뚱뚱해졌다. 인간은 만족하면서 양배추를 다른 동물로부터 보호해 주었다. 양배추도 나쁘지 않았다. 양배추는 저도 모르게 오래된 생활 방식을 바꾸기 시작했다.

그렇다고 해서 양배추가 자기 자존심을 버린 적은 없다. 절대 인간에게 굽신

양배추는 인간과 동행하는 대표적인 채소가 되었다.

살아남기 위한 동행, 뿌리 고민

거리지 않는다. 자기 몸을 뚱뚱하게 키우는 것도 인간에게 아부하기 위해서가 아니다. 그냥 살아남기 위해서다. 살아야만 희망이 있으니까. 죽어 버린다면, 영혼이 사라진다면 아무것도 할 수가 없으니까. 살아서 버텨야만 언젠가는 자신이 꿈꾸는 세상으로 돌아갈 수 있으니까. 그래서 오늘도 온갖 채소를 비롯하여 과일나무들이 살아가는 것이다. 결코 인간을 위해서 살아가는 것이 아니다.

인간에게 길들어진 채소는 애써 힘든 일을 하지 않는다

소년은 혼자 노는 걸 좋아했다. 특히 언덕배기에 쪼그려 앉아서 풀숲을 들여다보는 재미에 빠지면 해 지는 줄도 몰랐다. 아무리 더워도 주름잎 같은 잡초는 시드는 법은 없다. 그런데 텃밭에서 살아가는 채소는 며칠만 물을 주지 않으면 시름시름 앓다가 누렇게 말라 간다. 그때마다 어른들이 물을 주라고 소리친다. 진짜 미치겠다. 왜 똑같은 풀인데, 한쪽은 물 한 모금 먹지 않아도 짱짱하고, 한쪽은 늘 풍족하게 물을 먹다가 고작 며칠간 먹지 않았을 뿐인데 시들어 버리는가.

어른들은 채소가 그렇게 버릇이 들어서 어쩔 수 없다고 했다. "사람처럼 처음부터 오냐오냐하고 다 받아 주면서 물을 많이 주면, 그 채소는 평생 그렇게 사는 거야. 네가 심은 채소도 그렇잖아? 네가 처음부터 그렇게 버릇 들였으니까, 이제 네가 감당해야 해. 할머니가 처음에 상추 심을 때 물을 너무 자주 주지 말라고 했잖아? 근데, 넌 할머니 말 안 듣고 더 빨리 키우고 싶다고 자주 물을 줬잖아?" 그건 사실이었다. 소년은 자기만의 채소를 키웠다. 다른 채소보다 잘 키워서 자랑하고 싶었다. 그러니 의욕적으로 채소를 돌봤다. 물도 하루에 몇 번씩 주었다.

처음에는 소년의 채소가 밭에서 으뜸이었다. 그러다가 날이 더워지고, 친구들이랑 놀 시간이 부족해지자 물 주기도 게을러졌다. 그러다 보니 어느 순간에 다른 채소가, 소년이 가꾸는 것들을 추월해 버렸다. 날씨가 더워지면 소년의 채소는 늘 시들시들했다. 다른 채소들은 멀쩡했다. 채소밭 주위의 잡초는 더 멀쩡했다.

잡초는 인간을 교묘하게
이용하면서 살아간다.
주름잎 꽃.

© 이상권

소년은 잡초인 주름잎 뿌리를 텃밭에서 캐 본 적도 있다. 뭔가 비밀이 있을 거야. 이 녀석 뿌리는 어디선가 자기만의 물을 뽑아내는 비법이 있을 거야. 어랍쇼! 근데 실뿌리에는 아무것도 없다. 물기 한 방울 묻어 있지 않다. 그때마다 그 잡초가 마법을 부리는 것 같다.

주름잎, 꽃마리, 바랭이, 질경이, 그령, 매듭풀 같은 잡초들이 사는 땅은 아주 메마른 곳이다.

잡초는 몸속 수분 증발을 최대한 억제하기 위해서 이산화 탄소를 받아들이는 기공의 창문을 조절한다. 더울 때는 창문을 거의 닫아 버린다. 그럴 경우 이산화 탄소를 받아들일 수 없으니까 광합성을 할 수 없지만, 수분 증발은 막을 수 있다.

길들어진 채소와 달리 물을
주지 않아도 죽지 않는 잡초.
꽃마리.

© 이상권

날이 너무 뜨거울 때는 광합성보다 수분 증발을 억제하는 것이 더 우선이다. 잡초들은 그런 지혜를 발휘하여 메마른 땅에서도 살아남을 수 있었다.

어쨌든 잡초가 광합성을 하지 못하면 경쟁에서 뒤처질 수밖에 없다. 줄기를 키울 수 없기 때문이다. 잡초는 그런 문제를 해결하기 위해서 야간작업을 한다. 볕이 약해지거나 아예 사라지는 한밤중에 창문을 열어서 이산화 탄소를 흠뻑 빨아들인 다음, 그것을 몸속에다 저장해 놓았다가 한낮에 볕을 이용하여 광합성 하는 공장을 가동시킨다. 결국 잡초들은 한낮에 기공문을 닫고 있을 뿐, 광합성 하는 공장은 아무런 탈 없이 가동시킨다.

소년은 잡초가 상추보다 뿌리가 훨씬 풍성하다는 사실도 알았다. 꽃마리 같은 경우도 잔뿌리가 한 무더기 나온다. 줄기에 비해서 뿌리가 많은 편이다. 모든 잡초는 상부 구조인 줄기보다 하부 구조인 뿌리에다 신경을 더 많이 쓴다. 그러나 인간에게 의지하는 채소는 줄기보다 뿌리가 빈약하다.

삶을 인간에게 의지해서 살아가는 채소는 굳이 많은 뿌리를 만들 필요가 없다. 땅속 구석구석 돌아다니면서 치열하게 다른 뿌리들의 눈치를 보고, 혹은 염탐하면서 물의 존재를 알아낼 필요도 없다. 지렁이한테 물을 필요도 없다. 때가 되면 인간이 다 알아서 물을 챙겨 줄 테니까. 그러니 뿌리를 많이 만들 필요가 없지 않은가. 잡초는 혼자서 살아야 하니까, 잠시도 쉬지 않고 뿌리가 땅속을 파고든다. 물이 부족할수록 더 많은 뿌리를 내보내야만 물을 찾아낼 가능성이 커진다.

야생 당근은 어떻게 인간과 동행하게 되었을까

봄에 심는 당근을 '봄 당근'이라고 한다. 봄 당근을 심어 놓으면 양치 식물을 닮은 이파리를 사방으로 펼치다가 삽시간에 위로 쭉 뻗어 오르는 녀석이 간혹 있다. 농부들은 그런 녀석을 싫어한다. 위로 줄기를 올리는 당근은 하얀 꽃을 피운다. 그걸 뽑아 보면 야생 당근처럼 곧은뿌리가 가늘고 길다.

봄에 심는 당근에서 그런 반역자가 나오는 건 당연하다. 아무리 인간에게 길들었다고 해도 식물은 자기 정체성을 찾아내려는 꿈을 포기하지 않기 때문이다. 살기 위해서 잠시 접어 두었을 뿐, 적당한 기회만 생기면 과감하게 자신의 오래된 시간을 찾아 나선다.

모든 봄 당근이 줄기를 올려 꽃을 피우지는 않는다. 길든 시간의 굴레에서 빠져나오는 것도, 그만큼의 시간이 필요하기 때문이다. 대체 당근이 어떻게 길들었을까.

당근은 한해살이풀이다. 여름에 꽃을 피우고, 털 달린 씨앗을 맺는다. 야생 당근은 네발 달린 동물이나 새들의 몸에 붙어서 이동한다. 농부가 야생 당근 씨앗을 밭에다 뿌렸다. 농부는 밭에다 거름을 주고, 초식 동물들이 뜯어 먹지 못하게 보호해 주었다.

가을에 뿌리를 본 농부는 실망했다. 예상만큼 뿌리가 커지지 않았던 것이다. 당연한 일이다. 뿌리는 땅속에서 영양분을 채굴하니까, 괜히 뚱뚱해질 이유가 없다. 땅을 기름지게 한다고 해서 뿌리가 뚱뚱해질 거라고 판단한 농부의 생각이 잘못이다. 무조건 돼지처럼 잘 먹이면 살이 찔 거라는 생각은 오판이었다.

농부는 씨앗 뿌리는 시기를 늦추어 보았다. 3월에 뿌리던 것을 5월에 뿌렸다. 이번에도 당근 뿌리는 굵어지지 않았다. 농부는 계속 씨뿌리는 시기를 늦췄다. 이번에는 7월에 씨를 뿌렸다. 11월이면 서리가 내리니까 그 전에 당근은 모든 삶을 마무리해야 한다. 당근 줄기는 서둘러 꽃을 피우고 씨앗을 맺었다. 물론 뿌리는 굵어지지 않았다. 그중 몇 개는 성장이 늦어서 꽃도 피우지 못하고 있었다. 농부는 꽃을 피우지 못한 당근을 유심히 보았다. 제법 통통했다. 꽃을 피우지 못한 줄기가 겨울을 날 수 있도록 뿌리에다 식량을 저장했다는 사실을 농부는 알았다.

농부는 그 당근을 보호해 주었다. 지푸라기로 덮어서 겨울을 날 수 있게 했다. 봄이 되자 그 당근은 싹을 내밀고 꽃을 피웠다. 농부는 그 씨앗을 받아 똑같이 7월 말에 씨앗을 뿌렸다. 그랬더니 뿌리가 점점 굵어졌다. 그렇게 해서 당근 뿌리가 굵어졌다.

당근 농사는 소년이 열 살 되던 무렵부터 본격적으로 시작되었다. 당근은 '황금 작물'이라는 홍보와 함께 농가에 보급되었다. 당근 씨앗은 작은 깡통에 담겨서 판매되었다. 초기에 농부들은 당근 씨앗을 효과적으로 뿌리지 못해서 낭패를 보았다. 한

인간의 끈질긴 노력이
야생 당근을 굴복시켰다.

곳에다 너무 많이 뿌리면 그곳에서 집중적으로 당근이 돋아나는데, 당근은 뽑아서 모종으로 심을 수가 없다. 그러니 씨앗을 제대로 뿌리지 못할 경우 밀집도가 높아져서 당근이 제대로 자라지 않는다.

몇 번 시행착오를 거친 농부들은 당근 씨앗에다 모래를 섞어서 뿌렸다. 그러자 씨앗을 골고루 뿌릴 수 있었다. 당근 씨앗은 보리가 설거지 된 밭에 뿌려졌다. 고랑을 넓게 펼치고 씨앗을 뿌렸다. 흙을 두껍게 덮으면 발아율이 떨어지기 때문에, 쇠스랑 같은 전문적인 농사 연장 대신 빗자루를 동원해서 마당을 쓸 듯이 밭고랑 흙을 쓸어서 덮어 주었다. 그런 다음 아주 무거운 굴림돌을 굴려서 바닥을 단단하게 다져 주었다. 소년 혼자서는 그걸 끌기 힘들었다. 그래서 앞에서 어머니가 끌고, 뒤에서 소년이 밀었다.

비가 다녀가시면 파릇파릇 당근 싹이 돋아난다. 그때부터 눈 밝은 소년은 어른들 틈에 끼어서 애벌레를 잡았다. 딱정벌레 애벌레인 굼벵이를 비롯하여 거세미나방 애벌레는 그 달달한 당근 뿌리에 환장했다. 그러니 푸릇푸릇 돋아나는 당근 잎이 사방에서 시들어 가고, 그때마다 농부들은 애가 탔다. 시들어 가는 당근 뿌리를 캐 보면 영락없이 애벌레들이 나왔다.

햇살은 아무런 보호막도 없이 쏟아졌다. 그런 땡볕 아래서 소년은 애벌레를 잡아낼 때마다 "지겨워! 지겨워!" 하고 원망하면서 마구 돌멩이로 내리쳤다. 얼마나 많은 애벌레를 잡아냈는지 모른다. 그러다가 날이 차가워질 무렵이면 당근은 맹렬하게 자란다. 그때부터는 굳이 애벌레를 잡아 주지 않아도 된다.

고정 관념에서 벗어난
뿌리의 다양한 발상

부모덕에 쉽게 자립한 야생 딸기

뱀딸기는 다른 식물을 압도할 만큼 줄기가 크지 않아도 걸어 다닐 수 있는 발을 갖고 있었다. 다만 식물의 특성상 동물의 발과 다르게 생겼을 뿐이다. 배밀이하면서 땅 위로 기어가는 가느다란 덩굴이 딸기의 발이다.

딸기는 발품을 팔아 햇살이 드는 곳을 찾아 나선다. 그들의 발은 부지런해도 발과 발이 이어져 있어 절대 길을 잃어버릴 염려가 없다. 적당한 터를 발견한 어린순은 서둘러 뿌리를 내리면서 자기 집을 짓는다. 만약 어린 딸기 혼자 자리를 잡아야 한다면 쉽지 않을 것이다. 아무리 빠르게 일해도 근처에 있는 더 크고 강한 식물들을 당해 낼 수 없을 테니까. 식물도 가진 게 너무 없으면 혼자서 자립하여

© 이상권

사회로 나간 뱀딸기 순은 부모의 절대적인 도움을 받고 살아간다.

성공하기란 쉽지 않다.

딸기 부모는 그런 현실을 너무 잘 알고 있고, 이어진 탯줄을 통해 어린 자식을 아낌없이 지원해 준다. 그 덕분에 어린 자식은 별 어려움 없이 정착할 수 있다. 부모는 자식이 어느 정도 기반을 닦았다고 판단되면 단호하게 지원을 중단한다. 부모와 자식 사이에 이어져 있던 탯줄은 천천히 시들어 간다.

딸기 부모는 분가한 자식이 힘들어져도 더는 개입하지 않는다. 만약 인간 세상이라면 무슨 일이 벌어지겠는가. 자식은 다시 부모를 찾아가서 갖은 방법으로 도와 달라고 할 것이며, 그것을 거절하면 끔찍한 비극이 일어날 것이다. 재산 때문에 자식이 부모를 죽이는 일이야 요즘 너무도 흔한 뉴스거리지 않은가. 딸기들 세상에서는 상상도 할 수 없는 일이다.

장미 친척인 딸기는 곧은뿌리를 선호하는 쌍떡잎식물이다. 딸기는 그런 전통을 실생활에다 활용하지는 않았고, 외떡잎식물의 공법인 실뿌리를 받아들였다. 키가 크지 않으니 굳이 굵은 기둥뿌리가 필요하지 않았고, 무엇보다도 어린 자식이 빨리 자리 잡기 위해서는 실뿌리가 더 유리했기 때문이다. 고지식하게 굵은 뿌리를 고집했다면 어린 자식들의 자립이 지금보다 훨씬 힘들어졌을 것이다. 굵은 곧은뿌리를 하기 위해서는 훨씬 많은 시간과 자본이 필요하기 때문이다.

소년의 생가 아래 아랫집에서는 말을 키우고 있었다. 말이 가장 좋아하는 풀은 '클로버'라고도 불리는 풀이다. 사람들은 그것을 '말풀'이라고 불렀다. 밑으로 낮게 자라는 말풀은 주로 넓은 들에 많았다.

소년은 강에서 물놀이하다가 지치면 강가에 나와서 누워 있곤 했는데, 그때 말풀이 양탄자가 되어 주었다. 소년은 스르르 잠에 취했다가 눈을 뜨면 행운을 가져다준다는 네 잎 이파리를 찾아서 책갈피에다 끼워 두곤 했다.

마을에 말이 사라지고 토끼를 키우는 집이 많아지면서, 말풀은 자연스럽게 토끼풀이라고 불렸다. 토끼도 말풀을 좋아했기 때문이다. 다만 토끼풀은 낫이 없으면 뜯어내기가 쉽지 않았다. 게다가 수분이 많고 금방 시들어서 오래 보관할 수는 없었다.

토끼풀은 유럽인들을 통해 조선 시대에 씨앗이 뿌려졌다. 말 먹이로 뿌려진 토끼풀 씨앗은 특유의 번식력으로 전국으로 퍼져 나갔다. 지금은 잡초를 대표하는 풀이 되었다.

토끼풀은 자식이 자립해도 부모의 지원을 끊지 않는다.   ⓒ이상권

토끼풀도 딸기처럼 자식들을 번식하는데, 줄기는 옆으로 기어가면서 일정하게 매듭을 만든다. 그 매듭에는 뿌리가 내리면서 자립할 수 있는 힘을 기른다. 하지만 토끼풀 부모는 딸기 부모와 달리 자식들이 완벽하게 자립해도 탯줄을 자르지 않고 한 가족으로 살아간다. 토끼풀 한 포기는 1대부터 수십 대의 후손까지 한꺼번에 살아가는 대가족이다. 그것이 토끼풀이 잡초 중에서도 가장 강한 세력을 유지하는 비밀이다. 이제는 말을 키우는 사람도 없고, 토끼를 키우는 사람도 없어서, 이 풀은 사람들에게 타도의 대상이 되었다. 골프장이나 잔디 마당에서는, 토끼풀만 표적으로 사살하는 제초제까지 뿌려지고 있다. 그래도 토끼풀은 사라지지 않는다. 아직까지는 인간의 과학이 그들의 번식력을 제압하지 못하고 있다.

땅에 닿은 줄기에서 즉시 뿌리를 내리는 공법

고구마는 소년네 식구들의 주식이었다. 늦가을부터 봄까지 하루 중에서 최소한 한 끼 이상을 고구마가 책임졌다. 유독 고구마를 좋아했던 소년은 하루에 두 끼 이상을 고구마로 배를 채웠다.

식구들은 선산 비탈에서 후손 잃은 유골을 파내고 개척한 산밭에다 고구마를 심었다. 수레가 닿을 수 없는 그곳은, 사람의 억척스러운 노동으로만 비옥하게 일굴 수 있었다. 비 오는 날을 택해 고구마 순을 심었고, 순이 마르지 않도록 보릿대로 살짝 덮어 주었다.

식구들의 헌신적인 수발을 받아서 그런지, 황토 특유의 흙 맛 때문인지 고구마가 사는 밭고랑은 금세 파릇파릇 물들었다. 농부들은 더위가 절정에 이를 즈음 고구마 북돋는 일을 했다. 그 일에는 아이들도 투입되었다.

한여름이면 한창 신나게 밑드는 고구마가 흙 위로 드러나기도 한다. 그런 것들은 묻어 주어야 더 크게 자랄 뿐만 아니라 꿩이나 들쥐가 파먹지 않는다. 고구마가 사는 두렁을 더 두껍게 해 줄수록 땅속 뿌리는 더 굵어진다. 밭고랑을 긁어서 흙을 두렁으로 올려 주는 것을 북돋아 준다고 하는데, 그러다 보면 고랑으로 침투한 잡초도 자연스럽게 제거된다.

고구마밭에 북돋는 일을 하는 이유가 또 있다. 고구마 줄기는 땅으로 배밀이하면서 햇살 한 톨 땅으로 떨어질 틈도 주지 않고 빽빽하게 우거진다. 땅에 닿은 줄기에서는 실뿌리를 내린다. 그들의 먼 조상은 그런 식으로 번식을 했을 것이다. 아무리 인간의 지휘를 받아도 오랜 버릇이 남아 있기 마련이다.

농부들은 그런 고구마의 속성을 잘 알고 있다. 고구마는 줄기에서 내민 뿌리로 수분을 빨아들이면서 자식들을 분가시킬 고민을 한다. 그러니 잎에서 가공한 영양분을 중앙으로 보내지 않고, 줄기에 달린 자잘한 뿌리 쪽으로 보내 버린다. 즉 지방으로 보내 버리는 것이다. 농부들은 중앙에 있는 고구마 뿌리로 모든 게 집중되기를 원한다. 그래야 고구마가 커지는데, 그것이 분산되면 고구마는 커지지 않는다.

농부들은 고구마 순을 뒤집어 주면서 경고한다. 엉뚱한 짓 하지 마라. 계속 엉뚱한 음모를 꾸미면 가만두지 않겠다. 고구마 순을 뒤집어 주는 것은, 농부들의 강력한 경고인 셈이다. 굳이 고구마 순을 뒤집어 주지 않아도 호미로 그 밑을 긁어내다 보면 줄기에서 땅으로 이어진 뿌리들이 잘려 나간다.

식물의 장점은 실천력이다

벼의 친척인 옥수수는 잎이 대나무보다 훨씬 크고 길쭉한데도 엉성하게 철근을 배치했다. 그래도 걱정 없다. 넓은 잎이 워낙 부드러워서, 그 우아함으로 강한 바람을 이겨 낼 수 있다.

옥수수 줄기는 고집스럽게도 빳빳하다. 같은 집안인 대나무의 부드러움을 배우지 않았다. 옥수수 잎이 아무리 잔소리해도 줄기는 무시해 버린다. 옥수수 줄기는 대나무 줄기보다 더 강하다고 자만하면서 대나무나 갈대처럼 속을 비우지 않았다. 그러니 바람이 불면 부러지거나 쓰러지는 건 당연한 일이었다. 그제야 부랴부랴 대책을 마련했다. 줄기가 건물의 강도에 신경 쓰다 보니 매듭은 더 짧아졌다. 그 정도면 바람을 이겨 낼 수 있을 거라고 확신했다.

바람은 자신의 섭리를 무시한 옥수수 줄기를 비웃었다. 감히 한해살이풀 주제에 건물을

옥수수는 거대한 줄기를 지탱하기 위해 지지대 같은 뿌리를 개발했다.

고정 관념에서 벗어난 뿌리의 다양한 발상

여러해살이처럼 지어 놓고 바람에 맞서겠다니! 바람은 옥수수 줄기가 꽃을 피우고 열매를 매달자 천천히 다가갔다. 열매까지 품게 된 줄기는 조금만 바람이 흔들어도 심한 멀미를 느끼면서 비틀거렸다. 바람은 자기 동맹군인 중력까지 데려왔다. 바람과 중력이 합심하여 열매를 잡아당기자 줄기는 버티지 못하고 부러져 버렸다. 부러지지 않고 버티는 것들은 뿌리째 뽑혔다.

옥수수는 외떡잎식물이고, 그러니 곧은뿌리가 아니라 가느다란 수염뿌리를 갖고 있다. 사실 옥수수 정도의 크기라면 무조건 곧은뿌리를 받아들여야 한다. 그렇지 않다면 대나무처럼 땅속줄기를 만들어서 이웃들과 함께 버텨야 한다. 불행하게도 옥수수는 독립적인 생활을 원했다.

옥수수는 한꺼번에 많은 아기를 잉태할 수 있는 길쭉한 열매를 자랑스러워 했다. 그건 외떡잎식물 중에서는 쉽게 흉내 낼 수 없는 작품이다. 그 열매를 서너 개만 키워 내도, 하나의 줄기가 수백 혹은 수천 개의 자식을 키워 낼 수 있다.

옥수수 줄기는 그걸 포기할 순 없었다. 그렇다면 어쩌란 말인가. 줄기는 고민하다가 자기 몸에다 지지대를 설치하기로 했다. 줄기 매듭에서 뿌리를 내밀어서 땅속에다 박는 형태이다.

식물의 장점은 실천력이다. 씨앗은 조상이 물려준 생각을 그대로 실천한 다음, 문제점이 생기면 다시 고민하여 후손에게 물려준다. 그런 식으로 옥수수들은 치열하게 시간을 보냈다.

처음에는 줄기 맨 밑에 있는 매듭에다 실뿌리를 한 가닥만 내밀어 보기도 하고, 그것이 별 효과가 없자 더 많은 뿌리를 내밀어 보고, 나중에는 아예 줄기에다 둥그렇게 뿌리를 내밀었다. 그러자 효과가 있었다. 강한 바람이 불자 쓰러지고 뽑힌 것이 있어도 피해는 예전보다 훨씬 줄었다. 옥수수들은 자신감을 얻었다.

줄기에는 매듭이 많다. 바람이 강해지면 2층 매듭, 3층 매듭, 4층 매듭에도 지지대를 하면 되는 것이다. 줄기가 크고 열매가 많은 것들은 1층부터 5층 매듭까지 지지대를 받치고, 줄기가 작은 것은 1층만 지지대를 해도 견딜 수 있었다. 옥수수 줄기에서 내미는 뿌리는 그들만의 언어다.

맹그로브는 지지대로
바닷물을 달래면서 살아간다

소년의 생가 뒤란에는 배나무 한 그루가 살았다. 제법 나이가 들었는데도 해마다 젊고 건강한 잔가지가 풍성한 머리숱처럼 돋아났다. 하얗게 치장한 꽃구름의 시간이 지나가면 열매가 가지마다 생겨났다. 어른들이 열매를 솎아 주면, 그때부터 아이까지 달라붙어 봉지 씌우는 일을 했다. 수확한 것을 나눠서 이웃에 돌리는 것은 소년의 몫이었다. 소년이 대문 앞에서 배가 든 바구니를 내밀면 "뭣이야?" 어른들은 뻔히 알면서도 그렇게 물었고, "예, 우리 집 뒤란에서 딴 거예요!" 그때마다 소년은 자랑스럽게 소리쳤다. 참 이상했다. 꼭 자신이 배나무가 된 것처럼 당당해지고 자랑스러웠으니 말이다. 한 그루가 약 스무 가구의 추석 제사상을 감당해 냈으니, 얼마나 장한 일인가.

몇 년 전, 소년은 배나무 과수원을 찾아갔다. 지인이 배나무 한 그루를 임대했다고 하면서 그를 초대했다. 소년은 그곳에 가자마자 깜짝 놀랐다. 주렁주렁 달린 무게를 감당하지 못한 채 배들이 땅에 닿을 정도로 늘어져 있었다. 배가 너무 많이 달린 탓도 있고, 배가 너무 커진 탓도 있었다.

소년은 생가 뒤란에 있는 배나무 가지가 힘겹게 늘어진 것을 본 적이 없다. 모두 손이 닿지 않을 만큼 높은 곳에 있었다. 새삼 할아버지 할머니를 떠올렸다. 아, 그분들이 배나무가 부담스럽지 않을 정도로 열매를 솎아 준 것이구나! 그런데도 온 마을의 추석 제사상을 책임졌다. 그렇다면 지금 인간들이 얼마나 욕심을 내고 있다는 뜻인가.

소년을 초대한 지인은 배나무의 풍년에 만족하면서 지지대를 해 줘야겠다고 했다. 소년은 일을 도와주면서, 자신이 나무라면 가지가 땅에 닿지 않도록 뭔가 해야 한다고 중얼거렸다. 옥수수 줄기처럼 지지대를 하는 것도 괜찮다. 하지만 인간에게 의지해서 살아가는 배나무는 전혀 그런 의지가 없어 보였다.

배나무는 인간에게 끌려와서 유전자 조작을 숱하게 당한 식물이다. 더 많은 열매를 맺도록, 더 큰 열매를 맺도록, 더 단 열매를 맺도록 강요받아 왔다. 그러니 배나무는 아무런 의지가 없다. 그냥 인간이 주는 대로 푸짐하게 먹고, 인간이 시키는 대로 크고 단 열매를 맺으면 그만이다. 자발적으로 줄기에서 뿌리를 내려 자신의 무게를 지탱하려는 창의적인 고민 따위를 할 필요가 없다. 인간이 다 알아서 해 주는데 뭘 하겠는가.

소년은 그 배를 먹으면서도, 어린 시절 뒤란에서 따 먹었던 배 맛을 느낄 수 없었다. 살아 있는 신성한 물 같았던 그 청순한 달콤함을 느낄 수 없었다.

만약 배나무가 스스로 지지대, 즉 받침뿌리를 만든다면 옥수수하고는 다른 형태일 것이다. 배나무는 열매의 무게 때문에 가지가 땅에 닿도록 늘어지니까, 그것이 닿지 않도록 가지를 받치는 형태가 되어야 할 것이다.

열대의 바닷가에 사는 맹그로브는 가지마다 지지대를 하고 있다. 맹그로브가 사는 지역은 바닷바람의 서슬이 사나운 곳이다. 태풍이

맹그로브는 식물이 살 수 없는
바다를 개척한 선구자이다.

라도 가세하면 어마어마한 파도까지 휘몰아친다. 그런 바람과 물의 힘을 이겨 내기 위해서 맹그로브는 가지마다 기둥뿌리를 설치했다.

옥수수는 세로로 솟은 줄기에다 사선으로 지지대를 설치했지만, 맹그로브는 가로로 뻗어 간 가지에다 직선으로 지지대를 설치했다. 줄기에서 나온 뿌리는 물속 바닥에 닿을 때까지 계속 내려간다. 처음에는 가지를 받쳐 주는 힘이 약해도 점차 팽팽해지면서 강해진다. 나중에는 강한 파도에도 끄떡하지 않는다.

맹그로브의 기둥뿌리는 또 다른 임무를 띠고 있다. 뿌리는 바닷물 속에서 살기 때문에 숨을 쉴 수가 없다. 이 문제를 해결하기 위해서 맹그로브는 다른 고민을 할 필요가 없었다. 기둥뿌리를 이용하여 숨을 쉬면 되기 때문이다.

맹그로브 뿌리는 바닷물 속으로 들어가면서 살짝 옆으로 비틀어지기도 하고, 물속에서 위로 조금씩 자라 오르기도 한다. 그러다 보니 맹그로브 뿌리는 복잡한 미로가 되고, 그 뿌리 숲은 여러 생명의 안락한 집이 된다.

땅속에다 자식을 숨기는 땅콩의 발상

지금으로부터 100여 년 전 미국의 농토는 목화의 단일 재배로 땅이 박해졌다. 쌍떡잎식물인 목화의 단일 재배는 몇 세대에 걸쳐서 계속되었고, 화학 비료가 목화의 강력한 우군이었다. 너무도 오랫동안 착취 당한 흙은 목화 줄기 하나 키워 낼 수 없을 만큼 힘이 떨어져 버렸다. 다른 농작물을 심어도 비실비실 병치레하다가 말라갔다. 그런 상황에서 나타난 구세주가 땅콩이었다. 이 녀석은 저주 받은 땅에서도 아무렇지도 않게 살아갔다.

소년이 땅콩이라고 별명을 붙인 어떤 사람이 있다. 지방 대학을 나온 그에게 어느 기업 입사 시험에서 면접관이 이렇게 물었다고 한다. "우리 회사는 주로 해외에서 영업하는데, 외국인들을 만나서 자유롭게 소통할 수 있겠습니까?" 그는 망설이지 않고 이렇게 대답했다. 발가벗겨진 채로 뉴욕 한복판에다 떨어트려도 살아갈 자신이 있다고 말이다. 그런 자신감 넘치는 대답 때문이었는지 몰라도 그는 합격할 수 있었다. 소년은 그 말을 들으면서 땅콩을 떠올렸고, 그런 별명을 붙여 주었다.

땅콩이란 그런 생명이다. 먹을 것이라고는 하나도 없는 가난한 땅에서도 자립할 수 있다. 땅콩은 땅속에서 살아가는 수많은 목숨, 박테리아나 균류하고 우호적인 관계를 유지하면서 살아가는 평화주의자이다. 또한 혼자서는 이 험악한 세상에서 살아갈 수 없다는 것을 잘 아는 생태주의자이기도 하다. 그래서 땅콩은 어떤 상황에서도 살아갈 자신이 생겼다. 삶이 힘들어지면 땅속 친구들에게 도움을 청할 수 있기 때문이다.

식물의 뿌리는 박테리아나 여러 균류와 동맹을 맺고 살아간다. 박테리아와 균류가 땅을 비옥하게 하여 식물이 살아갈 수 있도록 해 준다.

죽어 가는 땅에 의사로 투입된 땅콩은 다른 생명과 더불어 사는 힘을 믿었다. 땅콩의 그런 믿음이 인간에게 착취 당해 숨이 말라 가는 땅을 살려냈다. 미국은 땅콩의 힘으로 1차 세계 대전 후의 어려운 경제를 이겨 낼 수 있었다.

땅콩도 맹그로브처럼 줄기에서 뿌리를 내린다. 물론 땅콩은 맹그로브하고 달리 여러해살이 식물이 아니다. 그러니까 줄기가 크지 않고 쓰러질 염려도 없다. 그렇다면 굳이 지지대를 끄집어낼 필요도 없었을 것이다.

대부분의 콩 줄기는 땅콩보다 키가 크다. 키가 크거나 덩굴을 가지고 있다면 열매가 땅에 닿을 염려는 하지 않아도 된다. 불행하게도 땅콩은 키가 너무 작아서 콩깍지를 매달면 땅에 닿고야 만다. 땅 위로 늘어진 콩깍지는 콩을 좋아하는 여러 동물의 표적이다.

땅콩은 고민했다. 줄기를 더 크게 해서 이 문제를 해결하는 방안이 있다. 그런데 줄기를 높이 올리는 것도 만만치 않은 일이다. 땅콩은 다른 방법을 고민하다가 땅속에다 자식을 숨길 수 있으면 얼마나 좋을까 하고 생각했다. 그렇다. 불가능한 일이 아니다. 허공에 있는 줄

열매를 땅속에다 묻는 발상의 전환으로 성공한 땅콩.

기에서 또 다른 줄기를 내려 땅속으로 들어가게 한 다음, 그곳에다 열매를 매달아 두는 것이다. 땅속은 어둡기는 해도 허공보다는 안전하다. 물론 땅속에도 온갖 도둑들이 있다. 그래도 허공에 매달리는 것보다 안전하다.

땅콩은 확률상 땅속이 더 안전하다고 판단했다. 그래서 맹그로브처럼 가지에서 뿌리를 내렸다. 흙으로 들어간 줄기는 어린 아기를 보는 의붓어미 역할을 했다. 이렇게 변형된 줄기를 이용한 땅콩은 성공적인 삶을 이어 가고 있다.

생각이 바뀌면 삶이 달라진다

소년은 개똥만 보면 아버지가 떠올랐다. 시간이 흘러도 그 슬픈 풍경이 암각화처럼 지워지지 않았다. 개똥이 아픈 아버지 몸에 좋다고 하면서, 어른들이 그걸 주워 오라고 했다. 한겨울 꽁꽁 얼어붙은 개똥을, 그 차가운 질감을 깡통에 담던 기억이 아프게 흔들렸다. 냄새가 풍겼을 텐데, 그 역한 냄새를 왜 맡지 못했을까.

옆 마을에 살던 친구 하늘이도 아버지라는 말만 하면 어두워졌다. 하늘이의 아버지는 소년의 아버지보다 몇 달 전에 돌아가셨다. 하늘이는 달개비라는 풀만 보면 아버지가 떠오른다고 했다. 달개비가 아픈 아버지 몸에 좋다고 하여, 그걸 구하기 위해 날마다 들과 산으로 돌아다녔단다.

달개비는 닭의장풀 혹은 닭의밑씻개라고도 하고, 주로 민가나 밭 주위에 사는 잡초이다. 어찌나 잘 자라는지 베어 놓고 며칠만 지나면 다시 예전만큼 자란다. 베어 낸 줄기를 던져 놓아도 죽지 않는다. 달개비는 수분이 많아서 뿌리가 끊어져도 어느 정도 버티는 힘이 있다.

외떡잎식물인 달개비는 대나무랑 비슷한 줄기를 갖고 있다. 다만 대나무하고 건물을 짓는 방법이 다르다. 대나무는 죽순이라는 특유의 건축 공법을 통해서 한순간에 높은 곳까지 건물을 짓는다. 그에 비해 달개비는 조금씩 필요한 만큼 건물을 지어서 위로 올리거나 옆으로 뻗어 간다. 그때그때 상황에 따라서 건물을 짓는 형식이다. 그러다 보니 처음 설계도하고는 전혀 다른 건축이 되고야 만다. 건물을 지어 놓고 건축주가 요구하면 끊임없이 증축하기 때문에, 달개비는 하나의 줄기에서 수십 개의 줄기가 무질서하게 붙어 있다.

달개비 줄기는 대나무처럼 일정한 간격으로 매듭이 있다. 맨 처음에 만든 기둥 줄기의 매듭에서 새로운 줄기를 만들어 낸다. 기둥 줄기는 자라면서 계속 새로운 줄기를 만들어 낸다. 새로 만들어진 줄기 역시 자라면서 또 다른 가지를 무질서하게 만들어 낸다. 그렇다고 기둥 줄기를 더 튼튼하게 보강 공사 하는 것도 아니다.

아쉽게도 외떡잎식물은 한번 만든 줄기를 더 튼튼하게 보강 공사 하지 못한다. 대부분 처음에 만들어진 그대로 사용한다. 그러다 보니 기둥 줄기가 전체 무게를 감당할 수 없다.

하나의 씨앗에서 시작한 달개비는 난개발로 무질서한 숲을 이룬다. 건물이 무너지든 말든 무조건 건축 허가는 떨어지고, 사방에서 새로운 건물이 증축된다. 결국 여기저기서 비명이 들리고 줄기는 무너져 내린다. 달개비는 응급 복구반을 급하게 출동시킨다. 땅으로 무너져 내리는 줄기로 달려간 응급 복구반은 매듭에서 지지대를 만들기 위해 뿌리를 아래로 내린다. 원래 뿌리는 땅속에서 만들어져야 하는데 달개비 역시 그런 상식을 파괴하고 과감하게 공기 속으로 변형된 뿌리를 내보낸다.

식물은 인간처럼 급하게 문제를 해결하지 않는다. 불편하더라도 서두르지 않고 천천히 문제를 해결해 나간다. 매듭에서 나오는 뿌리는 천천히 땅으로 내려온다. 허공에서 내려오지만, 달개비 잎이 가려주어서 그곳에는 햇살이 잘 들지 않는다. 위에서 누르는 무게가 가벼우면 하나의 뿌리만 내밀고, 무거우면 여러 개의 뿌리를 동시에 내민다.

뿌리는 땅에 닿자마자 속으로 파고든다. 처음에 느슨하던 뿌리는 점차 팽팽해진다. 그렇게 고정된 뿌리는 바람이 불어도 쓰러지지 않

달개비는 그때그때 건물을
증축하고 지지대를 만들어 간다.

는다. 단순하게 지지대 역할만 하는 게 아니라 뿌리 고유의 일까지 해낸다.

달개비는 그런 식으로 줄기 매듭에서 뿌리를 만들어 낸다. 그 뿌리 때문에 달개비들의 숲은 무너지지 않는다. 원줄기의 기반이 되는 뿌리가 상해도 살아가는 데 문제가 없다. 허공의 줄기에서 내린 다른 뿌리가 일하기 때문이다.

떠돌아다니는 인생 같다고 하여 부평초라 불리는 개구리밥도 개척 정신이 뛰어나다. 개구리밥은 맹그로브나 갯버들보다 훨씬 가난한 식물이다. 내세울 게 하나도 없다. 게다가 체구도 작다. 이러니 숲에서 살 때도 그 존재가 거의 드러나지 않았다. 신이 아니고서는 그 존재를 알 수 없었다.

개구리밥은 과감하게 모험을 시작했다. 자기들만이 살 수 있는 땅을 찾아 나섰다.

대자연은 냉혹했다. 세상 어디에도 개구리밥이 편안하게 살 땅은 없었다. 개구리밥이 절망할 때 뭔가 반짝거렸다. 강물로 쏟아지는 햇살의 신호였다. 유일하게 남아 있는 곳은 물이 있는 곳뿐이었다. 개구리밥은 그곳을 선택했다.

몸이 가벼우니까 자연스럽게 수면 위로 떠올랐다. 가지와 줄기조차 거추장스러웠다. 다 필요 없다. 광합성 공장

개구리밥은 뿌리로
몸의 중심을 잡고 살아간다.

을 만들 수 있는 이파리 한 장이면 족하다. 처음에는 뿌리도 만들지 않았다. 흙에서 사는 게 아니니까 필요 없다고 판단했다. 그런데 물살이 조금만 흔들려도 몸이 뒤집혔다. 개구리밥은 고민하다가 뿌리를 떠올렸다. 외떡잎식물인 개구리밥은 숲에 살 때 수염뿌리를 갖고 있었다. 그 뿌리를 만들었더니, 자잘한 수염뿌리가 물속으로 퍼져서 몸의 균형이 잡혔다. 물살이 거칠게 요동쳐도 균형이 흐트러지지 않았다.

개구리밥 부족들은 서로 모여서 집성촌을 이루는데, 그때도 물속 뿌리들은 서로 살을 맞대고 살아간다. 서로 의지할수록 큰 힘이 된다는 것을 알았다.

최초로 나무를 분가시킨 날

산과 들에는 고혹적인 꽃들이 나비를 초대하여 우아하게 놀았다. 소년은 언제든 그런 들꽃 놀음 속으로 빨려들어 향기를 호흡할 수 있는 사치를 누렸다. 일찍부터 자연에서 배운 심미안으로, 자연을 더 아름답게 바라볼 수 있는 감각을 갖게 되었으니 얼마나 고마운 일인가. 가지마다 풀마다 피어나는 온갖 꽃들, 그 마법의 글자를 어린 눈으로 읽어 낼 수 있었다. 어떤 신도, 어떤 부자도 그 아이만큼 자연의 무늬를 간직하지는 못했을 것이다. 소년은 그림 같은 곳에서, 그림처럼 살았다.

그 시절에는 교탁에다 꽃을 꽂아 두는 '꽃 당번'이 있었다. 소년은 꽃 당번을 할 때마다 늘 설렜다. 예쁜 꽃을 꽃병에 꽂아 두고 싶은 마음으로 걸음까지도 부풀어 올랐다.

불두화는 아이들이 가장 꺾어 오고 싶은 꽃이었다. 불두화는 상여꽃, 함박꽃이라고도 불렸다. 불두화는 귀한 식물이었다. 소년이 사는 마을에는 딱 한 집에서만 불두화를 키우고 있었다. 불두화가 돌담에 치렁치렁 늘어지면, 그 화사한 눈맛에 홀려 누구나 걸음을 멈추고 한동안 내려다보았다. 자기 무게를 감추지 않고 솔직하게 늘어진 것이 사람들을 편안하게 했다.

먼 들에서 빗방울이 걸어오던 날, 소년은 그 앞에서 얼마나 서성거렸는지 모른다. 딱 몇 송이만 꺾어 가고 싶은데 집주인에게 부탁할 용기가 나지 않았다. 그때 불두화 덩굴 너머로 할아버지가 보이더니 꽃을 꺾어 가고 싶냐고 물었다. 소년이 선생님 교탁에다 꽂아 두고 싶다고 하자 마음껏 꺾어 가라고 하셨다. 어느새 골목으로 나온 할아버지는 돌담 아래로 늘어진 불두화 줄기에다 큰 돌멩이를 눌러 놓았다. 소년은 왜 줄기를 돌멩이로 눌러 놓는 거냐고 여쭈었다.

"이렇게 돌멩이로 줄기를 눌러 놓으면, 돌멩이가 눌린 곳에서 뿌리가 난단다. 그런 줄기를 잘라 내고 뿌리째 파다가 심으면 되거든. 너도 여기 땅에 닿은 줄기에다 돌멩이를 올려 봐라. 그럼 그 밑에서 뿌리가 날 테니까, 그건 네 나무니까 맘대로 파 가도 돼."

그 말에 어찌나 신이 났는지 모른다. 소년은 불두화 줄기 하나를 땅으로 늘어트리고는, 그 위에다 납작한 돌을 올려놓았다. 그때부터 틈만 나면 불두화가 사는 골목을 기웃거렸다. 줄기를 누르고 있는 돌을 들어 보고 싶은 유혹이 간질여도 참고 또 참았다.

여름 방학이 끝나갈 무렵 살그머니 돌멩이를 들어 보니까, 줄기 밑으로 뿌리가 보였다. 소년은 폴딱폴딱 뛰면서 춤을 추었다. 소년은 그것을 파서 집으로 안고 왔다. 소년의 손으로 귀한 생명을 분가 시킨 것이다. 그리고 몇 년 뒤 불두화가 꽃을 피우자 가슴이 뭉클했다.

휘묻이란 가지를 휘어서 땅에 묻어 인위적으로 뿌리를 내리게 하는 것이다. 뱀딸기가 줄기를 뻗어 간 다음, 땅에 닿은 줄기에서 뿌리를 내리는 전략이랑 비슷하다.

불두화의 조상인 백당나무는 그런 분가법을 즐겨 사용했다. 백당나무 가지는 가늘고 길다. 그 가지는 다른 나뭇가지가 떨어져서 짓누르면 땅으로 늘어지는데, 그렇게 땅에 닿은 줄기에서 뿌리를 만들

땅에 닿은 줄기를 흙으로 덮거나 돌멩이로 눌러 준다. 이것을 휘묻이라고 하는데, 식물이 즐겨 쓰는 번식법이다.

어 낸다. 비가 많이 내리면 흙탕물이 돌멩이나 흙을 몰고 와서 가지를 덮는다. 그래도 가지는 부러지지 않는다. 백당나무는 그런 경우를 대비해서 가지를 부드럽게 만들었다. 돌멩이에 깔린 가지는 햇살을 받지 못해도 굶어 죽을 염려가 없다. 가지가 모체인 줄기에 연결되어 있으니까 밥걱정할 필요가 없다. 식물 공화국 사회 복지는 거의 완벽하다. 일하지 않는다고 팽개치는 것은 상상도 할 수 없다. 더 열심히 일한 가지가 아낌없이 원조품을 보내온다. 돌멩이에 깔린 가지는 그걸 먹고 버티면서 뿌리를 만드는 일을 한다. 그렇게 뿌리가 만들어지면 스스로 자립할 수 있다. 인간은 그런 나무의 번식법을 보고 똑같이 따라 했다.

어른들은 골목길을 다니면서 땅으로 늘어진 줄기가 있으면 돌멩이로 눌러 놓았다. 소년도 그걸 따라 했다. 마당 구석구석 돌아다니다가 땅이 닿도록 늘어진 줄기를 만나면 돌멩이를 주워다가 눌러 놓았다. 그게 버릇이 되었다.

그렇다고 모든 식물이 휘묻이를 할 수 있는 건 아니다. 휘묻이가 가능한 식물은, 가지가 낭창낭창 늘어져서 땅에 닿을 수 있어야 한다. 소년은 억지로 감나무와 살구나무 가지를 잡아당겨서 돌멩이로 눌러 놓으려다가 가지를 부러트린 적이 있었다. 그러니까 휘묻이는 줄기가 가늘고 부드러운 나무에 적당하다. 줄기가 가늘고 부드러워서 땅에 닿는다는 것은, 언제든 상황이 되면 스스로 줄기에서 뿌리를 내릴 준비가 되어 있다는 뜻이다. 그렇지 않고 곧장 만세를 부르듯이 허공으로 솟아오르는 나무들은 그런 준비가 되어 있지 않다. 그러니 억지로 휘묻이해도 쉽게 뿌리를 내리지 못하는 게 당연하다.

소년은 배나무를 꺾꽂이할 때마다 기도했다

소년의 꽃밭은 늘 우아한 나비들로 북새통이었다. 봄부터 늦가을까지 꽃들은 온갖 연금술을 부렸다. 그 마술은 봐도 봐도 질리지 않는 신비롭고도 황홀한 풍경이었다. 소년은 객지에서 살 때도 어머니에게 편지를 보낼 때마다 그들의 안부를 물었다.

어머니, 전상서.

추운 계절이 가고 봄바람이 불더니 어느덧 봄이 깊어 가고 있습니다. 할아버지 할머니를 비롯하여 어머니도 건강하시지요? 우리 집 꽃밭에서 사는 함박꽃이랑 황매화도 잘 자라고 있는지요? 특히 작년에 파다 심은 대추나무가 잘 크는지 궁금합니다. 원추리랑 붓꽃도 떠오르는군요. 제가 제일 좋아하는 나물, 어수리꽃도 한창 피었겠군요. 거기 울타리 아래쪽으로 보면 어수리가 많을 텐데, 그걸 뜯어서 고추장에 비벼 먹던 생각이 간절합니다.

그런 식으로 어른들 안부를 물은 뒤에는 반드시 집에서 살아가는 온갖 생명의 안부를 물었다. 특히 소년이 애지중지한 것은 어수리랑 불두화, 그리고 배나무였다. 울타리 가에서 자생하는 어수리는 소년이 가장 좋아하는 나물이었다. 미나리 향보다 약간 강한 그 특유의 향이 소년의 입맛에 맞았다. 봄이 되면 그 나물만 있어도 밥 한 그릇을 거뜬히 먹어치웠다. 한해살이 식물인데도 어수리는 소년보다 더

어수리는 손바닥만 한
꽃도 예쁘고, 나물도 향기롭다.

© 이상권

키가 웃자랐다. 손바닥만 한 꽃송이에다 하얀 꽃을 피우면 온갖 나
비들이 날아왔다. 그럴 때마다 소년은 나비가 되고 싶었다. 불두화는
소년이 휘묻이해서 파다 심은 나무라 애정이 많았고, 배나무는 해마
다 소년이 관리하는 나무였다. 안타깝게도 배나무는 소년이 군대에
있을 때 죽어 버렸다.

식구들이 너무 바빠서 잠깐 방심했던 모양이구나. 울타리에서 넘어 온 칡넝쿨이 배나무를 감아 그만 숨 막혀 죽어 버렸으니, 미안하고 안쓰럽구나. 우리 집 조상 대대로, 조상들에게 제사상에 올린 것인데…….

그런 어머니 편지를 받고 얼마나 마음이 아팠는지 모른다. 소년은 지금도 생가에 가면, 그 배나무가 살았던 자리를 두리번거리는 버릇이 있다. 어쨌든 한 울타리 안에서 살던 식물조차 한 식구로 여겼던 시절이 꿈만 같다. 가난해도 행복했던 시절이다.

봄 햇살이 뒤란 툇마루까지 어슬렁거리자, 배나무 아래서 할아버지가 소년을 불렀다. 배나무 관리는 남자들 몫이었다. 할아버지는 사다리를 배나무에다 연결해 놓고 어린 소년에게 올라가라고 하였다. 그리고 제멋대로 솟아오른 가지를 손가락질했다. 소년은 할아버지의 지휘를 받으면서 배나무 가지를 베어 냈다. 할아버지는 베어 낸 가지를 울타리에다 촘촘하게 꽂았다.

놀랍게도 울타리에 꽂힌 배나무 가지는 파릇한 새순을 내밀고 자랐다. 어떤 놈들은 소년의 팔보다 길게 줄기를 뻗었다. 소년은 물까지 주면서 그들을 응원했다. 제발, 제발 여기서 살아나라! 배나무가 살아나서 뒷산이 배꽃으로 덮이는 낭만적인 꿈도 꾸었다. 안타깝게도 배나무는 날이 뜨거워지자 잎이 시들어 버렸다. 소년은 얼마나 마음이 아팠는지 모른다.

히드라는 팔이 잘려도 죽지 않는다. 잘려 나간 팔은 고통스럽게 몸부림치면서 천천히 자기만의 우주를 복원해 낸다. 잘린 배나무 가지가 히드라처럼 자기 우주를 복원해 낼 수 있다면 얼마나 좋을까. 안타깝게도 신은 배나무에게 그런 능력을 전수해 주지 않았다. 배나무는 종종 신을 원망했다. 같은 마당에서 살아가는 오동나무에게는 그런 마법을 알려줬기 때문이다.

소년의 생가 사랑방 모퉁이에는 오동나무 두 그루가 살았다. 보라색 꽃등을 밝힐 때면 나이 든 어른들이 그 아름다움을 칭송하기도 했고, 떨어진 이파리를 뒷간 똥항아리 속에다 던질 때는 참으로 통쾌했다. 오동나무 냄새를 끔찍하게도 싫어하는 구더기들은, 이파리가 투하되면 쩔쩔매면서 사방으로 달아났다.

어느 해 겨울 아침이었다. 갑자기 마당으로 낯선 사람들이 들이닥쳤다. 어머니가 당황했다. 맨 앞에 선 사람이 오동나무를 베러 왔다고 했다. 그제야 할아버지가 헛기침하면서 나왔다. 어제 나무를 팔기로 하고 이미 나무 값까지 챙긴 상태였다.

사람들은 나무에다 밧줄을 연결하여 잡아당기면서 슬근슬근 톱질했다. 터주신처럼 마당을 바라다보고 있던 오동나무는 연달아 침몰하면서 처마를 내리쳤다. 서까래 몇 개가 부러지는 타격을 입었다. 그것 때문에 어머니는 침울해졌으나 술값을 번 할아버지는 전혀 개의치 않았다.

소년은 자신이 돌보던 암소가 팔려 나간 것 같은 허전함으로 한동안 우울했다.

그날 이후, 마을에는 오동나무 열풍이 불어닥쳤다. 심어만 놓으면 절로 알아서 크는 게 나무이다. 오동나무는 성장 속도가 빨라서 십여 그루만 심어 놓아도 큰돈이 될 거라는 기대감이 있었다. 놀랍게도 오동나무는 가지를 잘라 꽂기만 해도 살아난다는 것이다.

소년은 울타리 곳곳에다 오동나무 가지를 심었다. 봄이 되자 기적처럼 싹이 보였다. 그걸 보는 순간 배나무가 더욱 안쓰러웠다. 왜 오동나무는 살아나고, 배나무는 그러지 못하는가.

소년네 집에서 분가해 나간 오동나무는 마을을 덮었다. 어떤 사람은 밭에다 오동나무를 심었는데, 소년의 눈에도 그런 풍경은 한없이 낯설었다. 밭이란 인간의 목숨을 키워 내는 곳이다. 즉 곡식이 자라야 하는 곳인데, 생뚱맞게 오동나무가 자라는 풍경은 아무리 봐도 수긍이 되지 않았다.

몇 년 뒤 대박의 꿈을 안고 키우던 오동나무들은 허망하게 베어져 버렸다. 그 사이에 세상은 변해 버렸고, 오동나무는 숱한 수입목들 앞에서 명함도 내밀지 못했다. 오동나무 전성시대는 허무하게 막을 내렸다.

히드라보다 더 무한한 마법사들

휘묻이 역사에는 줄기를 이용해서 분가시키는 식물의 지혜가 담겨 있다. 인간은 허공에 뜬 줄기가 땅과 닿으면 그곳에서 변형된 뿌리가 탄생한다는 사실을 식물에게 배웠다. 그때부터 인간은 다양한 방식으로 나무를 번식시켰다.

어느 정도 자란 나무줄기 껍질을 둥글게 벗겨 내고, 습기가 있는 물이끼나 흙으로 감싼 뒤에 수분이 새어 나가지 않도록 비닐로 감싼다. 시간이 지나면 껍질이 벗겨진 부분에 영양분이 모여서 뿌리가 다시 난다. 뿌리가 난 그 밑동을 잘라 내면 하나의 나무가 된다.

소년은 여러 나무를 잘라서 땅에다 심었다. 오동나무처럼 살아나기를 바라면서. 개나리가 가장 먼저 초록색 신호를 보냈다. 버드나무도 꿈틀거렸다. 불두화도 새싹을 내밀었다. 그러나 배나무를 비롯하여 대추나무, 살구나무, 밤나무, 앵두나무는 시간을 살려 내지 못했다. 소년은 그런 불공정을 이해할 수 없었다.

할아버지는 이렇게 말씀하셨다. "자세한 이유는 몰라도, 줄기가 무른 것은 살고, 줄기가 단단한 것은 살지 못하는 것 같구나!" 그렇다고 할아버지 말에 수긍할 수는 없었다. 당시 산에는 '포리똥'이라 불리는 보리수나무가 전성기를 누리고 있었다. 가을이면 빨갛게 익는 그 열매는 아이들의 중요한 간식거리였다. 보리수나무는 줄기가 단단하고 가시로 무장해 있어서, 울타리용으로 제법 대접을 받았다.

꺾꽂이로 살아나지 않는 보리수나무도 울타리에다 꽂아 두면 가끔씩 살아나기도 했다. 보리수 열매.

소년은 아랫집 울타리에 보리수나무가 산다는 것을 알았다. 가을에 베어다가 꽂아 둔 놈이 살아난 것이다. 소년이 그 이야기를 하자 할아버지는 고개를 갸웃하였다. 모르겠다고 하고는, 모든 것에는 예외가 있다고 덧붙였을 뿐.

꺾꽂이한 식물은 뿌리를 만들어 내지 못하면 죽는다. 식물이 그런 경우를 예상하고 대비하는 경우란 많지 않다. 그러니 꺾꽂이만으로도 뿌리를 내리는 식물을 보면 그저 경이로울 뿐이다. 어쩌면 그들은 히드라보다 더 무한한 마법사일지도 모른다.

초월적인 힘을 가진 예술가,
식물의 무한한 능력

식물의 시간을 마음대로 조작해 낸 마법사, 버뱅크

소년은 광교산 아랫마을에서 세 번째로 이사했다. 그 기념으로 감나무 씨앗을 마당에다 심었다. 씨앗을 심는다는 것은, 흙에 대한 무한한 신뢰요, 식물의 근원적인 힘을 믿는다는 뜻이다. 빗물이 땅을 적시자, 씨앗은 스스로 생의 암호를 풀어내면서 파란 얼굴을 내밀었다. 어린싹은 부모가 없어도 걱정할 필요가 없다. 떡잎이라는 생명 유지 장치가 있으니까. 그 속에는 어미가 물려준 비상식량이 가득 들어 있다.

어린 생명은 뿌리를 내리고 줄기와 잎을 허공으로 뻗어 당당한 생명체임을 선포했다. 독립했다는 것은, 이제부터 자기만의 꿈을 찾아간다는 뜻이다. 그때부터 감나무는 삶의 주인으로 살아간다.

그렇게 5년이 흘렀다. 아쉽게도 녀석은 50센티미터도 자라지 못했다. 하나의 씨앗에서 주렁주렁 감을 매달 수 있는 존재가 된다는 것이 얼마나 대단한 일인지 새삼 깨달았다. 예전에는 모든 나무가 그런 시간을 몸에다 새기면서 어른이 되었다. 하지만 지금은 그 누구도 씨앗에게 그런 시간을 베풀지 않는다. 하나의 씨앗에서 과일나무가 되는 신화는 이제 만들어지지 않는다. 속도를 강조하는 인간에게는 씨앗이 어머니 같

감 씨앗 속에는 숲을 이루어 갈 어린눈이 보인다.

은 감나무로 성장하는 시간은 별로 중요하지 않다.

신이 창조했다는 식물이란, 씨앗에서 첫울음을 터트리는 목숨을 의미한다. 씨앗이 여물어 간다는 것은 처음으로 돌아가는 과정이다. 그러니까 생명이 시작되기 위해서는 반드시 처음이 있어야 하는데, 씨앗이 없어도 바로 원하는 식물을 복제할 수 있으니, 이런 상황을 신이 보았다면 뭐라고 할까. 머잖아 인간을 복제하는 시간이 올 텐데, 과연 신은 뭐라고 할까.

특정 식물의 가지를 커다란 다른 가지에다 붙이면, 성장하는 데 소요된 시간을 단숨에 건너뛸 수 있다. 복제술은 공간과 시간을 한꺼번에 초월하여 원하는 곳으로 안내해 주는 마법이다. 식물의 시간은 이제 인간이 마음대로 편집할 수 있다. 게다가 유전적으로도 같은 나무가 될 수 있다니, 인간이 마음대로 식물을 지배하는 세상이 열린 것이다.

나무 입장에서 보면 분명 타인이 자기 몸속으로 들어왔는데, 그것이 남이 아니고 내 살이 되어서 살아간다. 그런 비정상적인 삶을 아무렇지도 않게 받아들여야 한다.

복제술은 약 4천 년 전에 메소포타미아에서 시작된 것으로 추정된다.

버뱅크라는 미국의 원예가가 있었다. 그는 식물이 자유자재로 가지를 설계하고, 열매를 더 달 수 있는 능력을 갖고 있다는 사실을 알아냈다. 식물은 무한한 형태로 변할 수 있는 초월적인 힘을 가진 예술가였다. 세상에 존재한 적이 없는 것까지도, 시간이 흘러 존재할 수 없는 것들까지도 존재하게 할 수 있었다. 그야말로 인간의 상상을 초월하는 일이 벌어진 것이다. 모든 생명을 신이 창조했다고 믿던 사람들은 그 사실을 받아들이려고 하지 않았다. 온갖 불신과 악의적인 일들이 뒤따랐다. 그래도 그는 흔들리지 않았다.

1882년 봄, 미국에서 양자두 재배 열풍이 일어났다. 자본을 가진 사람이라면 누구나 양자두를 재배하고 싶어 했다. 중국이 원산지인 재래종 오얏나무의 열매는 장기간 보관이 어려웠는데, 양자두는 말리기 쉬워서 보관하기도 쉽고 유통하기도 편리했다. 당연히 그 값이 올라갈 수밖에 없었다.

한 사업가가 버뱅크를 찾아왔다. 그는 2만 그루의 양자두 묘목을 배달해 줄 수 있냐고 물었다. 다른 상인들을 찾아갔지만 양자두 묘목은 이미 품귀 현상이 심해 어디에서도 구할 수 없다는 답변만 들었다고 했다. 그래도 그는 마지막 희망을 갖고 버뱅크를 찾아왔던 것이다.

버뱅크는 2년의 시간을 주면 가능한 일이라고 했다. 사업가는 믿기지 않는다는 표정으로 다시 물었다. 단순히 심을 수 있는 묘목이 아니라 꽃도 피우고 열매도 맺어야 한다는 조건을 붙였다. 다른 묘목 상인들이었다면, 지금 장난치냐고 하면서 화를 냈을 것이다.

버뱅크는 친절하게 웃으면서 가능하다고 했다. 사업가는 당장 계약금을 건넸다. 버뱅크는 재래종 오얏나무 씨앗을 심어서 줄기를 키운 다음, 거기에다 신품종 양자두 가지를 접붙일 계획이었다. 아무리 그래도 2년이라는 시간은 너무 짧았다. 꽃이 피고 열매를 맺으려면 나무가 어느 정도 자라야만 가능한 일이었다.

소년은 유학자인 할아버지한테서 한자를 배웠다. 소년은 이씨였다. 본은 경주였다. 할아버지는 이(李)라는 한자를 알려 주면서 나무[木]와 오얏 열매[子]가 만나서 오얏나무[李]가 되었다고 했다.

소년은 자신의 성씨에 들어간 오얏나무가 자두나무라는 것을 그때 처음 알았다. 오얏꽃이 조선의 국화였다는 것도 알았다. 그래서 소년은 마당 한구석에 자두나무를 하나 심었다. 붉은 자두였다.

버뱅크는 생각에 잠겼다. 오얏나무를 키워서 양자두를 접붙이기에는 시간이 너무 부족했다. 버뱅크는 작전을 바꾸기로 했다. 그는 오얏나무의 사촌인 아몬드가 오얏나무보다 훨씬 빨리 싹을 틔울 뿐만 아니라 성장 속도도 빠르다는 사실을 알았다. 아몬드는 오얏나무랑 꽃과 열매가 비슷하다. 아몬드가 익어서 육즙이 벌어지면 단단한 핵으로 쌓여 있는 씨앗방이 드러난다. 단단한 씨앗방 껍질을 까면 우리가 먹을 수 있는 씨앗을 만날 수 있다.

버뱅크는 그 씨앗을 사다가 물에다 불려 싹을 틔워서 심었다. 아몬드나무는 성장 속도가 빨라서 한 해에 60센티 이상 자라기도 한다. 버뱅크는 헌신적으로 아몬드 나무를 키워 냈고 양자두 가지를 잘라다 가 접을 붙였다. 그리고 계약 만료일인 크리스마스 전까지 약속된 묘목을 전달했다.

묘목을 받아 든 사업가는 믿기지 않는 는 표정을 지었고, 미국 사회는 마치 신대륙

오얏(李)은 자두의
옛 이름이다.

이라도 발견한 것처럼 요란하게 떠들어 댔다. 버뱅크는 어마어마한 부자가 되었고, 그 묘목을 받아서 심은 사업가도 많은 수익을 올렸다. 그야말로 재배 기술의 혁명이 일어난 것이다.

그 후 버뱅크는 눈만 뜨면 신품종을 발표했다. '식물의 마법사'라는 별명까지 얻은 버뱅크의 연구는 전 세계로 퍼져 나갔다. 그것이 식물에게 잘된 일인지, 아니면 그로 인해 식물이 인간에게 무한 착취의 대상으로 전락한 것인지, 그건 모르겠다.

단감나무 하나 키우고 싶었다

소년의 생가에는 도무지 나이를 헤아릴 수 없을 만큼 늙은 나무가 여러 그루 있었다. 늙은 감나무가 해마다 엄청난 감을 매달고 있는 것을 보면, 마치 다른 세상에다 뿌리를 두고 있는 것 같았다. 늙은 감나무는 인간의 통제에서 벗어나 자기들 뜻대로 살아갔으며, 그래선지 해거리도 덜하면서 유독 많은 새를 불러들였다. 소년은 그들을 볼 때마다 나무는 어느 정도 나이가 들면 신이 된다는 믿음을 키워 갔다. 수백 년간 자기가 속한 세상이 변해 가는 것을 보면서 산다는 것은, 어쩌면 또 다른 형태의 묵언 수행일지도 모른다.

소년의 생가에 있는 늙은 감나무는 마을 공동 소유나 마찬가지였다. 초겨울이면 건장한 어른들이 마당으로 들어왔다. 감은 볼이 발긋발긋해질 때 하늘과 잘 어울린다. 이제 돌아갈 때가 되었다는 뜻이다. 어른들은 그런 감을 보면서 지혜를 모아 큰 감나무에 달린 감을 털어 냈다. 보통 서너 가마를 수확했다. 그들은 감나무에 대한 지분을 가진 소년의 집에다 일정량을 덜어 놓고 나머지는 나눠서 가져갔다. 나무가 너무 늙어 아예 오를 수 없는 것도 있었다. 그런 나무에 달린 감은 고스란히 새와 청설모들의 차지였다. 소년은 그런 감나무의 역사를 통해 나무를 바라다보는 눈을 키웠다. 안타깝게도 이제는 그런 생명의 언어가 소통되지 않는 세상이 되고야 말았다.

작은 감나무에 달린 감을 설거지하는 것은 소년의 몫이었다. 소년은 줄이 달린 망태와 감을 따는 대나무 막대기를 들고 나무에 올라갔다. 감은 반드시 줄기를 꺾어서 따야 한다고 했다. 그래야 다음에 새로운 가지가 나와서 꽃을 피우고 열매가 달린다는 것이다.

소년은 그런 원칙에 충실했다. 반드시 감이 달린 가지를 비틀어서 땄다. 감 따는 일은 힘들면서도 짜릿했다. 소년이 감을 따면 어른들은 튼실하고 색깔 맛이 좋은 것들만 골라 모았다. 그것을 항아리에다 넣고 나무재를 넣은 후 적당히 끓인 물을 채웠다. 너무 뜨거운 물은 감볼에 화상을 입혔다. 감나무 잎으로 항아리 입구를 막은 다음 며칠간 아랫목에다 보관했다.

소년은 우린 감을 수레에 싣고 읍내 장까지 갔다. 어머니랑 소년이 가지고 간 감은 시장에서 좋은 값을 받지 못했다. 이유는 딱 하나, 단감이 아니라는 것이었다. 그때마다 어머니는 우린 감이 더 영양가가 좋다는 근거 없는 말을 늘어놓았다. 소년은 어머니의 말을 뒷받침할 자신이 없었다. 우린 감이 단감보다 더 영양가가 높은지 평가

할 수 있는 지식이 전혀 없었다. 솔직히 말하자면, 뜨거운 물에 우린 감이 단감보다 더 영양가가 없을 것 같았다. 왜냐면 떫은맛과 함께 감의 영양분이 뜨거운 물에 다 빠져나갔을 거라고 생각했으니까. 그럴수록 단감이 그리웠다.

단감나무는 귀했다. 마을에 한 그루 정도밖에 없었으니, 단감나무를 갖고 있는 건 아이들 사이에서는 권력이었다. 소년은 그 근처를 지날 때마다 참을 수 없는 유혹에 뒤돌아보고, 뒤돌아보고, 또 뒤돌아보았다. 그걸 눈치챈 감나무 주인이 눈에다 힘을 주고 소리쳤다. "이놈아, 감 서리할 생각 마라!" 소년은 깜짝 놀라서 걸음을 재촉했지만, 그 달달한 맛이 입안에서 살아나면 다시금 뒤돌아보았다. 단감나무 집 아이는 그런 단감의 맛을 이용했다. 그 아이는 단감을 미끼로 그동안 자기에게 우호적이지 않았던 아이들의 마음을 사로잡았다. 물물 교환은 기본이었다. 좋은 연필을 비롯하여 상점에서 파는

가지를 잘라 상대편 줄기 속에다
끼워 넣는 가지접은 초보자도 할 수 있다.

온갖 과자하고도 맞바꿀 수 있었다.

　그걸 볼 때마다 소년은 간절하게 단감나무를 키우고 싶었다.

　소년은 우연히 접붙이는 방법을 배웠다. 이웃 마을 과수원에 갔다
가 접붙이는 과정을 목격하고는 날 듯이 집으로 달려왔다. 접붙일
나무를 밑나무라고 하는데, 단감나무의 밑나무는 거의 다 고욤나무
였다. 감나무 시조인 고욤나무는 병치레하지 않고 잘 자란다.

봄날 내내 숲에서 접을 붙이고 다니다

접은 가지와 눈을 이용한다. 가지를 잘라서 줄기에다 붙이는 방법,
눈을 파내서 이식하는 줄기에다 붙이는 방법이 있다. 소년은 시험
삼아 배나무부터 접을 붙였다. 해마다 봄이면 배나무에서 엄청난 가
지가 잘려 나간다. 소년은 그 가지로 날마다 접을 붙였다. 접붙일 상
대는 가장 만만한 야생 배나무였다.

　사람들은 그 야생 배를 '똘배' 혹은 '독배'라고 불렀고, 콩처럼 작
다고 하여 '콩배'라고도 불렀다. 콩배나무는 잔가지가 많으며 가시
가 달려 있다. 눈이 시리도록 하얀 꽃을 피우고 자잘한 배가 주렁주
렁 달린다. 가을이 되어도 배는 맛이 들지 않다가 초겨울 서리를 맞
고 나서야 까맣게 물러진다. 그제야 아이들이나 나무꾼들이 군것질
거리로 따 먹는데 텁텁한 단맛이 있다.

　소년의 생가 뒷산에는 콩배나무들이 많았다. 소년은 그 줄기를 적

소년은 봄날 내내 콩배나무에다 배나무를 접붙이고 다녔다.

여름내 단단한 콩배는 늦가을이 되면 까맣게 무른다.

당히 자른 다음 칼로 가운데를 쪼갰다. 집에서 가져온 배나무 줄기를 뾰족하게 사선으로 깎은 다음, 쪼갠 콩배나무 줄기에다 끼우고 비닐로 칭칭 감고 고무줄로 묶었다. 수술의 성패는 얼마나 비닐로 잘 밀봉하느냐에 달려 있었다. 수술은 배나무에서 싹이 트기 전에 해야 한다. 싹이 튼 가지를 콩배나무에다 이식할 경우 살아날 확률이 낮다. 또 이식 시킬 배나무가 마르지 않아야 하니까 최대한 빠르게 해야 한다. 모든 수술은 그렇게 시간을 다투는 법이다.

어린 외과 의사는 봄날 내내 그런 짓을 하고 다녔다. 그뿐이 아니다. 콩배나무와 비슷하게 생긴 다른 나무에도 접을 붙였다. 호기심 때문이었다. 감나무를 콩배나무에다, 배나무를 고욤나무에다, 배나무를 복숭아나무에게, 심지어 배나무를 소나무에게. 돌아다보면, 너무 짓궂었다는 생각이 들고, 참 궁금한 게 많은 아이였구나 하면서 웃음이 나오기도 한다. 소나무에다 접을 붙인 배나무가 살아나겠는가. 살아 있는 우주와 우주의 만남을 아이는 너무 쉽게 생각했던 것이다.

가지나 눈을 이식하기 위해서는 이식할 나무하고 가까운 친척이
어야 한다. 소년은 그런 섭리를 확실하게 알지 못했다. 그러니 소년
이 접붙인 나무들은 얼마나 황당했을까. 당연히 같은 감나무라면 접
을 붙일 수 있다. 야생 감인 고욤이 밑나무가 되는 것은, 대자연에서
씩씩하게 살아남은 그 나무 특유의 건강함 때문이다. 잘 자라고, 벌
레에 대한 저항도 강하니까, 그것을 밑나무 삼아 큰 대봉감이 열리
게 하는 것이다. 다양한 야생의 생산물을 인간의 욕망에 맞는 생산
물로 바꿀 수 있다니, 놀라운 일이 아닌가.

엉터리 딱새 부모

만약 장미를 접붙이려면 역시 그 친척을 찾아야 한다. 식물은 친척
들끼리 먹는 음식이 비슷하다. 그러니까 똑같은 음식을 먹는 식물끼
리는 외과 수술이 가능하다는 뜻이기도 하다.

소년은 딱새의 의붓어미가 된 적이 있다. 무슨 일인지 몰라도 뒷
간 벽 틈에서 아기를 기르던 딱새 부부가 돌아오지 않았다. 꼬박 하
루를 기다려도 나타나지 않자, 갓 눈을 뜬 아기들이 예민해졌다. 소
년의 발자국 소리만 들어도 노란 입을 꽃피우면서 배고프다고 아우
성쳤다.

소년은 모른 체하면서 또 한 밤을 꿀꺽 삼켰다. 다음 날 둥지에 가
보니까 세 마리가 움직이지 않았다. 살아 있는 새는 두 마리였다. 어

린 새는 참 보살피기 힘들다. 소년은 풀밭을 기어다니면서 애벌레를 찾았다. 종일 풀밭을 뒤져서 겨우 한 마리 잡았다. 이웃집에 사는 딱새는 1분도 지나지 않아 입안 가득 애벌레들을 물고 나타났다. 소년은 녀석에게 애벌레 잡는 방법을 배우고 싶었다. 안 되겠다. 뭔가 다른 방법을 써야 한다. 고민하다가 지렁이가 보였다. 다행히 어린 새들도 지렁이를 잘 먹는다. 됐다. 그때부터 소년은 지렁이를 잡아서 먹였다. 지렁이야 땅만 파면 나오니까 어렵지도 않았다. 소년은 어린 새의 부모 노릇도 별로 어렵지 않다고 자만하고, 친구들에게도 자랑했다.

의붓어미 노릇은 사흘 만에 끝났다. 아침에 가 보니까 아기 새들이 물똥을 싸면서 비실비실하더니 오후에 다 숨을 놓아 버렸다. 지렁이만 먹인 게 화근이었다. 소년은 새들을 묻어 주면서, 쏟아지는 눈물을 감당할 수 없었다.

먹이를 달라고 입을 벌린
딱새 새끼들의 입은 꽃처럼 보인다.

그때부터 소년은 이웃집에 사는 딱새 부부를 관찰했다. 나방이나 나비 애벌레, 딱정벌레의 애벌레가 주된 먹이였다. 지렁이는 어쩌다 한 번 물어 가는 아기들의 특별식이었다. 소년은 그것도 모르고 사흘간이나 계속 지렁이를 먹였으니, 만약 딱새들이 그걸 알았다면 뭐라고 할까.

살아 있는 것들은 먹지 않으면 시간을 이어 갈 수 없다. 그렇다고 아무거나 먹을 수도 없다. 그건 식물도 마찬가지다. 그래서 접붙이는 나무는 식성이 같아야 한다.

콩배나무에다 접붙인
배나무가 자라지 않은 이유

친구들은 소년이 콩배나무에다 접붙였다는 사실을 믿으려 하지 않았다. 소년은 한껏 으스대면서 콩배나무 앞으로 갔다. 친구들은 외과 수술을 한 콩배나무를 보자마자 놀랐다. 그때마다 소년은 자신이 자랑스러웠다. 어떤 친구는 접붙인 나무에 감긴 비닐을 풀어내서 확인하기도 했다. 그렇게 비닐을 풀어서 접붙인 부위를 들여다보고 나면, 그 나무는 대부분 죽어 버린다. 수술 부위가 완벽하게 아물지 않은 상태에서 햇살이나 바람에 노출되면 그 나무는 죽을 수도 있다. 그래서 접붙인 나무는 적어도 한 해 정도는 수술 부위를 공기에 노출해서는 안 된다.

눈접은 밑나무의 눈을 파내고,
원하는 나무의 눈을 그곳에 이식하는 방법이다.

이상하게도 소년이 접붙인 콩배나무는 큰 배나무로 자라지 않았다. 해마다 접을 붙인 가지에서 새순이 움트기는 해도, 그것이 배나무 특유의 쭉쭉 뻗는 줄기를 만들지 못했다. 왜 콩배나무에다 접을 붙인 배나무 가지는 크게 자라지 않았을까.

소년은 그 이유를 할아버지한테 들었다. 배나무랑 콩배나무는 서로 친척이니까 접붙이는 것이 가능하다. 하지만 소년이 배나무 가지를 잘라서 접붙인 콩배나무는 줄기가 가늘고 키도 작은 품종이다. 그러니 배나무를 크게 키워 낼 근원적인 힘이 부족하다는 것이었다.

소년은 저도 모르게 고개를 끄덕였다. 분명 배나무를 콩배나무에다 접붙였는데, 그 가지에서 돋아나는 잎은 배나무처럼 크지 않았다. 거의 콩배나무 잎이랑 똑같았다. 콩배나무가 워낙 작은 나무라서 크게 자라는 배나무를 감당할 수 없었다. 그러니 접붙인 배나무 줄기가 자라지 않는 건 당연하지 않은가.

집안 사정으로 부잣집 아이가 가난한 친척 집에서 살게 되었다고 생각해 보라. 친척 집에서 더부살이하는 그 아이가 부잣집에서 살았을 때처럼 살 수 있겠는가. 그거랑 똑같다. 콩배나무 뿌리는 아무리 열심히 일해도, 더부살이하는 배나무를 살찌울 수 없다. 모든 뿌리 구조가 콩배나무를 먹여 살릴 수 있도록 최적화되어 있는데, 배나무 줄기는 훨씬 더 많은 밥을 요구하기 때문이다.

접붙이기는 두 나무의 좋은 점을 살려내기 위해서 한다. 참배의 맛과 야생 배나무의 빠른 성장력이 더해져야만 그 수술은 의미가 있다. 그런데 콩배나무가 빠르게 성장하지 못한다면 접을 붙인 의미가 사라지는 것이다.

이웃집 할아버지네 대봉감

이웃에 사는 할아버지가 소년을 불렀다. 작년에 대봉감 나무를 심었는데, 추운 겨울을 견디지 못하고 죽어 버렸다. 죽은 가지를 잘라 내자, 줄기 밑동에서 새싹이 돋아나더니 무럭무럭 자라난다고 흐뭇하게 웃었다. 소년은 할아버지가 손녀를 쓰다듬듯이 어루만지는 파릇한 이파리를 보면서, 그건 감나무가 아니라고 말했다. "고욤나무도 근사합니다. 잘 자라고, 금세 마당을 풍요롭게 해 줄 테니까 잘 키워 보십시오." 소년은 진심으로 고욤나무를 토닥여 주었다. 어, 그런데 할아버지가 얼굴을 찡그리더니 왜 고욤나무라고 확신하냐고 물었다. 소년은 시중에 팔리는 감나무는 거의 다 고욤나무에다 접붙인 것이라고 대답했다. 그제야 할아버지는 알겠다는 듯 고개를 끄덕였다.

인간이 먹는 대봉감은 고욤나무에다
접붙인 것이다. 노랗게 익어가는 고욤.

작년까지만 해도 고욤나무는 자기 의지하고 상관없이 감나무의 의붓어미 노릇을 하였다. 인간이 강제로 고욤나무를 끌고 와서 대봉감 가지를 이식하는 수술을 했다. 고욤나무는 당황하면서도 그걸 거부할 수 없었다. 고욤나무는 어쩔 수 없이 남의 자식인 대봉감을 키웠다. 고욤나무 뿌리는 줄기가 대봉감이니까, 아무리 열심히 살아가도 자기 종손을 퍼트리지 못한다. 고욤나무 입장에서는 자기 미래가 없는 셈이다. 살아 있어도 살아 있는 게 아니다. 죽지 못해서 시간을 굴리고 있을 뿐이다.

그렇다고 줄기인 대봉감도 편안할 리가 없다. 대봉감이 고욤나무의 시민이 되겠다고 자발적으로 선택한 것도 아니지 않은가. 그들은 인간의 이익을 위해서 살아갈 뿐이다. 아무리 대봉감이 열심히 일해도 그들 역시 자기 종손을 만들어 낼 수 없다. 대봉감은 대부분 씨가 없기 때문이다. 가을에 대지로 돌아온 씨앗은, 봄이 올 때까지 자기 존재에 대한 성찰의 시간을 갖는다. 그러니 씨앗이 없다는 것은, 자신이 누구인지 돌아다볼 기회조차 박탈당했다는 셈인데, 인간들은 잔혹하게도 나무를 그렇게 지배한다. 당연히 그들은 행복하지 않다. 다만 절대자의 눈치를 보면서 살고 있을 뿐이다.

인간은 대봉감을 강제로 입양시켜서 고욤나무에게 키우게 하였다. 고욤나무는 남의 자식을 키우면서 늘 기회를 엿본다. 인간의 감시가 소홀해지면 슬그머니 뿌리에서 자기 자식을 키운다. 뒤늦게 세상으로 나온 고욤나무 싹은 자라는 속도가 무지무지 빠르다.

그렇다면 이웃집 할아버지네 감나무에서는 무슨 일이 일어난 것일까.

뜻밖에도 고욤나무한테 행운이 찾아왔다. 유독 추웠던 겨울이 대봉감을 박해한 것이다. 추위에 강한 고욤나무는 끄떡없었고, 수술하여 대봉감이 된 가지들만 다 죽어 버렸다. 그러자 고욤나무는 재빠르게 자기 정체성을 찾아내고는, 스스로 시간표를 만들어서 새로운 줄기를 키우기 시작한 것이다.

소년의 말을 들은 이웃집 할아버지는 약간 허탈하게 고개를 끄덕였다. 그리고 소년이 말릴 틈도 없이 고욤나무 줄기를 다 베어 버렸다. 고욤나무의 반란을 용납할 수 없다는 눈빛이었다.

그럴 줄 알았더라면 고욤나무의 정체를 밝히지 않았을 것이다. 때늦은 후회가 밀려왔다. 자기 때문에 고욤나무가 파국을 맞았으니 너무도 미안했다.

식물은 죽을 때까지 자기 정체성을 찾아간다

접붙인 나무는 시간이 흐르면서 자기 정체성을 찾아내려고 한다. 고욤나무는 자신이 원해서 대봉감을 양자로 받아들인 게 아니니까, 오로지 인간의 욕심 때문에 남의 자식을 키우게 된 것이니까, 그러니 틈만 나면 잃어버린 자기 혈통을 찾으려고 하는 건 당연하다.

소년이 사는 아랫마을에도 단감나무 한 그루가 있었다. 그 단감은 다른 감보다 빨리 컸으니 그만큼 인기도 좋았다. 그 집 할머니는 인심이 후한 편이라서 언제든 감을 따 먹게 했다. 소년은 몇 번이나 그 감나무에 올라갔으나 단감을 맛보지 못했다. 그 감나무에서는 운이 좋아야만 단감을 딸 수 있었다. 그러니까 땡감과 단감이 같이 열렸다는 뜻이다. 사람들도 신기해했다. 심지어 어떤 것은 반쪽이 단감이고 반쪽은 떫었다. 그때마다 감나무 집 할머니는 착한 사람에게는 단감이 걸리고, 나쁜 사람에게는 떫은 감이 걸린다고 하였다. 그래선지 떫은 감이 걸리면 괜히 개구리한테 오줌을 싼 것까지도 마음에 걸렸다.

그로부터 거의 50년 만에 소년은 그 감나무와 다시 만났다. 우연히 고향에 갔다가 그 나무를 발견하고는 어릴 적 동무처럼 반갑게 안아 주었다. 그 나무가 내밀한 울림으로, 자신을 고요히 초대했다는 것을 알 수 있었다. 소년은 거의 모든 가지에서 골고루 감을 따낸 다음, 오래된 기억을 문질러 대면서 그걸 하나씩 베어 물었다. 아쉽게도 단감을 찾아낼 수 없었다. 인간의 간섭이 사라지자 그 나무는 잃어버린 자기 정체성이 담긴 씨앗을 완벽

앵두나무는 사촌인
개복숭아 나무한테
접을 붙인다.
앵두나무 꽃눈.

하게 복원해 낸 상태였다. 그 나무의 어디에도 단감의 유전자는 남아 있지 않았다. 인간 입장에서는 아쉽겠지만, 그는 완벽하게 독립적인 나무로 살고 있었다. 바로 그것을 확인시키기 위해서 소년을 초대했을지도 모른다.

식물은 한 해 한 해 자신의 철학을 씨앗에다 저장한다. 그러니까 씨앗은 해마다 새롭게 충전된다. 씨앗 속에는 식물의 지난 시간과 현재와 미래가 농축되어 있다.

한번은 이웃이 일부러 찾아왔다. 광교산 아랫마을이 온통 봄꽃으로 덮여 있을 때였다. "분명 앵두나무를 심었는데, 어느 날 보니까 복사꽃이 피어 있더라고요! 이게 어떻게 된 거죠? 누가 나무를 바꿔치기했을 리도 없고요." 소년이 가서 보니까, 앵두꽃보다 살짝 더 무게가 느껴지는 복사꽃이 앵두나무 가지 사이에 숨겨져 있었다. 그제야 개복숭아나무가 앵두나무를 접붙이는 밑나무였음을 알았다.

복숭아의 시조인 개복숭아는 고욤나무만큼이나 오래된 나무이다. 어느 땅에서든 잘 자라므로 접붙이는 밑나무로 많이 쓰인다. 살구나무를 비롯하여 자두나무, 황도·백도·천도 복숭아나무, 앵두나무를 접붙일 수 있다. 그들은 인간에게 저항하지 못하고 순순히 수술대에 오르지만, 뿌리는 기회만 되면 자기 정체성을 찾아 나선다. 그런 불순한 의도가 아름다운 복사꽃으로 표출된 것이다.

사과나무의 배신

4천 년 전에 밝혀진 그 비밀, 식물의 줄기를 다른 나무에게 이식시키는 수술법이 알려진 뒤로, 가장 많이 수술대에 오른 것이 사과나무다. 고향이 중앙아시아인 야생 사과나무는, 그때부터 수천 종의 사과를 탄생시켰다. 그래도 사과나무는 변하지 않았다. 열매가 더 커지고, 붉어지고, 단맛이 강해지고, 신맛도 강해져도, 씨앗의 본질은 변하지 않았다. 아무리 아름답고 단맛이 강한 사과에서 골라낸 씨앗을 심어도 그 열매는 먼먼 자기 조상들의 모습을 재현하면서 작고 떫은 열매를 맺는다.

사과는 어린 소년이 가장 좋아하는 과일이었다. 제사가 끝나면 집안 어른들이 먼저 제사상에 오른 음식의 맛을 보는데, 요즘처럼 아이들을 배려하는 일은 상상조차 할 수 없었다. 그러니 사과 맛을 보고 싶었던 소년은 늘 어른들을 부럽게 쳐다볼 뿐이었다.

냉장고가 없던 당시에는 사과를 곡식 속에 묻어서 보관했다. 어머니는 보리쌀이 든 항아리 속에다 그것을 묻어 두었다. 그걸 알고 있는 소년은 광에 들어가면 여기저기 쌀독을 뒤져서 사과를 찾아냈다. 그걸 훔쳐 먹고 난 뒤에는 혹독한 대가가 따랐다. 어머니의 매서운 손바닥이 등을 마구 후려쳤다. 그 비싼 것을 훔쳐 먹었으니까 당연하다고 생각하면서 달아나지도 않았다. 눈물을 주르르 흘리면서 먹다가 남은 사과를 보았다. 씨앗이 눈에 들어왔다.

소년은 마음껏 사과를 먹고 싶었다. 그런 염원을 담아 사과 씨앗을 흙 속으로 들여보냈다. 흙과 바람과 햇살 그리고 빗물의 교감 속에서, 씨앗은 스스로 상상력을 앞세우면서 깨어났다. 소년은 각별히 녀석을 보살폈다. 나무는 제법 줄기가 굵어졌어도 꽃을 피우지 않았다. 사과나무는 소년이 고등학교를 졸업할 무렵에야 마수걸이 꽃망울을 터트렸다.

그 아름다운 꽃 입술이 빚어낸 열매는 자두보다 작았다. 사과 특유의 색깔 맛도 전혀 드러나지 않았다. 부모의 유전자를 거부한 그 배신 앞에서 소년은 얼마나 당황했는지 모른다. 대체 뭐가 잘못된 것일까. 누군가 사과나무를 바꿔치기라도 한 것일까.

소년은 그 사과나무의 성적을 도저히 받아들일 수 없었다. 친구들이 "진짜 큰 사과 씨를 받아 낸 거 맞아?" 하고 물었다. 소년은 그렇다고 대답했다. 그 이듬해에는 더 작은 열매가 달렸다. 결국 그 사과나무를 베어 낼 수밖에 없었다.

사과는 같은 종끼리 교배하면 어미의 유전자가 들어 있는 씨앗을 만들어 내지 못한다. 그래서 늘 다른 종과 교배하기를 원한다. 씨앗 속에는 새로운 종을 갈망하는 유전자가 있어서, 같은 나무에서 나온 씨앗이라도 어미를 닮은 유전자라고는 찾아볼 수 없다.

소년이 심은 씨앗에서 전혀 다른 결과물이 나오는 것은 당연한 일이다. 소년이 원하는 결과물을 얻어 내려면 접을 붙여서 식물의 관계를 완전히 바꿔 버려야 하는데, 거

사과나무는 자라도 어미의
유전자를 따르지 않는다.
싹튼 사과 씨앗.

기까지는 어린 생각이 따라갈 수 없었다.

지금 우리가 즐겨 먹는 수많은 사과 품종은 씨앗으로는 보존할 수 없고, 살아 있는 나무 형태로만 보존할 수 있다. 설령 황금을 맺는 사과나무가 있다고 해도, 그 나무의 호흡이 멈추는 순간 그 종은 사라진다. 종의 대를 잇는 유일한 방법은 접붙이는 수밖에 없다. 얼마나 까탈스러운 존재인가. 세상에 존재하는 식물 중에서 유일하게 종자 은행에 갈 수가 없다. 조상의 유전자를 거부하는 씨앗은 종자 은행에서 아무런 의미가 없기 때문이다.

자꾸자꾸 접을 붙여서 새로 생겨난 나무는 스스로 미래를 예측하고 설계하는 법을 잃어버린 채 살아간다. 결국 인간의 눈맛, 입맛에 맞는 소수의 품종만 살아남게 될 것이다. 적은 수의 유전자에만 의존하는 나무는, 조상들이 물려준 다양한 유전자를 잃어버리는 꼴이니까 스스로 시간을 설계하면서 살 수 없다. 그래도 상관없다. 인간이 다 일정표를 만들어 주고, 하루하루 다 챙겨 줄 테니까.

어쩌면 식물이 인간을 이용하고 있을지도 모른다

지금 소년의 생가에는 사과나무가 한 그루 있다. 몇 년 전에 묘목을 사다가 심은 것이 제법 자라서, 이제는 아내랑 소년이 가장 수혜자가 되었다. 소년은 사과를 먹을 때마다 그 나무가 안쓰럽다. 인간의 도움 없이는, 즉 농약 없이는 자신의 후손이 있는 열매조차 제대로 지켜 낼 수 없기 때문이다.

하나의 사과나무가 새로운 종으로 진화하여 애벌레에 대한 방어 력을 갖추기까지는 숱한 시간이 필요하다. 인간은 그런 시간을 배제 한 채 강제로 사과나무를 진화시켰다. 그런데 아무런 신고식도 없이 대자연에 나타난 그 식물을 애벌레들이 가만둘 리 없었다.

인간도 기다렸다는 듯이 농약으로 맞섰다. 농약에 대한 애벌레들 의 대응은 놀랍게도 빨랐다. 처음에는 애벌레들이 당했지만 금세 농 약 성분을 파악하여 내성을 길러 낸다. 그러니 인간은 더 독하고, 더 독한 농약을 끊임없이 만들어 낼 수밖에 없었다. 그 전쟁의 결말이 어떻게 될지 여러분은 짐작할 수 있을 것이다.

소년은 그들이 초대한 단맛의 향연을 즐기면서도, 건강한 사과를 먹고 싶은 갈망을 떨쳐 낼 수가 없다. 인간의 눈에 보이는 모양 좋은 사과는 기실 건강한 과일이 아니기 때문이다. 그것은 모두 농약으로 지켜진 약하디약한 과일이다.

인간은 식물의 시간을 마음대로 편집할 수 있다. 종과 종 사이의 변화도 마음대로 할 수 있다. 화학 비료를 이용하여 흙을 무한정 부 려 먹을 수도 있다. 지력이 다해 버린 흙을 자연이 복원해 줄 때까지 기다릴 필요가 없다. 완장 찬 신이 된 것이다.

재작년이었던가. 귀농한 후배 부부의 생산물이 택배로 배달되었다. 탱글탱글한 샤인 머스캣이었다. 어린 시절 청포도를 유독 동경했던 소년은, 얼굴이 영락없는 청포도인 그들을 보고는 얼마나 반가웠는지 모른다.

초록의 결정체를 따서 우물거리는 순간, 그 단맛에 몸이 스르르 녹아내렸다. 소년은 아직까지 그런 단맛을 경험한 적이 없었다. 약간 짜릿하면서도 머리가 띵해졌다고나 할까. 미각을 총괄하는 혀와 뇌가, 그 단맛의 농도를 측정할 수 없다고 당황하고 있었다. 그것은 정말이지 감당할 수 없는 단맛이었다. 당연히 단맛을 갈망하는 요즘 사람들이 그 과일을 미친 듯이 환호했다.

샤인 머스캣은 과일 시장을 강타했다. 농부들은 즐거운 비명을 질렀다. 그때부터 샤인 머스캣 묘목 시장은 분주해졌다. 묘목을 찾는 사람들이 폭주했다. 그것도 작은 묘목이 아니라 당장 수확이 가능한 것을 찾았다. 묘목 상인들은 즐거운 비명을 질렀다. 접붙이는 기술자의 손만 거치면, 그까짓 것 어려운 일이 아니다. 인간이 식물의 삶을 일방적으로 편집하는 일은 앞으로 더 심해질 것이다.

삽시간에 샤인 머스캣은 전국으로 퍼져 나갔다. 바야흐로 그들의 전성기가 온 것이다. 얼핏 인간이 그들을 이용하는 것 같아도, 발상을 달리해 보면 샤인 머스캣이 인간을 이용하고 있을지도 모른다. 그러나 샤인 머스캣이 너무 많이 퍼져 나갔으니 값이 폭락하는 건 당연한 일이다. 결국 샤인 머스캣은 다시 파헤쳐질 위기에 처해 버렸다. 불과 몇 년 사이에 그들의 삶은 천당과 지옥을 오가고 있다. 인간의 욕망과 식물의 욕망이 손을 잡다 보면 이런 결과가 나타난다.

만능 엔지니어를 지향하는
식물의 잎

식물이 잎을 만들 때 가장 신경 쓴 건 습기다

밤새 하늘에서 내려온 빗방울이 돌아가자, 소년은 서둘러 집을 나섰다. 빗방울이 돌아간 뒤의 고요는, 태초에 세상이 열리던 순간을 재현하는 것 같다. 그 고요 속을 뚫고 온갖 생명들이 나온다. 소년은 새로 돋아난 잎을 가만히 내려다본다. 촉촉한 잎으로 내려오는 햇살은 유독 다정하다. 서로 무슨 말을 주고받는 것 같다.

잎 속에는 식물이 먹고사는 데 필요한 모든 물질을 생산하는 광합성 공장이 있다. 잎을 보면 뭔가 절실함이 느껴진다. 오늘은 태양 빛이 어느 쪽에서 잘 들어오는가, 어떻게 해야만 태양 빛을 잘 어루만질 수 있을까, 새로 만드는 잎은 어떻게 배치할까, 치열하게 온갖 궁리를 하면서 살아간다.

식물은 잎을 작고 얇게 만들었다. 가장 바람의 텃세가 심한 곳에다 잎을 배치하기 때문이다. 식물의 잎은 전혀 힘을 주지 않는다. 작은 나비의 날갯짓만 느껴도 흔들리는데, 그 흔들림이 버텨 내는 힘이다. 잎은 힘이 다 빠져서, 그래서 힘이 있다.

쌍떡잎식물인 물레나물은 꽃이 워낙 예뻐서 아이들에게 인기가 좋았다. 누구나 꽃밭에다 키우고 싶은 식물이었다. 주로 계곡의 물가에서 살아가는 물레나물은 늘 바람의 간섭에 시달린다. 비록 키 작은 한해살이지만 높은 허공에다 이파리를 펼치는 나무만큼이나 바람을 신경 써야 한다. 그래서 물레나물은 잎을 길쭉하면서도 얇게 만들었다. 게다가 일부러 줄기를 가늘게 하여 바람에 잘 흔들리도록 하였다. 아무리 성난 바람이라고 해도 가늘고 길쭉한 물레나물 잎에

다 상처를 낼 수 없다. 당연히 줄기를 쓰
러트릴 수도 없다.

© 이상권

모든 식물이 그러하듯 물레나물은 잎
을 재단할 때, 잎 안으로 습기가 스며들
지 않도록 외벽을 특별히 신경 쓴다. 습
기는 늘 곰팡이를 데리고 다닌다. 만약 습
기가 잎 안으로 침투한다면, 그곳에서 살
아가는 세포가 곰팡이의 표적이 될 것이다.

습기 많은 곳에서 살아가는
물레나물의 잎에는 완벽하게
방수 공사가 되어 있다.

물레나물은 잎 방수 공사를 하면서 잔털을
빽빽하게 수놓았다. 잔털은 잎 표면에 있는 수분을 방울로 모아 내
는 마법을 갖고 있다. 잎맥을 따라 패인 고랑은 물방울이 잘 걸어가
도록 닦아 놓은 길이다. 비가 내리면 잎에 물방울이 모이는데, 그대
로 두면 잎 안으로 스며들 수도 있다. 잎은 물방울이 커질 때까지 가
만히 있다가, 그 무게가 절정에 달하면 힘을 뺀 잎을 아래로 기울이
면서 그들이 관성으로 굴러떨어지도록 유도한다. 그러니 장맛비가
아무리 내려도 잎은 습기 때문에 고생하지 않는다.

식물은 자기 성격에 맞게 잎을 재단한다

잎은 잎자루에 달린 잎의 개수에 따라 홑잎과 겹잎으로 나뉜다. 잎
자루에 잎이 하나 달린 단풍나무는 홑잎이다. 잎맥을 중심으로 조각

조각 나뉘어 있기는 해도, 조각이 완벽하게 독립된 구조는 아니다. 만약 단풍나무 잎이 더 또렷하게 재단되어서 하나하나가 독립성을 갖는다면 여러 잎의 모둠이라고 할 수 있다. 그런 형태를 겹잎이라고 한다. 잎자루에 작은 잎이 여러 장 달려 있는 겹잎은 매우 다양한 모양이다. 도둑놈의지팡이는 하나의 잎자루에 십여 장의 잎이 나란히 붙어 있으니까 겹잎이다.

식물은 자기 성격에 맞게 잎을 재단하고, 그 개수를 결정한다. 바람이 많은 곳에서 살면 바람을 잘 이겨 낼 수 있도록 잎을 배치한다. 물가에서 살아가는 갈대는 늘 바람과 맞서야 한다. 키가 큰 대나무도 바람을 맞이하는 것이 숙명이다. 대나무 잎은 둥글면서도 길쭉하다. 끝으로 갈수록 더 뾰족해진다. 이파리는 부드럽다. 바람이 시비를 걸어오면 그냥 아무렇게나 흔들린다. 바람이 강하게 휘몰아칠수록 그들의 잎은 힘을 빼고 흔들린다. 칼처럼 날카로우면서도 부드러운 잎은 오히려 바람을 달래듯이 흔들린다.

외떡잎식물의 원조인 야자나무 잎은 잎맥을 중심으로 잘게 갈라져 있다. 키 큰 야자나무가 오랫동안 비바람을 상대하면서 만들어 낸 과학적인 성과물이다. 바람은 맞부딪쳐

© 이상권

하나의 잎자루에 십여 개의 잎이 매달려 있는 깃털 모양의 겹잎. 도둑놈의지팡이.

서 이겨 내는 게 아니라 잘 달래야 한다는 것을 그들은 오랜 경험으로 알았다. 그래서 적당히 바람의 비위를 맞출 수 있도록 이파리를 잘게 쪼개 놓았다. 바람이 지나가도록 길을 마련해 준 셈이다. 그러니 바람 입장에서도 굳이 야자나무 이파리를 해코지할 이유가 없다.

다른 종족의 전통을 적당히 받아들인다

자귀나무는 비교적 성장 속도가 빠르다. 밑동까지 베어 내도 1년 만에 아이들 키보다 더 크게 자란다. 해가 지면 이파리가 서로 껴안으면서 포개진다고 해서 '합혼목'이라고 부르는데, 옛날 사람들은 신혼부부의 집에다 이 나무를 심었다.

자귀나무는 산토끼들이 좋아하는 나무이다. 겨울에 한두 살 먹은 자귀나무 밑에 가 보면, 토끼의 이빨 자국이 나 있다. 자귀나무는 비교적 재질이 무르고 순한 편이라서 산토끼들이 칡덩굴이나 찔레 덩굴과 더불어 겨울철에 즐겨 먹는 음식이다.

자귀나무는 쌍떡잎 집안에서 생각이 깨어 있는 존재이다. 원래 자귀나무 잎은 지금과 달랐다. 깃털처럼 길쭉하기는 했어도 지금처럼 잎이 잘게 갈라져 있지 않았다. 그러니 바람만 불면 잎 여기저기에 많은 상처가 났다. 자귀나무는 고민하다가 야자나무를 찾아가서 그 지혜를 배우기로 했다. 자귀나무는 도도한 쌍떡잎 집안인지라 자존심이 강해도, 새로운 지혜를 받아들인다고 생각하자 오히려 즐거웠다.

자귀나무는 야자나무의 말을 듣고 잎맥을 중심으로 잎을 잘게 갈라놓았다. 바람이 불면 흔들린다. 갈라진 잎 조각 하나하나가 흔들린다. 아무리 바람이 험악해도 분산되어서 흔들리는 것은 타격을 입지 않는다. 바람과 잎의 마찰이 줄어들었기 때문이다. 그때부터 자귀나무는 아무리 바람이 불어도 걱정하지 않았다.

토란은 벼나 밀만큼 인간하고의 동행 역사가 깊은 생명이다. 끈적끈적한 녹말 덩어리로 된 토란은 벼과 식물 못지않게 수많은 민족의 주식이었다. 그러나 벼와 보리가 대량으로 재배되면서 주식이 아니라 반찬의 개념으로 밀려났다.

외떡잎식물인 토란은 과도하게 큰 잎을 갖고 있다. 잎이 큰 만큼 많은 태양 빛을 흡수하여 질 좋은 녹말을 마음껏 생산할 수 있었다. 토란은 그렇게 만들어진 생산물을 땅속줄기에다 가득가득 저장해 놓았다. 문제는 바람이다. 잎이 크니까 그만큼 바람하고 자주 부딪힌다. 바람은 토란이 너무 욕심쟁이라고 경고했다. 줄기의 비율에 엇박자가 날 정도로 너무 큰 잎을 가졌기 때문이다. 너무 욕심부리지 말라고, 잎의 비율을 축소하라고. 토란이 그 충고를 듣지 않자, 아주 거칠고 강한 바람이 몰아쳤다. 그러니 토란 잎은 성한 것이 없었다. 토란은 그물 모양으로 빽빽하게 철근을 배치하는 쌍떡

토란은 쌍떡잎식물과 외떡잎식물의 장점을 골고루 받아들였다.

잎식물의 공법을 생각했지만, 외떡잎식물의 후손이라는 자존심이
더 강했다. 그렇다고 외떡잎식물의 공법을 무작정 따르면 살아남을
수 없었다. 고민 끝에 가운데 잎맥을 따라 좌우 측으로 자유롭게 가
느다란 잎맥을 배치했다. 때론 방사형으로 배치하기도 했다. 전체적
인 잎의 구성은 쌍떡잎식물의 공법을 도용하고, 세밀한 철근 배치는
외떡잎식물의 전통을 따랐다. 그러자 잎이 한결 튼튼해졌으며 바람
을 이겨 낼 수 있었다.

쌍떡잎식물의 특권을 내려놓은
코스모스의 위험한 선택

코스모스는 키가 크고 줄기도 굵을 뿐만 아니라 꽃도 많이 피운다.
결코 약한 생명이 아니다. 마치 살을 발라내고 뼈대만 남은 이파리
로 살아가는 식물이라고는 믿기지 않는다. 코스모스는 쌍떡잎식물
이 가질 수 있는 특권을 내려놓았다. 잎이라고 할 수 없는 뼈다귀 같
은 것을 매달고 있다.

코스모스는 쌍떡잎식물보다 오랜 전통을 가진 소나무의 건축 양
식을 공부했다. 코스모스는 소나무야말로 겸손한 선배 식물이라며
존중하고 침엽수의 건축 양식을 찬양했다.

잎은 태양 빛을 이용하여 녹말을 만들어 내는 거대한 공장이다.
그 공장이 잘 되어야만 식물 공화국 전체가 행복해진다. 코스모스는

그런 욕심을 버렸다. 그것이 소나무에게 배운 미덕이었다. 집안의 어른들이 아무리 말해도 듣지 않았다.

코스모스는 소나무처럼 잎을 가늘게 만들었다. 수많은 비난이 쏟아졌다. 소나무하고 코스모스는 근본이 다른 식물이라고 하면서 어른들이 화를 냈다. 왜 멀쩡한 잎을 바늘처럼 잘게 갈라놓아서 집안 망신 시키냐고 한탄하는 어른도 있었다. 그래도 물러서지 않았다. 쌍떡잎 집안의 계율을 지키면서도 그 경계를 넘어 새로운 가치를 보여주고 싶었다.

쌍떡잎식물의 특권을 내려놓은
코스모스의 삶은 행복하다.

© 이상권

코스모스는 소나무만큼 잎을 빽빽하게 배치하지 않았지만 다른 식물에 비하면 훨씬 촘촘하게 잎을 배치했다. 그래도 잎이 가늘어서 높은 층에 있는 잎이 아래층에 사는 잎을 그늘로 가리지 않는다. 코스모스의 선택은 성공적이었다. 맨 위에 있는 잎이 햇살을 독점할 수 없다. 잎이 갈라져 있으니, 햇살은 잎과 잎 사이의 행간으로 흘러 맨 밑바닥까지 내려간다. 결국 코스모스 공화국 잎들은 어디에서 살건 녹말 생산량이 거의 비슷하다. 그러니 행복 지수가 아주 높을 수밖에 없고, 공화국 전체가 부강할 수밖에 없다. 그것이 코스모스가 번성하는 이유다.

물고기 아가미 공법을 받아들인 매화마름

소년의 친구들은 다 수영을 잘한다. 요즘이야 수영을 잘한다는 기준이 획일화되어서 속도만 강조하지만, 소년의 친구들은 다양한 방법으로 수영 실력을 측정했다. 가장 높은 점수를 배당 받는 것은 잠수 능력이었다. 물속으로 잠수하여 숨을 참아 내면서 얼마나 먼 거리까지 가는가, 물속에서 얼마나 조개를 잘 잡아내는가.

소년은 잠수 능력이 좋은 편이 아니었다. 물속에서 참아 내는 숨이 짧았다. 친구들은 보통 소년보다 두 배 혹은 세 배 이상 숨이 길었다. 소년은 그 친구들을 볼 때마다 얼마나 부러웠는지 모른다.

강물에서 사는 풀도 많다. '개연'이라고 불렸던 어리연을 비롯하여 아이들이 좋아하는 마름이 있다. 소년도 마름을 좋아했다. 어떨 때는 신기해서 마름의 물속 기지가 있는 바닥까지 잠수하여, 그 줄기를 몇 번이고 관찰하기도 했다.

마름은 배가 정박할 때 바닷물 속에다 고정하는 닻이랑 똑같이 생겼다. 인간이 마름을 참고하여 닻을 만들었다는 사실을 알 수 있다. 인간의 문명이란 먼저 세상을 개척한 식물의 문명을 모방할 수밖에 없었으니까.

강바닥에 박힌 마름에서 싹이 트는 것은 더욱 신비롭다. 서너 가닥 펼쳐진 마름 잎이 동그란 줄에 매달린 채 천천히 떠오른다. 그걸 볼 때마다 마름 잎도 숨을 쉬어야 할 텐데, 하고 걱정했다. 다행스럽게도 마름 잎은 산소통을 갖고 있다. 잎 뭉치 바로 아래쪽에 통통한 혹이 있는데, 그것이 산소통이다. 마름 잎은 수면에 걸치는 순간 납작하게 펼쳐진다. 그때부터 시간은 꽃을 피우고 열매를 통통하게 키워 내서 사방에다 자랑한다.

닻처럼 생긴 마름을
물밤 혹은 말밤이라고 하여
아이들이 까먹었다.

소년은 그걸 따서 까먹었다. 무서운 가시로 무장했다고 해서 아이들을 쫓을 수는 없다. 마름이 마르면 딱딱해져서 도저히 아이의 힘으로는 깔 수 없다. 그래서 아이들은 물속에 있을 때 까먹는다. 생밤 맛이 나는 마름을 '물밤' 혹은 '말밤'이라고 불렀는데, 그 오독오독 씹어 먹는 맛이 좋았다.

마름은 욕심꾸러기다. 아롱아롱 떠오르
는 잎은 삽시간에 강물을 덮어 버린다. 수
련이라면 모를까, 그 누구도 그런 마름의
욕심을 통제할 수 없다.

마름의 사촌인 매화마름은 그런 욕심
꾸러기가 아니다. 매화마름은 잎을 코스
모스처럼 잘게 갈라놓았다. 매화마름은 물
밖으로 고개조차 내밀지 못하고 살아갈 때가

많다. 고작해야 꽃송이를 내밀거나 이파리 몇 가닥을 내밀 뿐이다.

매화마름은 마름보다 물속 생활을 많이 한다. 당연히 물속에서 숨
쉬는 법을 알아야 하는 매화마름은, 물고기 아가미를 보고 그런 잎
을 만들었다. 물고기는 작은 파편을 아가미에다 가지런히 배치해 놓
았다. 매화마름 잎은 물고기의 아가미랑 비슷한 구조를 띠고 있다.

소인국에서 온 사람처럼 보이는 작약 어린순

소년의 생가 뒤란 화단은 작약들 세상이었다. 그것은 할아버지가 관
리하는 약용 식물이었다. 할아버지는 호주머니가 허전해지면 그것
을 캐서 말린 다음 읍내 한약방에다 가져다주었다. 한약방 주인은 말
린 작약 뿌리를 들고 오는 사람을 언제든 환영했다. 그런 날 할아버
지는 술에 취한 채 달빛을 등에 지고 허청허청 마당으로 들어오셨다.

작약은 용감한 풀이다. 쥐불놀이를 연출하면서 존재감을 드러낸 정월 보름달의 시간이 끝나갈 즈음이면, 뒤란 양지바른 곳이 발긋발긋해진다. 작약은 핏덩이 같은 붉은 포대기를 뒤집어쓰고 솟아난다. 가만히 보면 솟아나는 것이 보일 만큼 그 속도가 빠르다. 가끔씩 바람이 불어서 그 핏덩이를 흔들어 대면, 바람이 붉게 태어난다는 생각도 들었다.

작약은 한 뼘 이상 줄기가 솟아오를 때까지 비늘로 만들어진 포대기를 벗지 않는다. 작약이 봄눈을 뚫고 솟아오르는 것은 포대기를 믿기 때문이다. 그럴 때는 속살이 더 붉다. 소년은 작약이 돋아나면 은근히 걱정되었다. 더 두꺼운 옷이라도 입혀 주고 싶었다. 걱정은 늘 현실이 되었다.

해마다 봄은 한달음에 달려오지 않는다. 질퍽질퍽 땅을 주무르면서 작은 씨앗들을 들뜨게 하다가도, 꽃샘추위 의식을 치를 때면 마음껏 봄노래를 부르던 냇물까지 꽁꽁 얼어 버린다. 꽃샘추위는 봄의 혼돈이다. 그래서 나무들은 신중하게 봄바람의 눈치를 보지만, 눈치 없는 작약은 너무 성급하게 새싹을 틔운다. 봄바람이 그런 작약을 가만둘 리 없다. "어쭈, 요놈 봐라! 아주 겁이 없구먼!" 봄바람이 점령군처럼 들이닥치면, 너무 여린 작약 줄기는 한순간에 시들어 간다.

해마다 작약은 그렇게 경솔했다. 다행스럽게도 작약은 뿌리가 워낙 부자라서 다시 시작할 때도 그리 어렵지 않았다. 그런 참사를 당하고도 날씨가 풀리기만 하면 아무렇지도 않게 통통한 줄기를 밀어 올린다. 껍질을 뒤집어쓰고 나오는 것도 죽순이랑 똑같다.

쌍떡잎식물이 대나무처럼 한꺼번에 쑥 자라 오르는 경우는 드물다. 그들은 냇가에다 조심조심 징검다리를 하나씩 놓고 안전한지 발로 디뎌 보고 나서야 앞으로 나아가는 스타일이다. 당연히 잎을 만들 때도 매우 조심스럽고 꼼꼼하다.

그에 비해 작약은 여러모로 쌍떡잎식물들이랑 다르다. 죽순은 대지를 뚫고 나올 때 포대기를 뒤집어쓰고 있다. 작약은 그 공법을 모방했다. 포대기는 추위를 달래 주고 어린눈을 보호해 준다. 웬만한 바람에도 찢어지지 않을 뿐만 아니라 애벌레들이 물어뜯을 수 없을 정도로 두껍다. 작약은 설계된 만큼 줄기가 허공으로 솟아오르고 나서야 포대기를 벗겨 낸다. 그와 동시에 작약은 줄기와 잎을 펼친다.

줄기를 펼쳐도 작약은 대나무와 달리 약하다. 붉은 피부가 식물 특유의 파란 근육질로 단련될 때까지는 긴장해야 할 시간이다. 그럴 때 꽃샘추위라도 굿을 하면 어린눈은 버티지 못하고 사그라들 것이다. 봄은 잠시 주춤거릴 뿐이다. 결코 그 혼돈에 항복하지 않을 테니까, 작약의 어린눈은 그런 봄의 정의를 믿고 살아간다.

소년은 땅에서 솟아나는 작약을 볼 때마다 아주 작은 소인국 사람들이 떠올랐다. 붉은 포대기를 벗어던지고 이파리를 펼치는 걸 보면 영락없이 사람 같다. 이파리는 사람 손가락 같다. 팔은 나란히 배치되어 있지 않다. 팔 하나가 허리에 붙어 있다면, 또 다른 팔은 배꼽에, 또 다른 팔은 가슴에, 또 다른 팔은 어깨에…… 그

쌍떡잎식물인 작약은
죽순의 건축 공법을
따른다.

런 식으로 아치형 계단처럼 붙어 있다.

소년은 작약의 가지를 보면서, 인간도 저렇게 팔이 붙어 있으면 재밌겠다고 상상했다. 팔이 등에도 있고, 배꼽에도 있다면, 가만히 앉아서도 앞쪽 뒤쪽의 일을 다 할 수 있지 않을까.

잎을 건축하는 가장 기본적인 원리, 나선형 어긋나기 공법

소년이 초등학교 6학년 때 생가가 헐리고 새 집이 들어섰다. 소년은 그 과정을 신비롭게 들여다보았다. 숲에서 기둥감으로 쓸 나무를 점찍은 다음 그 밑에서 고사를 지내고, 그걸 잘라서 마당으로 모셔 오는 과정, 정성껏 다듬어 먹줄 먹이고 재단하여 뼈대로 채우고, 그렇게 조립된 집에다 흙살 찌우는 거룩한 시간을 보았다.

식물도 그렇게 건축물을 짓는다. 물론 톱이나 먹줄을 사용하지 않는다. 신은 식물에게 톱이나 대패가 없이도 훌륭하게 건물을 만들 수 있는 능력을 주었다. 유래없는 특혜였다. 식물은 그 믿음에 보답하면서 생명의 선구자 노릇을 하고 있다.

식물이 사는 땅은 좁다. 식물은 그런 문제를 해결하려고 일찌감치 허공으로 관심을 돌렸다. 인간이 자랑하는 모든 건축물은 다 식물을 보고 배운 것이다. 너무도 다양한 식물의 건축물에 비해서 인간의 건축물은 그 한계가 분명하다. 인간의 고층 건물은 너무 단순하다.

지하는 보통 주차장, 지상이 주거 지역이다. 1층 위에 2층, 3층, 4층, 5층…… 그런 식으로 층층이 건축물을 쌓아 올린다. 식물은 공간을 효과적으로 이용하는 것보다 그곳에서 살아가는 시민들 삶의 질을 더 중시한다. 아무리 공들여서 집을 지어도 그곳에 사는 시민이 행복하지 않으면 소용없다.

인간의 건축물은 돈이 중심이다.

식물의 건축물은 시민의 삶이 중심이다.

식물은 건축물을 단순하게 쌓아 올리지 않는다. 위아래 층에 사는 거주자들의 갈등 요소를 아예 처음부터 차단해 버린다. 까치수염이 1층에다 이파리를 만들면, 바로 위층은 약간 방향을 틀어 이동하면서 배치하여 서로 겹치지 않게 하고, 3층에 만들어지는 이파리도 다시 오른쪽 방향을 틀어서 배치하고, 4층에서 만들어지는 이파리는 또다시 옆으로 이동한다. 1층과 4층 이파리가 겹쳐지기는 해도 워낙 층간이 벌어지다 보니 거의 민원이 발생하지 않는다. 햇살도 1층에서 4층 사이의 간격으로 넉넉하게 들어오니까 시빗거리가 되지 않는다. 그렇게 나선형으로 이파리를 배치한다. 식물에 따라서 차이는 있어도, 식물 건축가들에게는 나선형 건축 양식이 기본이다. 나선형 어긋나기 공법의 장점은, 각 층에 만들어지는 잎과 잎 사이의 여백으로 햇살이 넉넉하게 흘러든다는 것이다. 까치수염은 식물이 잎을 배치하는 기본 원리를 충실하게 따랐다.

식물이 줄기에서 이파리를 배치할 때 가장 신경 쓰는 것은 서로 조망권이 겹치지 않게 하는 것이다. 어렸을 때 새로 지어진 소년의

본가도 마찬가지였다. 새 집은 약간 방향을 틀었다. 앞집이랑 조망권
이 겹치기 때문이었다. 집터도 흙을 파내서 낮추었다. 본가가 높은
곳에 있어서 다른 집 마당이 너무 훤히 보였기 때문이다. 다른 집들
을 배려한 것이다.

　소년은 소 풀을 베기 시작했을 때, 소가 가장 싫어하는 풀이 익모
초라고 생각했다. 익모초는 소년이 먹어 본 풀 중에서 가장 썼다. 어
쩌다가 한 번 배탈이 났었는데, 그때 할머니는 익모초를 짜서 즙을
마시게 하였다. 소년은 딱 한 모금만 먹고는 마구 토악질하면서 달
아나 버렸다. 차라리 배가 아파서 죽을지언정 그 쓴물을 먹을 수는
없었다. 그만큼 썼다. 그러니 소도 싫어할 거라고 예측했는데, 뜻밖
에도 소는 맛있게 먹었다. 그제야 사람과 소의 입맛이 다르다는 것
을 알았다.

© 이상권

익모초는 잎을 90도로 돌려서
층과 층 사이에 햇살이 잘 들게 한다.

사각진 줄기를 가진 익모초는 소
년보다 더 키가 컸다. 쑥잎처럼
생긴 잎을 나란히 두 개씩 배
치했는데, 위층으로 올라갈
때마다 90도로 방향을 틀었
다. 그러다 보니 잎과 잎이
위아래 층으로 겹치지 않는
다. 1층과 3층에 사는 잎이 겹
치지만, 2층이 빈 여백이기 때
문에 햇살을 받아 내기 위한 층
간 갈등이 생기지 않는다.

꼭두서니는 주로 울타리 가에서 자라나는 덩굴로 줄기에 까끌까끌한 가시를 고용하고 있다.

옛사람들은 그 풀을 염색 재료로 이용했다. 그 풀은 꽃도 보잘것없고, 이파리 디자인도 그다지 독창적이지 않다. 그래선지 꼭두서니는 이파리 배치에 유독 신경을 썼다. 꼭두서니는 한 층에다 동서남북으로 4개의 잎을 돌려 가면서 배치했다. 그렇게 배치된 이파리는 위로 솟아오르는 줄기의 중심을 잡아 주고, 햇살을 받아 내는데도 상

© 이상권

꼭두서니는 잎을
동서남북으로 펼치고
층간 거리를 넉넉하게 둔다.

당히 유리하다. 하지만 빌딩을 세울 경우 위아래 층에 사는 시민들이 햇살을 두고서 갈등을 일으킬 수 있다. 동서남북으로 잎을 배치하다 보니 익모초처럼 1층과 3층 사이를 비워둘 수가 없다. 꼭두서니는 그런 문제점을 해결하기 위해서 층간 간격을 아주 넓게 하였다. 즉 1층과 2층, 2층과 3층 사이 간격을 익모초의 1층과 3층 간격만큼이나 넉넉하게 떨어트려 햇살이 잘 들게 만들었다.

식물은 잎을 만들 때 가장 많이 투자한다. 그렇다고 무작정 큰 잎을 선호하는 건 아니다. 잎이 커지면 그만큼 바람의 간섭을 많이 받을 테니까 힘들어질 수도 있다. 그러니까 감당할 수 있을 정도로, 자

기 실정에 맞게 잎을 설계하는 것이 가장 중요하다. 식물은 그런 조건을 따져 가면서 개성이 강한 잎을 만들어 왔다.

그에 비해 소나무 잎은 너무 소박하다. 소나무도 마음만 먹는다면 얼마든지 큰 잎을 만들었을 것이다. 추위와 바람 그리고 건조한 날씨를 견뎌 내기 위해서는 그런 욕망을 다 내려놓아야만 했다.

소나무는 가늘고 작게 이파리를 설계했다. 잎을 배치하는 데도 많은 고민이 필요하지 않았다. 잎이 워낙 작다 보니 빽빽하게 붙어도 서로에게 방해가 되지 않았다. 소나무는 잎을 동그랗게 돌려 가면서 배치하였다. 1층에서도 동그랗게 잎을 돌려 가면서 배치하고, 2층에서도 똑같은 형태로 배치하고, 3층, 4층, 5층에서도 마찬가지다. 그래도 높은 층에서 사는 잎이 아래층으로 가는 햇살을 완전히 차단하지 않는다.

욕심을 부리지 않으면 모두가 함께 살아도 불편하지 않다. 인간이 지은 아파트는 부의 상징이자 욕망의 덩어리기 때문에, 그들은 끊임없이 갈등하면서 살아간다. 층과 층 사이의 갈등, 벽을 마주하고 있는 이웃과의 갈등이 끊이질 않는다.

미학적이면서도 실용적인 솔방울 건축물

소년이 솔방울을 찾아 나서는 것은 정월 대보름 무렵이었다. 그때쯤 아이들은 깡통에다 못으로 구멍을 낸 다음, 철사로 줄을 만들어서

쥐불놀이용 불 깡통을 제작한다. 불 깡
통을 먹여 살릴 나무도 준비한다. 솔
방울은 불이 잘 붙어서 불 깡통이 좋
아하는 먹이다. 솔방울을 게걸스럽
게 먹어 대는 불 깡통은 윙윙거리는
소리로 아이들을 흥분시킨다. 솔방울은
헤아릴 수 없을 만큼 많은 조각으로 연결
되어 있고, 그 사이사이로 바람이 잘 통한다.

솔방울은 자동으로
열리고 닫히는 구조로
설계된 건물이다.

그래서 불 깡통을 힘껏 돌릴수록 불기운도 그만큼 강해진다.

솔방울은 기왓장 같은 문을 한 장 한 장 덧붙여서 지은 건축물이
다. 그 문은 나선형으로 배치되어 있다. 복잡하면서도 단순한 구조이
다. 솔방울은 씨앗의 집단 숙소이고, 수분을 잘 흡수하는 구조로 설
계되었다. 평소에는 숙소의 문을 살짝 열고 있다가 습도가 높아지면
자동으로 문이 닫힌다. 내부는 목질인 셀룰로스로 이루어져 있고, 에
너지 소모는 전혀 없다.

날개가 달린 씨앗은 비가 오면 하늘을 날 수 없다. 게다가 방 안에
습기가 있으면 씨앗이 곰팡이의 습격을 받을 수도 있다. 그래서 비
가 내리면 숙소의 문은 금방 닫힌다. 문이 열리는 것은 느려도 닫힐
때는 빠르다. 그래야만 방 안으로 들이치는 습기를 막아 낼 수 있다.
아직 씨앗이 여물지 않은 방은 절대 열리지 않는다.

소나무 사촌인 잣나무는 씨앗이 다 여물기도 전에 수난을 당한다.
잣나무도 소나무만큼이나 강한 향과 송진으로 무장하고 있다. 그래

만드는 엔지니어를 지향하는 식물의 잎

도 잣 서리꾼 청설모에게는 소용없다. 청설모는 우선 높은 곳에 달린 잣송이를 땅으로 떨어트린다. 그런 다음 날카로운 앞니로 송진투성이 잣송이 껍질을 벗겨 내고, 단단한 씨앗 껍질을 깐다. 그의 입은 씨앗을 까는 자동 기계로 변해서 수백 개의 씨앗도 눈 깜짝할 새 속살이 드러난다. 그는 일을 마치자마자 씨앗을 볼주머니에다 가득 쟁여 넣고 잽싸게 사라진다.

청설모가 잣 서리를 시작하면 소년은 근처에서 가만히 지켜본다. 행여 기척이라도 내면 그 영악한 놈이 그것을 물고 다른 곳으로 가 버리니까, 절대 눈치채지 못하게 딴청 부린다. 녀석은 떨어트린 잣송이를 분해하고, 잣의 갑옷을 벗겨 낸다. 삽시간에 주위는 알몸으로 굴러다니는 잣으로 덮인다. 그러면 천천히 일어나서 "청설모야, 나눠 먹자!" 하고 다가간다. 당황한 청설모가 급하게 잣을 입안에다 담아 보지만, 그걸 다 주워 담는 건 불가능하다.

화가 난 청설모는 나무에 올라가서 아이한테 마구 욕설을 퍼붓는다. 소년은 땅에 떨어진 잣을 손바닥 가득 모아 입안으로 털어 넣으면서 히히히 웃는다. "너도 이거 훔쳐 먹는 거잖아? 훔친 건 같이 나눠 먹어야 맛있는 거야. 비밀은 지켜 줄게." 청설모도 금방 욕하다가 지쳐 버린다.

청설모는 솔방울도 서리한다. 다만 잣송이에 비해서는 피해가 적은 편이다. 솔방울을 서리해서 까도 별로 먹을 게 없기 때문이다.

소나무가 씨앗의 성능이 완벽해졌다고 판단하면, 솔방울은 숙소의 문을 활짝 열어 둔다. 소나무 씨앗은 미지의 세상으로 날아갈 때 바람을 교통편으로 이용한다. 바람은 소나무 씨앗의 첫출발을 어미처럼 챙긴다. 방에서 나온 씨앗은 오롯이 자기 무게만으로 날아간다.

소나무 집단 숙소의 문은 일부러 작게 설계되었다. 그래야만 더 빠르고 정교하게 문을 닫을 수 있다. 문이 작다는 것은 그만큼 에너지 소모도 적다는 뜻이고, 빠르게 움직일 수 있다는 장점이 있다. 숙소의 문은 기왓장처럼 서로서로 맞물리면서 완벽하게 외부 공기를 차단한다. 그 건축물이 숱한 비바람에 시달려도, 애초에 목수가 설계해 놓은 기능은 사라지지 않는다.

식물의 먼 조상은 광합성 하는 세균이었다. 그 세균이 수생 식물이 되어 살다가 육지로 이동했다. 육지로 올라온 수생 식물은 이끼 같은 선태식물, 고사리 같은 양치식물로 변했다. 날씨는 따뜻했다. 이산화 탄소도 풍부했다. 그야말로 양치식물의 천국이었다.

그들의 유일한 단점이라면 정자와 난자가 만나기 위해서는 반드시 물 중매쟁이가 있어야 한다는 점이다. 중매쟁이가 물이라는 것은 그들이 바다에서 생겨난 생명의 후손이라는 뜻이다.

그런 측면에서 보면 인간도 바다에서 태어난 생명의 후손이며, 양치식물의 까마득한 후배이다. 물의 지휘를 받을 수밖에 없었던 양치식물은 습한 곳에서만 살아갈 수밖에 없었고, 더 넓은 지역으로 자신들의 시간을 넓혀 가지 못했다.

그 무렵에 겉씨식물인 침엽수가 나타났다. 그들은 물이 중매를 서지 않아도 정자와 난자를 만나게 할 수 있었으니까, 완벽하게 물의 통제를 벗어났다. 대신 바람이 중매쟁이로 나섰다. 바람은 지구의 구석구석까지 빈 땅의 존재를 알고 있었고, 성스러운 예식이 끝나고 난 뒤에는 침엽수 후손을 그런 곳으로 안내해 주었다. 소나무는 바람의 덕으로 자신의 역사를 새로운 곳으로 확장했다.

안타깝게도 소나무 역시 치명적인 단점을 갖고 있었다. 후손을 잉태하여 세상으로 출가시키기까지 너무 많은 시간이 걸렸다. 소나무가 산란한 송홧가루는 중매쟁이를 통해 멀리멀리 날아간다. 누군가를 통해서만 자기 존재를 드러낼 수 있는 바람은, 중매쟁이로 고용되자마자 신이 나서 뿌연 송화 구름 사태를 일으켰다. 그들의 사랑은 동물의 사랑보다 훨씬 더 철학적이다. 동물은 당사자들이 만나서 바로 정자를 건네주는 단순한 방법을 선택하지만, 그들은 훨씬 복잡하고 까다로우면서 환상적인 절차를 거친다.

그들은 동물과 달리 단순한 사랑을 넘어 섹슈얼리티를 추구한다. 사랑이라는 것을 대자연 전체의 의식으로 승화시켜서, 바람과 햇살이 그들의 혼례식을 주관하게 한다. 예식의 대향연은 혼돈의 절정이다. 그래서 더 열광적이고 흥분된다. 당사자뿐만 아니라 하늘과 땅도 그 주술에 흔들리는 거대한 축제이다. 정자는 바람을 타고 자유롭게 날아다닌다. 암꽃은 수꽃보다 한참 늦게 생겨나는데, 그래야 근친교배를 막을 수 있다. 송홧가루가 다 바닥 날 즈음 아기가 살아갈 솔방울이 또렷하게 드러난다.

소년은 아기 솔방울을 볼 때마다 궁금했다. 나무는 봄에 꽃잔치를 하고 여름이나 가을에 열매가 완숙된다. 솔방울은 그런 법칙에서 이탈해 있다. 도토리보다 작은 그 솔방울은 어찌 된 영문인지 겨울이 오도록 통 자라지 않는다. 이듬해 봄이 되어야 아기 솔방울이 푸르게 변하면서 성장하기 시작한다. 소나무가 건강한 씨앗을 출산하기 위해서는 가을을 두 번 맞이해야만 하니까, 인간보다 임신 기간이 훨씬 더 길다.

속씨식물과 함께 다양한 중매쟁이들은 등장했다. 바람과 햇살, 물, 땅, 그리고 살아가는 모든 것이 중매쟁이로 고용되었다. 속씨식물은 중매쟁이를 통해 정자와 난자가 만나는 순간 바로 합방이 이루어지면서 수정되었다. 그러니 후손을 탄생시키는 속도가 겉씨식물보다 훨씬 빨랐다. 그들이 세상을 지배하는 것은 당연하지 않은가.

가을에 소나무를 올려다보면 솔방울 3대 이상이 매달려 있다. 도토리보다 작은 3세대 솔방울이 줄기 끝에 매달려 있고, 줄기 중간에는 아기를 세상으로 출가시키고 있는 2세대 솔방울, 그 아래쪽 줄기에는 다 자란 후손이 출가하여 텅 빈 1세대 이상의 솔방울이 달려 있다. 3세대 솔방울과 2세대 솔방울은 색깔이 밝은 갈색이다.

그 밝은 빛이 바래어 어두운 갈색으로 변해 가는 솔방울이 보인다. 자식들을 모두 출가시키고 지금은 텅 비어 있는 집이다. 1세대 이상 된 솔방울이다. 아무도 거처하지 않는 집이지만, 지금도 날씨가 습해지면 문이 닫히고 햇살이 반짝거리면 문이 열린다. 자식을 출가시킨 뒤에도 자식이 살았던 방을 그대로 두고 살아가는 어머니 마음이 그대로 담겨 있다.

소년은 고등학교 때부터 혼자 자취했다. 자취방 주인은 한국 전쟁으로 남편을 잃은 할머니였다. 할머니의 안방 앉은뱅이책상에는 늘 솔방울이 가득 쌓인 함지박이 있었다. 소년은 왜 솔방울을 방에다 두냐고 물었다. 할머니는 소녀처럼 수줍게 웃으면서 향이 좋으니까, 멋스러우니까, 그런 식으로 나지막이 울림소리를 보내왔다.

할머니는 일정한 터울로 솔방울을 교체했다. 소년이 시골에 갈 때면 솔방울을 가져다 달라고 부탁했다. 그것 참 모를 일이다. 혹시 약단지를 다릴 때 쓰려고 그러나? 약단지를 다릴 때 솔방울은 최고의 땔감이었다. 좁은 마루나 부엌, 심지어 베란다에서도 불을 땔 수 있었다. 불기운이 약해질 때마다 솔방울을 단지 밑으로 밀어 넣으면 되니까, 불을 때기도 쉬웠다.

할머니는 약단지를 쓰지 않았다. 소년은 흔하디흔한 솔방울을 금덩이처럼 애지중지하는 할머니를 이해할 수 없었다. 그러다가 장마철에 가습기로 이용한다는 것을 알았다. 할머니는 친정어머니가 알려 준 지혜라고 하면서, 장마철에 햇살이 드러날 때마다 솔방울을 장독대에다 말렸다. 그때부터 소년도 솔방울 가습기를 이용했다.

잎을 손처럼 이용하는 며느리밑씻개

고층 건물을 짓지 못하는 며느리밑씻개는 덩굴을 만들어서 햇살이 드는 땅을 찾아 나섰다. 그러다가 경쟁자를 만났다. 칡은 막강한 경제력을 바탕으로 줄기와 잎을 만들어서 삽시간에 며느리밑씻개를 덮어 버렸다. 며느리밑씻개는 아등바등 칡잎 위로 올라서려고 했다. 하지만 아직 덩굴손도 개발하지 못했고, 나선형으로 줄기를 감고 올라가는 비법도 터득하지 못한 상태였다. 어디서 사다리를 빌릴 수도 없었다. 그렇다고 포기할 수는 없다. 식물은 어떤 상황에서도 삶을 포기하지 않는다.

며느리밑씻개 잎은 삼각형이다. 이파리 안쪽에는 까끌까끌한 가시가 나 있다. 초식 동물의 공격을 막아 내려고 만든 무기다. 며느리밑씻개는 그 이파리를 이용하기로 했다. 잎을 수직으로 세워서 칡 줄기에다 붙였다. 까끌까끌한 가시가 줄기에 박히듯 달라붙었다. 위로 올라가도 줄기에 박힌 잎이 떨어지지 않았다.

몇 걸음 올라가니까 가느다란 나뭇가지가 보인다. 며느리밑씻개는 수직으로 줄기에다 붙이던 잎을 수평으로 돌린 다음 가지에다 걸친다. 그런 식으로 며느리밑씻개는 암벽 등반하듯 오른다. 상황에 맞게 잎의 각도를 조절하여 붙이고 걸치면 아무리 경사진 곳이라고 해

© 이상권

며느리밑씻개는
잎을 인간의 손처럼
자유자재로 움직인다.

도 오를 수 있다. 칡덩굴이 빽빽하게 우거져도 당황하지 않는다. 잎을 사람의 손처럼 이용해서 더 높은 곳으로 올라갈 수 있기 때문이다. 그때부터 며느리밑씻개의 삶은 확 달라졌다.

완두콩과 으아리의 지혜

완두콩은 가난한 식물이다. 더구나 한해살이 운명이다 보니 빌딩은 꿈도 꾸지 못한다. 욕심 없이 살고 싶어도 다른 풀에게 치여 삶이 너무 팍팍했다. 결국 완두콩도 덩굴을 만들어서 보다 나은 삶을 찾아 나서기로 했다. 완두콩이 뻗어 나가자 키 큰 달맞이꽃이 잎으로 가린다. 완두콩은 비켜 달라고 했다. 같이 좀 삽시다, 하고 점잖게 부탁했다. 달맞이꽃은 들은 체도 하지 않았다.

완두콩이 달맞이꽃 줄기를 나선형으로 휘감아 보려고 해도 그게 맘대로 되지 않는다. 완두콩 줄기가 나팔꽃 줄기처럼 부드럽지 않기 때문이다. 완두콩은 며느리밑씻개처럼 잎을 이용해 보려고 했다. 그것도 맘대로 되지 않는다. 완두콩 잎은 겹잎으로 구조도 복잡해서 움직이는 것 자체가 쉽지 않다.

완두콩은 고민하다가 이웃에서 살아가는 머루 덩굴에게 자문을 구했다. 머루는 덩굴손 만드는 방법을 알려 주었다. 줄기 끝에 달린 잎을 이용하는 머루는, 잎을 동그랗게 펴지 말고 가늘게 뽑아서 허공으로 뻗어 보라고 했다. 완두콩은 망설였다. 아니, 아까운 잎을 이용하라고? 완두콩은 고민하다가, 몇 개 잎을 희생해서 전체가 편안하게 살면 그것도 의미 있는 일이라고 결론을 내렸다. 완두콩은 가장 끝에 달린 잎으로 덩굴손을 만들었다. 그러자 높은 곳으로 이동하기에 한결 수월했다. 그때부터 완두콩은 기어가다가 키 큰 풀이 막아서면 덩굴손을 뻗어 상대를 잡고 올라갔다. 이제는 키 큰 식물을 만나도 두렵지 않았다.

완두콩 덩굴손은 잎을 희생시켜서 만든 것이다.

광교산 아래에 있는 소년의 집 울타리 가에는 쌍떡잎식물인 으아리도 살아간다. 한해살이인 으아리는 뿌리가 겨울을 난 다음 햇살이 노골노골해지면 굵은 줄기를 거침없이 밀고 나온다. 줄기가 워낙 힘이 있어서 아이들 배꼽 높이까지 자라도록 혼자서 지탱할 수 있다. 어느 정도 자라면 누군가를 붙잡아야 하는데, 그들은 덩굴손을 이용하지 않는다. 그들은 잎자루를 덩굴손처럼 이용한다. 만약 무엇인가를 붙잡을 필요가 있다고 판단하면 잎자루를 길게 늘인 다음, 그것으로 칭칭 감는다. 그러니 굳이 덩굴손 따위를 만들어서 낭비하지 않아도 된다.

으아리의 지혜는 며느리밑씻개와 비슷하면서도 다르다. 며느리밑씻개는 뾰족뾰족한 잔가시가 있는 잎을 상대에게 걸치거나 붙이기 때문에 강한 바람이 불면 떨어진다. 그에 비해 으아리는 잎자루로 칭칭 감기 때문에 아무리 강한 바람이 불어도 떨어지지 않는다.

줄기로 덩굴손을 만드는 새로운 공법

냇버들이 치렁치렁 늘어진 강가에 형제가 사는 집이 나란히 있었다. 두 집은 한 마당을 썼다. 공무원인 형은 금색 모자, 농부인 동생은 은색 모자를 즐겨 써서, 사람들은 형을 금돌 씨, 동생을 은돌 씨라고 불렀다.

어느 봄날 은돌 씨 장모님이 왔다. 서울에 사는 장모님이 몸이 아파서 딸네 집에 쉬러 온 것이었다. 금돌 씨도 진심으로 사돈어른을 반겼다.

시간이 흐르자 이상한 소문이 돌았다. 장모님이 자꾸 마당에 나와서 가래를 뱉어 대니까, 금돌 씨네가 싫어한다는 이야기였다. 그 소문에 은돌 씨는 서운했다. 불편해도 형님 내외가 이해해 줄 거라고 믿었건만 그게 아니었음을 알았다. 사실 장모님도 형님네랑 한 마당을 쓰고 있어서 여러 가지로 조심스럽게 행동하고 있었다. 아내는 이참에 마당에다 울타리를 치자고 하였다. 그러면서 그간 불편했던 점들을 털어 놓았다.

은돌 씨는 고민하다가 형님에게 그 이야기를 했다. 금돌 씨는 동생 입에서 마당을 가르고 울타리를 치자는 말이 나오자 "아무리 그래도 어떻게 마당에다 울타리를 치자는 말이 나오냐? 알았다. 당장 그렇게 하자!" 하고는 화를 냈다. 그날 울타리가 만들어졌다. 졸지에 양쪽 집 아이들은 같은 마당에서 놀 수 없었다. 사람들도 그 집만 보면 혀를 끌끌 찼다.

그해 늦가을, 퇴근해서 돌아온 금돌 씨는 깜짝 놀라고야 말았다.

마당을 가로지른 울타리 한쪽이 무너져 있었다. 내년에 담을 쌓으려고 했는데, 누가 저렇게 한 거야! 금돌 씨는 화가 나서 걷다가 그만 멈춰 서고야 말았다. 무너진 울타리에는 노란 호박이 여섯 개나 매달려 있었다. 들에서 돌아온 은돌 씨도 그걸 보고는 어처구니없다는 듯 웃었다.

금돌 씨가 말했다. "동생, 호박이 주렁주렁 열려서 울타리를 깔아뭉갰네. 호박이 우리보다 낫네!" 은돌 씨는 무너진 울타리를 넘어오더니 형님 손을 잡았다. "형님, 죄송합니다!" 형제는 극적으로 화해하였다. 형제는 그 호박으로 엿을 만들어서 온 마을에 돌렸다. 마을 사람들은 그 호박엿을 먹으면서, 이거야말로 통일 엿이라고 흐뭇하게 웃었다.

© 이상권

으아리는 잎자루를 손처럼
이용하여 높은 곳으로 올라간다.

소년이 쓴 동화 「울타리를 무너트린 통일 호박」은 실제 있었던 이야기이다. 울타리를 무너트린 것은 호박이지만, 덩굴이 울타리에서 떨어지지 않도록 꽉 잡고 늘어진 덩굴손이 아니었으면 그런 기적은 일어날 수 없었다. 만만해 보이는 덩굴손 근육이 호박과 덩굴의 무게를 지탱하였고, 그러자 울타리가 그 중량을 감당하지 못하고 주저앉은 것이다.

애초부터 덩굴손 근육이 짱짱했던 것은 아니다. 처음에는 잎으로 덩굴손으로 만들어서 사용했다. 잎으로 만든 덩굴손은 호박이 조금만 더 커져도 그 무게를 감당하지 못하고 끊어졌다. 낭패였다. 그때부터 호박은 더 강한 재질을 고민하다가 튼튼한 줄기를 떠올린 것이다.

재료를 잎에서 줄기로 바꾸자 덩굴손 강도는 놀랍게도 강해졌다. 호박은 덩굴손으로 누군가를 꽉 붙잡아서 지지 기반을 마련하고, 절반은 시계 방향으로 절반은 그 반대 방향으로 휘감았다. 그러니 붙잡은 손에 훨씬 힘이 갔다. 덩굴손으로 무엇인가를 붙잡은 다음에는 스프링처럼 강하게 잡아당기는 원리를 적용했다. 덩굴손은 팽팽해지면서 근육은 더 짱짱해졌다. 그때부터 호박이 돌덩이처럼 무거워도 감당할 수 있었다.

줄기를 가공하여 만든 덩굴손이
호박의 무게를 감당해 낸다.

식물과 동물의
영원한 전쟁

생의 막장에서 살아남기

선인장이 사는 곳은 시끌시끌 온갖 식물이 밀집한 세상이 아니다. 텅 빈 허공만큼이나 적막한 사막이다. 사막이란 생명의 초대장이 날아올 수 없는 곳이니까, 식물에게 금지된 땅, 저주 받은 곳, 생의 막장이다. 아무런 희망도 없는 곳에서, 선인장은 희망을 만들어 내야만 살 수 있었다. 선인장이 가장 먼저 한 일은, 자기 잎을 전사로 탈바꿈하는 것이었다. 선인장 공화국에서 사는 모든 시민은 평생 군 복무를 해야 한다. 선인장 가시는 단순히 자신을 해코지하려는 세력을 방어하기 위해서 만들어진 게 아니다.

사막이란 생명이 살 수 없는 곳이다. 땅속 아무리 깊은 곳을 더듬어도 물 한 방울 구하기가 쉽지 않은데, 날마다 햇살 세례만 받아야 하는 식물은 버틸 재간이 없다. 식물의 잎은 기공으로 이산화 탄소를 받아들이고 태양 에너지를 이용하여 탄수화물을 만들어 내지만, 뿌리에서 올라오는 물이 부족하면 살아갈 수가 없다. 게다가 이산화 탄소를 받아들이기 위해서 열어 둔 기공 때문에 잎 속에 있는 수분마저 빠르게 증발한다.

그 문제를 풀어야만 사막에서 살 수 있었다. 선인장은 결단을 내렸다. 과감하게 잎을 없애고 대신 가시를 만들었다. 가시에다 선크림까지 발라서

선인장은 모든 잎을 없애는 전략으로 생의 막장에서 살아남았다.

아예 물이 증발하지 않도록 완벽하게 차단했다. 그럼 식물이 해야 하는 기본적인 일, 즉 광합성은 어떻게 하냐고? 선인장은 다시금 상식을 파괴했다. 잎이 아니라 줄기에게 그 임무를 떠맡긴 것이다. 다행히도 선인장 줄기는 통통하다. 사막에선 굳이 햇빛을 사냥하기 위해서 허공으로 줄기를 뻗칠 필요가 없다. 그렇게 하지 않아도 사방에 햇빛이 널려 있다. 오히려 통통한 줄기가 더 햇빛을 받아 내기에 효과적이다.

모든 식물의 가치를 전복한 선인장의 선택은 적중했다. 선인장이 통통한 줄기를 물탱크로 이용하고, 그 물을 훔쳐 내려고 하는 도둑을 날카로운 가시로 막아 내며, 줄기로 광합성까지 해내자, 모든 문제가 해결되었다.

사막이란 식물이 꿈꿀 수 없는 땅이다. 그런 조건에서 선인장의 역사는 시작된다. 아무리 잎을 없애고 가시를 만들어서 수분 증발을 막고, 줄기에다 광합성 공장을 건설한다고 해도, 수분 증발을 완벽하게 막을 수 없다. 식물의 절반은 땅속에서 살아가는데, 말라 가는 흙이 식물 뿌리에게 수분을 달라고 하소연하기 때문이다.

식물의 뿌리는 스펀지 같다. 흙 속에 수분이 있을 때는 그것을 빨아들이지만, 수분이 말라 버리면 그때부터는 뿌리가 비축하고 있던 수분이 빠져나가서 흙을 촉촉하게 해 준다. 그 섭리를 뿌리는 거부할 수 없다.

소년은 탁발 스님을 만나면 이상하게도 마음이 경건해졌다. 가난하면서도 아무런 욕망을 갖지 않은 그분들을 보면 같은 세상에 살면서도 전혀 다른 세상에서 사는 존재로 보였다. 소년은 탁발 스님들이 마당으로 들어서면 마음이 따뜻해져 귀하디귀한 쌀을 한 바가지 퍼다가 주었다. 나중에서야 그걸 안 어머니는, 아무리 그렇다고 식구들도 먹을 수 없는 쌀을 그렇게 많이 퍼 주는 놈이 어딨냐고 호되게 꾸짖었다.

당시 소년의 집안은 제삿날이 아니면 쌀밥이라고는 구경할 수 없는 상태였다. 소년이 쌀을 주식으로 삼은 것은 고등학교 때 자취를 하면서부터였다. 소년은 그런 집안 사정을 알면서도, 탁발 스님만 나타나면 쪼르르 광으로 가서 쌀을 퍼다가 주었다. 그렇게 하고 싶었다.

어쩌면 식물의 뿌리도 그런 마음을 가졌는지 모른다. 아무리 줄기가 뿌리를 타박해도 소용없었다. 메마른 흙을 가엾이 여긴 뿌리는 자신이 먹고살 수분까지 다 내주었다. 그러자 선인장 줄기는 결단을 내렸다. 너무 가뭄이 지속될 때는 뿌리를 없애 버리자! 어차피 가뭄 때는 뿌리가 물 한 방울 구해 올 수 없지 않은가.

쇠비름은 통통한 줄기에다 수분을 보관하여
뿌리가 없어도 살아남는다.

© 이상권

그것은 잎을 가시로 만든 것보다 더 위험한 결단이었다. 속된 말로 죽기 아니면 살기다, 그런 심정이었을 것이다. 스스로 뿌리를 잘라 낸 선인장은 줄기에 저축해 놓은 수분으로 버티면서 살아간다. 뿌리가 사라지자 수분 낭비도 사라졌으니까, 더 오랫동안 버틸 수 있었다. 선인장은 그렇게 몇 달간 혹은 몇 년간 비가 오지 않아도 버텨 낼 수 있다.

소년은 밭에서 일하다가 품앗이 온 여자들이 쇠비름을 뽑아 놓고는 호미로 마구 내리치는 것을 보았다. "이 지독한 것. 어쩌면 뿌리가 뽑혀 있는데, 열흘이 넘어도 죽지 않을까?" 그때마다 소년은 쇠비름이 불쌍했다. 아이들은 채송화 사촌인 쇠비름을 뽑아서 거꾸로 들고 그 줄기를 훑어 내리면서, "신랑 방에 불 켜라 새신랑 들어간다 각시방에 불 켜라 새각시 들어간다" 같은 노래를 부르며 놀았다. 그러다 보면 쇠비름 연초록색 줄기가 붉게 변했다.

어른들도 그런 어린 시절을 보냈을 텐데 조금도 쇠비름을 동정하지 않고, 꼭 뿌리가 위로 가도록 뒤집어 놓았다. 뿌리가 가장 두려워하는 햇살에게 제발 이놈 좀 처치해 달라고 부탁한 셈이다. 그렇다고 쇠비름이 소멸하는 건 아니다.

그들은 뿌리가 없어도 죽지 않는다. 통통한 줄기에 저장된 수분을 비상식량으로 먹으면서 버티고 버티다가 비가 오면 다시금 뿌리를 내린다. 그러니 쇠비름도 인간들에게 쫓기면 사막으로 이주할지도 모른다. 아마도 쇠비름이라면 사막에서도 살아남을 것이다.

동물과 식물의 전쟁에는 휴전이 없다

식물과 동물의 전쟁은 영원하다. 전쟁의 양상은 항상 똑같다. 동물이 먼저 공격하고, 식물은 늘 방어한다. 온갖 냄새를 퍼트리기도 하고, 치명적인 독으로 상대에게 고통을 주기도 한다.

겨울 햇살이 점점 온화해질 무렵이면, 푹신푹신한 낙엽 사이로 양배추 닮은 싹이 고개를 내민다. 천남성 사촌인 앉은부채가 어찌나 푸르고 싱싱하던지, 그걸 보면 누구라도 샐러드를 해 먹고 싶은 충동을 일으킬 것이다. 그러니 얼마나 많은 사람이 그걸 뜯어다가 먹고 고통스럽게 몸부림쳤을까. 그놈은 보기와 달리 강력한 독으로 무장하고 있다. 자칫 목숨을 잃을 수도 있다. 뜨거운 물에다 데쳐도 치명적인 독성이 사라지지 않는다.

앉은부채는 당당하게 봄의 서막을 알린다. 생뚱맞게 큰 잎 때문에 자칫 위협을 받을 수도 있다. 앉은부채가 나올 무렵에는 싱싱한 풀을 찾아볼 수 없으니, 거의 모든 초식 동물의 표적이 될 수 있다는 의미이다. 대체 무슨 배짱으로 그런 선택을 한 걸까.

"우히히히, 우린 초식 동물들이 벌벌벌 떠는 독을 품고 있지롱!"

아하, 그렇구나! 그렇다고 초식 동물들이 그 싱싱함을 놔둘 리 없다. 고라니랑 토끼가 용감하게 도전장을 냈다. 그들은 영악하다. 단숨에 앉은부채의 독을 무력화할 수 없다는 것을 알고 있다. 그들은 천천히 상대의 약점을 찾는다. 아무리 배가 고파도 조금만 뜯어 먹는다. 앉은부채의 독이 치명적으로 힘들게 하지 않을 정도만, 조금씩, 날마다 먹는다.

지금도 그들은 그렇게 하고 있다. 다른 것들과 섞어서, 조금씩만 뜯어 먹는다. 숲에 가면 토끼나 고라니에게 물어뜯긴 앉은부채를 쉽게 볼 수 있다. 그런 흔적을 보면 팽팽한 긴장감이 느껴진다. 분명한 것은 조금씩 앉은부채를 물어뜯는 횟수가 늘어나고 있다는 사실이다.

아직은 앉은부채가 별다른 대응을 하지 않고 있다. 지금 정도의 피해라면 굳이 새로운 대응을 할 필요가 없으니까, 관망하는 중이다. 만약 고라니랑 토끼가 앉은부채의 독에 내성을 갖고 전면적으로 줄기를 물어뜯는다면, 그때는 대응이 필요할 것이다. 더 강력한 독을 개발하든가, 아니면 새로운 무기를 만들어서 대응할 것이다.

호랑가시나무도 처음부터 가시로 맞대응한 것은 아니다. 호랑가시나무는 푸른 잎을 반짝이면서 살아가는 식물이다. 그러니 늘 초식 동물에게 시달릴 수밖에 없었다. 호랑가시나무는 잎의 표면 안쪽에다 셀룰로스를 동원하여 벽을 치장해 놓았다. 셀룰로스는 동물들이 소화하기 힘든 물질이다. 그 작전은 성공적이었다. 애벌레는 그걸 먹어도 소화할 수 없으니, 푸르른 잎은 애벌레에게 그림의 떡이었다.

겨울에 먹이가 줄어들자 토끼나 사슴, 소처럼 체구가 큰 초식 동물은 그것을 포기할 수 없었다. 소는 셀룰로스를 분해할

모든 잎을 전사로
탈바꿈한 호랑가시나무.

수 있는 마법을 가진 박테리아를 자기 몸속으로 불러들였다. 유리 성분이 든 벼과 식물이나 셀룰로스 같은 소화하기 힘든 잎을 발효해 줘야 한다는 조건을 달았다. 박테리아가 마다할 이유가 없었다. 대신 소는 박테리아가 자신의 몸속에서 안전하게 살 수 있도록 그의 치외 법권을 보장해 주었다. 그들의 동맹 관계는 지금까지도 이어져 오고 있다.

거의 모든 풀을 진공청소기처럼 흡입하는 토끼가 아무렇지도 않게 소화할 수 있는 비밀도 박테리아들 때문이다. 토끼는 소처럼 위에서 박테리아가 발효시켜 준 것을 다시 끄집어내서 새김질하지 않기 때문에 완벽하게 소화할 수 없다. 토끼는 그걸 동글동글 과자 모양으로 빚어서 배설한다.

소년은 숲에 갈 때마다 토끼 똥을 집어서 코끝으로 가져갔다. 전혀 구린내가 나지 않았다. 손에 쥐고 힘을 주면 톱밥 뭉치처럼 부스러졌다. 그 경단은 똥이 아니라 정교하게 조리된 음식이다. 소년은 그걸 주워다가 개 사료에 섞어서 주기도 했다. 개를 놀려 먹으려고 한 건데, 가끔은 개가 토끼 똥까지도 다 먹어 버렸다. 사실 먹을 수만 있다면, 그 경단은 인간에게도 좋은 음식이다. 토끼의 몸속을 완주하고 나온 똥은 반쯤 발효된 것으로, 그 안에는 위장을 이롭게 하는 박테리아들이 서식하고 있다. 그러니 토끼가 자기 똥을 먹는 것은, 과학적으로나

© 이상권

산토끼 똥은 최고의 발효 식품이다.

미각적으로나 혹은 위생적으로나 완벽한 식사를 하는 셈이다.

　신기하게도 집토끼 똥은 구린내가 난다. 산토끼 똥이랑 색깔도 다르다. 산토끼 똥이 맑은 갈색으로 동글동글 잘 빚어져 있다면, 집토끼 똥은 짙은 갈색에다 물렁물렁 엉성하게 빚어져 있다. 당연히 집토끼는 자기 똥을 먹지 않는다.

　그렇게 동물이 박테리아와 동맹하여 잎을 소화해 내자, 식물도 다른 전략을 검토하지 않을 수 없었다. 그래서 가시가 등장했다. 상대가 잎을 뜯지 못하도록 무기를 들고 위협하는 것이다.

　호랑가시나무나 엉겅퀴는 줄기가 아니라 잎을 가시로 무장했다. 인간 세상의 전쟁에서 가장 큰 피해자는 어린아이다. 그만큼 약한 존재이기 때문이다. 식물들 세상도 마찬가지다. 초식 동물은 가장 어리고 약한 잎을 공격한다. 그래서 호랑가시나무나 엉겅퀴, 방가지똥은 잎이 스스로 지켜 낼 수 있도록 날카로운 가시로 무장을 했다.

　엉겅퀴나 방가지똥은 아주 쓴 독을 보유하고 있다. 토끼를 비롯하

약한 잎을 비비 틀어 무기로 만들어 무장한 방가지똥.

여 대부분의 초식 동물들은 쓴 독을 해독하는 힘을 갖고 있다. 오히려 토끼는 쓴 풀을 더 즐겨 먹는다. 소년은 씀바귀를 비롯하여 엉겅퀴, 방가지똥 같은 쓴 풀을 '토끼의 쌀밥'이라고 불렀다. 그만큼 토끼가 좋아한다는 뜻이다. 그쯤 되자 쓴 독을 가진 풀들은 다른 전략을 마련해야만 했다. 그것이 잎을 비비 꼬아서 날카로운 가시로 무장하는 것이다.

호랑가시나무는 소년병이 국방을 책임지는 특이한 사회를 지향한다. 그들은 태어나면서부터 어마어마한 무기로 무장하는데, 잎이 커지고 나이가 들면서 까칠까칠한 무기를 다 버린다. 호랑가시나무 사회에서는 어른은 전혀 전투에 참여하지 않는다. 왜? 상대가 어른을 공격하지 않기 때문이다. 그러니까 국토 방위는 소년병들에게 맡겨 놓고, 어른들은 무기를 배치하는 통에 좁아진 잎의 면적을 넓힌다. 잎이 넓어진다는 것은, 그만큼 햇살을 많이 받아서 광합성 공장을 활발하게 가동할 수 있다는 뜻이다. 이제부터 어른들은 열심히 일해서 전체를 먹여 살려야 한다.

잎보다 더 강한 줄기로 만든 무기

언젠가 물고기 박사 최기철 선생님께 여쭤 보았다.

"저 어렸을 때는 아까시나무를 땔감으로 썼는데, 그 가시에 미꾸라지가 말라 죽어 있는 게 자주 보였어요. 우린 그걸 보고, 미꾸라지가 용이 되려고 빗물을 타고 올라가다가 떨어져서 가시에 찔린 거라고 생각했어요. 가시에 찔려 있는 미꾸라지는 다 컸거든요. 진짜 그런가요?"

최기철 선생님께서는 허허허 웃으셨다.

"글쎄요. 나도 그런 걸 본 적이 있기는 하지만, 미꾸라지가 용이 되기 위해서 빗물을 타고 올라가다가 떨어진 것은 아니고요, 아마도 새가 미꾸라지를 잡아다가 가시에다 꿰어 놓은 게 아닐까 생각합니다."

소년은 그럴듯하다고 생각했다. 초식 동물은 아까시나무 잎을 좋아했다. 아까시나무는 강한 독을 만들어서 초식 동물을 위협하려고 하다가 실패했다. 그러자 발상을 전환하여 가시로 무장했다. 아까시나무 공화국에는 대장장이들이 많았다. 당장 그들을 불러서 초식 동물이 두려워하는 가시를 만들어 내라고 하였다. 대장장이들은 줄기를 이용하여 날카롭고 아주 길쭉한 가시를 만들었다. 처음에는 선인장처럼 가시의 재료로 잎을 생각하기도 했다가 너무 얇고 약하다는 것을 알고는 줄기로 바꾼 것이다.

새는 물고기를 잡아서 그 가시에다 꿰어 두었다. 비상식량으로 비축한 것이다. 땅속 어딘가에다 묻어 두면 좋겠지만, 그렇게 하면 물고기가 썩어 버린다. 그러니까 공중에 매달린 아까시나무 가시를 이용한 것이다. 잎이 무성하게 가리고

찔레 가시는 사선으로
날카롭게 서 있다.

있으니까, 가시에 물고기가 꿰어 있다고 해도 잘 보이지 않는다. 아까시나무는 자신의 무기를 엉뚱하게 이용하는 새를 보면서 뭐라고 생각했을까.

찔레는 가시를 가장 먼저 만들었다고 자부하면서 살아간다. 비록 아까시 가시만큼 크지 않아도, 가시를 들고 있는 품이 사뭇 다르다. 그들은 가시의 끝을 살짝 아래쪽으로 기울여 놓았다. 가장 상대를 타격하기 좋은 자세로 포진하고 있는 셈이다.

줄기는 밑에서 위로 자라나기 때문에, 초식 동물도 아래쪽으로 혀를 뻗어 잎을 감싼 다음 위로 잡아당겨서 뜯어낸다. 사람도 마찬가지이다. 인간이 찔레 덩굴을 벨 때도 줄기를 위쪽으로 잡아당기면서 베어 낸다. 그러니까 가시가 살짝 아래쪽으로 기울어야만 상대에게 더 치명적인 아픔을 줄 수 있다. 찔레는 가시를 가장 잘 사용하는 식물이다.

선제적 공격이 가능한 동물의 무기

소년은 작년 추석에 고향에서 낭패를 당했다. 아침에 설거지하려고 부엌에 걸려 있는 고무장갑을 손에 끼자마자 감당할 수 없는 통증의 진도에 휘청거렸던 것이다. 속살이 다 찢겨 나가는 듯한 아픔이었다. 대뜸 조카가 지네한테 물렸다고 했다. 손가락 끝에 핏방울이 크게

맺혔다. 조카가 장갑 속에서 지네를 잡았다고 했다. 아
내는 그것을 보고 경악했다. 아무리 물로 독을 씻어
내도 속이 아리고 뼈가 시렸다. 손가락이 마비되
었다.

　병원 응급실로 갔다. 의사는 소년을 보자마자
지네는 독이 없으니까 안심하라고 했다.
옛이야기에 나오는 무시무시한 지네
괴물도 현실에서는 존재하지 않는다
는 농담까지 하였다. 의사가 그런 말을 장
황하게 늘어놓자 긴장이 풀리면서도 한편으로
는 헛웃음이 나왔다. "한 사흘은 아플 겁니다.
오늘은 주사를 세 대 놓고, 약을 지어 줄 겁니다." 주사를 맞고 나서
야 그 무시무시한 고통이 줄어들었다. 오른쪽 중지에는 녀석의 이빨
자국 두 개가 선명하게 박혀 있었다.

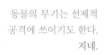

동물의 무기는 선제적
공격에 쓰이기도 한다.
지네.

　지네는 생김새가 무시무시하다. 20개 정도의 마디로 조립된 몸은
갑옷으로 완벽하게 덮여 있고, 40개 정도의 발이 어찌나 예민하고
빠른지 그 길쭉한 몸을 바람처럼 이동시킨다. 그러니 옛이야기 속에
서 악당의 역할을 할 만한 충분한 자격을 갖추고 있다.

　지네의 공격은 식물의 가시보다 더 능동적이다. 가시는 스스로 움
직일 수 없지만, 지네는 강력한 이빨을 맘대로 움직일 수 있다. 가시
는 인간이 와서 건드리기 전에는 절대 상대를 타격할 수 없다. 지네
를 비롯하여 뱀이나 벌은 인간이 공격하기 전에도 선제적인 공격을
할 수 있다. 그에 비해서 식물의 가시는 철저한 방어용이다.

식물은 화내지 않는다

소년은 살아오면서 딱 한 번 싸웠다. 초등학교 5학년 때였다. 어느 날 이웃 마을에 사는 친구가 싸움을 걸어왔다. 정식으로 한판 붙자는 것이었다. 장소는 마을과 학교 중간에 있는 다리 밑이었다. 소년은 그의 도전적인 눈빛을 보는 순간 와락 겁이 났다. 아마도 소년이 다리를 저는 그의 자존심을 심하게 건드린 모양이었다.

그날 수업이 끝날 때까지 선생님 목소리는 소년의 귀에 들어오지 않았다. 상대는 다리가 불편해도 야무지고 강했다. 그를 이길 방법은 선제공격뿐이었다.

수업이 끝나고 다리 밑으로 갔다. 예상대로 그가 먼저 와 있었다. 소년을 따르는 아이들과 그를 따르는 아이들이 싸움 규칙을 서로 주고받았다. 돌멩이로 상대를 치거나 물어뜯는 비겁한 행위를 하지 말자는 뜻이었다.

소년은 그 말이 끝나자마자 돌진했다. 무조건 그의 다리를 걸어서 넘어뜨렸다. 선제공격이었다. 그들은 뒹굴고 주먹을 주고받았다. 얼마나 뒤엉켜 굴렀는지 모른다. 주변에서 지켜보던 아이들이 싸움을 말렸다. 그걸로 끝이었다. 소년은 이겼다고 주먹을 쥐었다. 그건 상대도 마찬가지였다.

어느 해인가 뽕나무 잎이 부족했다. 사람들이 욕심을 부려 너무 많은 누에를 키운 것이었다. 누에를 키우는 집은 항상 정해져 있었다. 뽕나무를 가지고 있는 사람들만이 할 수 있었다.

소년이 사는 집에는 마당 가에도 뽕나무가 있었고, 남새밭 가에도 뽕나무가 많았다. 그래도 누에 농사를 총지휘하는 할머니는 욕심을 부리지 않았다. 누에 채반을 올릴 수 있는 공간이 안방으로 한정되어서, 그 이상 애벌레를 늘리면 식구들 잠자리가 사라졌기 때문이다.

누에알은 아주 작은 상자에 들어 있다. 그걸 한 장이라고 불렀다. 누에알을 구입할 수 있는 최소 단위가 바로 한 장이었다. 마을에서는 그 한 장으로 네 집이 알을 배분했다. 그런데 그해에는 세 집으로 배분했고, 그것이 화근이었다.

뽕잎이 부족해지자 어른들은 소년을 데리고 산뽕을 따러 다녔다. 무시무시한 야생 동물의 누린내가 텃세 부리는 깊은 숲 구석구석까지 다 뒤지고 다녔다. 산뽕마저 귀해지자, 이번에는 꾸지뽕을 찾아다녔다. 다행히 산밭 주위에는 꾸지뽕나무가 많았다. 꾸지뽕은 줄기며 잎이 뽕나무하고 전혀 다르다. 꾸지뽕은 두툼하면서 질길 뿐만 아니라 잎 개체 수가 적어서 한 그루를 다 털어도 많지 않다. 소년은 꾸지뽕을 따면서도, 진짜 이걸 누에가 먹을 수 있냐고 몇 번이나 어른들에게 물었다. 놀랍게도 누에들은 그걸 보자마자 망설이지 않고 달려들어서 씹어 먹었다. 그제야 소년은 꾸지뽕이 뽕나무 사촌이라는 것을 알았다. 겉모습은 달라도 본질이 같으면 그것이 진실이라는 것도 알았다.

서리를 맞으면 꾸지뽕은 잎을 떨구고 호두

꾸지뽕은 일부러 가시를 크게 만들어서 상대에게 위협감을 준다.

식물과 동물의 영원한 전쟁

알만 한 오디를 대롱대롱 붙잡고 있다. 붉은 오디는 멀리서도 잘 보인다. 소년은 그걸 따 먹기 위해서 다가갔다. 꾸지뽕나무는 가늘고 커서 올라갈 수 없다. 설령 올라갈 수 있다고 해도 무시무시한 가시 때문에 엄두도 내지 못했을 것이다. 그 가시는 보기만 해도 공포심을 일으킨다.

그래도 붉은 오디를 보면 침이 넘어가면서 그 나무 밑으로 갔다. 소년은 막대기로 줄기를 잡아당겼다. 땅에 닿을 정도로 줄기를 끌어내리고는 가시를 피해서 조심조심 오디를 땄다. 그리고 오디를 입에 넣다가 "아야!" 하고 소리치면서 줄기를 놓고야 말았다. 소년의 손에서는 핏방울이 흘러내렸다. 울고 또 울어도 그 아픔은 사라지지 않았다.

소년은 화가 나서 마구 돌을 집어 던졌다. 돌에 맞은 꾸지뽕나무 줄기가 처참하게 벗겨졌다. 그래도 화가 풀리지 않았다. 며칠 뒤 소년은 톱을 가져와서 그 나무를 베어 버렸다.

사실 꾸지뽕나무는 스스로 움직여서 소년을 공격한 적이 없었다. 소년이 그 열매를 따려고 하다가 가시에 찔렸으니까, 그것도 꾸지뽕나무가 움직인 게 아니다. 그러니까 나무의 가시는 철저하게 방어용이다. 꾸지뽕나무는 선제공격을 하지 않았다.

그런데도 못된 악동은 마치 꾸지뽕나무가 가만히 있는 자신을 가시로 찔렀다는 듯이 분노하고 화를 내면서 돌을 던지고 톱으로 줄기를 베어 버렸다. 그래도 꾸지뽕나무는 그 악동을 원망하지 않는다. 절대 복수를 꿈꾸지도 않는다. 절망하지도 않는다. 괜찮아, 다시 시작하면 되는 거니까. 꾸지뽕은 그런 마음으로 봄날을 기다린다.

식물이 오래 사는 것은 화를 내지 않기 때문이다. 그래서 식물은 마음의 병이 없다. 그들은 최소한의 무기로 상대를 위협할 뿐, 그 어떤 경우라도 먼저 공격하지 않는다. 상대를 이기려고도 하지 않는다. 적당히 위협하면서 버티어 낼 뿐이다.

소가 알려 준 억새 톱니의 약점

억새 씨앗 하나가 성스러운 무덤의 정수리로 내려앉는 도발을 감행했다. 전망 하나는 끝내줬다. 산비탈에 자리한 무덤 앞으로 넓은 들을 다스리는 강이 자기만의 아리랑을 읊조리면서 영원함을 즐기고 있었다. 그곳에서 내려다보면 들과 강물의 노래가 떠돌고 있는 여백이 느껴졌다. 억새는 들의 시작과 끝을 잘 아우르는 강의 능력을 확인하고 싶었는지도 모른다. 게다가 그곳은 강 건너편 산 너머 어느 영원 속에서 날마다 새롭게 태어나는 태양이 가장 먼저 빛을 뿌리는 곳이었다.

억새는 억세게 운이 좋았다. 동그란 무덤은 동그란 태양을 따라 종일 동그랗게 돌았다. 그만큼 햇살이 잘 들었다. 덕분에 억새는 빠르게 숲을 이루었다. 뜸부기 한 마리가 근처를 배회하다가 그 억새 숲에 반해서 무덤 위로 올라갔다. 들을 내려다본 뜸부기는 그곳을 명당이라고 확신했다.

어느 날 그 무덤의 후손이 낫을 들고 왔다. 후손은 뭐라고 투덜거리면서 억새 숲으로 가다가 멈칫했다. 억새 숲에서 뜸부기가 날아갔다. 둥지에는 뽀얀 뜸부기 알이 뒹굴고 있었다. 그제야 후손은 흐뭇하게 미소 지으면서 돌아섰다.

그 무덤은 소년의 증조할머니 영혼의 집이었다. 소년은 경기도에서 살다가 전라도로 가자마자 조상님들 무덤부터 찾아가서 인사 드렸는데, 그때 뜸부기 병아리들이 놀란다고 멀리서 조용히 인사 드리고 돌아섰다. 어른들이 그렇게 시켰다. 마치 무덤 속에서 증조할머니가 "괜찮으니까, 어여 가." 하고 웃으시는 것 같았다. 아무튼 아무도 억새를 뽑아내야 한다고 말하지 않았다. 오히려 무덤에 갈 때마다 소리를 죽이면서, "아직도 뜸부기가 있을까?" 혹은 "올해도 뜸부기가 왔을까?" 하고 조심스럽게 억새를 바라다보았다.

소년의 눈에 보인 뜸부기는 참 어설프게 비행하는 새였다. 긴 다리를 무질서하게 늘어트리고 어설픈 날갯짓으로 촉촉한 들을 향해 종이비행기처럼 내려갔다. 신기하게도 뜸부기는 해마다 그곳을 찾아왔다. 소년이 초등학교를 졸업할 때까지, 아마도 오륙 년 동안 대를 이어서 뜸부기 아이들이 그곳에서 세상으로 나갔다.

억새 잎에는 미세한 톱니가 날카롭게 새겨져 있다.

소년은 날마다 소와 함께 풀밭이 펼쳐 내는 수채화 속에서 뒹굴었다.

소는 소년에게 섬세한 식물의 감각을 알려 준 선생님이다.

소년은 손과 발 그리고 눈과 입, 냄새 따위로 풀의 감각을 익히려고 애를 썼다. 소가 먹을 수 있는 풀과 먹을 수 없는 풀을 구별하고 나니까, 자연스럽게 풀이 자라는 속도를 예측할 수 있었다. 소가 먹을 수 있는 풀을 완벽하게 탐지할 수 있는 능력을 갖추면서 꼴 베는 장소도 적절하게 배분할 수 있었다.

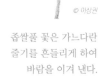
© 이상권

좁쌀풀 꽃은 가느다란
줄기를 흔들리게 하여
바람을 이겨 낸다.

모든 벼과 식물은 지면과 맞닿은 줄기에다 성장점을 설치해 놓았다. 억새도 그 성장점에서 줄기를 만들어 위로 뻗어 간다. 사람이 풀을 베어도 성장점 아래까지 베어 낼 수는 없을 테니까, 억새는 별다른 타격을 입지 않는다. 다시금 성장점에서 새로운 줄기를 만들어 내면 되니까. 억새는 큰 포기를 이루면서 자랐다. 그걸 밑동까지 다 베어 내도 며칠만 있으면 또 자라났다. 억새는 늘 일정한 양의 꼴을 베어야 하는 사람에게 고마우면서도 두려운 상대였다. 그것을 베려고 만지는 순간 저도 모르게 비명이 터져 나왔다. 날카로운 면도칼이 지나간 듯한 손바닥에서 피가 흘렀다. 어떻게 손에다 상처를 낼 수 있을까.

소년은 숱하게 당하고 나서야, 억새가 숨기고 있는 무기의 비밀을 알아냈다. 억새는 바람을 이겨 내려고 가늘고 길쭉하게 잎을 만들었다. 아무리 바람의 근육이 잎을 흔들어도 절대 찢어지지 않는다. 억새는 잎 가장자리에다 정교하게 톱날을 새겨 놓았다. 억새 톱날을 손으로 만지면 껄껄하다. 아이들은 그 상태가 가장 날이 잘 서 있는 거라고 했다.

소년의 친구들은 낫 가는 달인이었다. 그들은 낫을 숫돌에 문지른 다음 세워서 엄지손으로 부드럽게 만지는데, 그때마다 소년은 낫의 서슬이 친구들 손을 벨까 봐 겁이 났다. 물론 그런 일은 한 번도 일어나지 않았다.

친구들은 낫날이 껄껄해지면 날이 섰다고 했다. 억새 잎처럼 껄껄해지면 날이 선 것이다. 낫의 날카로움은 눈으로는 알 수 없다. 오직 엄지손 감각으로만 판독할 수 있다. 소년은 낫을 갈면서, 그 껄껄한 상태를 한 번도 느껴 보지 못했다.

소년은 소가 억새를 먹을 때마다, 혓바닥이 상하면 어쩌나, 하고 걱정했다. 억새 톱니는 가시보다 더 위협적인 무기인 데다가 쇠죽솥에다 푹 삶아도 뻣뻣할 만큼 거칠다. 벼과 식물은 유리의 원료인 규소를 제조하여 자신의 몸을 지키는 무기로 이용했으니, 억새나 벼 잎이 햇살에 유난히도 반짝거리고 질길 수밖에 없었다.

소는 벼과 식물을 주식으로 삼기 위해서 자신의 몸속 구조를 특별하게 변화시켰다. 풀이 첫 번째 위로 들어오면 그곳에 사는 박테리아들이 발효시키는 일을 한다. 두 번째 위는 살짝 발효된 풀을 식도로 끌고 와서 꼼꼼하게 되새김질할 때 쓰인다. 되새김질하는 소를 보면 마치 풀을 맷돌로 갈아대듯이 아래턱을 옆으로 비틀면서 자근 자근 씹어 댄 다음, 끄윽 하는 트림 소리에 쇠죽 쑤던 아이가 놀랄 정도로 힘주어 삼킨다. 소의 입은 살아 있는 맷돌이다. 아래턱은 여유롭게 빙글빙글 돌아가는데, 그래도 이가 버티어 낸다. 풀에 있는 실리카 성분 때문에 이 끝이 닳아져도, 닳아지는 속도만큼이나 빠르게 회복되기 때문이다. 세 번째 위는 음식의 양을 조절하고, 첫 번째 위와 두 번째 위로 음식을 되돌리기도 한다. 네 번째 위가 음식을 소화하는 일반적인 일을 한다.

소는 전혀 억새를 두려워하지 않았다. 소년의 손바닥보다 약해 보이는 혓바닥으로 그 무시무시한 이파리를 뜯어 먹었다. 어라, 그런데 아무렇지도 않다. 입에서 피가 나지도 않는다. 그때부터 소년은 소를 유심히 보았다. 소는 억새보다 한 수 위였다. 억새 잎에 톱날이 숨겨져 있다는 것을 잘 알았다. 그 톱날이 한쪽으로, 즉 줄기가 뻗어 가는 쪽으로 기울어져 있다는 것도 알았다. 소는 톱날이 뻗은 방향으로 억새 잎을 혓바닥으로 감아서 잡아당겼다. 만약 그 반대 방향으로 잡아당긴다면 억새 톱날이 혓바닥을 가만두지 않았을 것이다.

그것은 소년이 소에게 배운 지혜였다. 소년은 소처럼 억새 잎을 가만히 잡고 잎이 뻗어 가는 쪽으로 잡아당겨 보았다. 아무렇지도 않았다. 그때부터 소년은 억새를 두려워하지 않았다.

톱은 밀고 당기면서 나무를 베어 내는 연장이다. 오랜 옛날부터 인간은 나무를 베는 연장을 고민해 왔다. 그러다가 억새의 톱니를 보았고, 톱이라는 연장을 만들어 낸 것이다.

어른들은 증조할머니의 무덤에서 살아가는 억새 가족을 건드리지 않았다. 그것은 집안의 금기 사항이었다. 증조할머니 무덤가에는 좁쌀풀도 한 포기가 어우렁더우렁 살았다. 좁쌀풀은 쌍떡잎식물답지 않게 가느다란 줄기가 웃자란다. 비록 외떡잎식물인 밀처럼 줄기 속을 비우지는 않았지만, 줄기를 가늘게 하여 바람에 흔들리도록 하였다. 그래선지 좁쌀풀이 쓰러지는 경우는 드물었다. 어쨌거나 그 풀도 어른들은 뽑지 않았다. 소년이 그 이유를 물었더니, 증조할머니께서 좋아하셨던 꽃이라고 했다.

어느 해부턴지 뜸부기가 오지 않았다. 어른들은 뜸부기의 빈자리를 보면서 안타까워했다. 그리고 어느 해 그곳에 가 보니까, 억새도 사라지고 없었다. 그뿐이 아니다. 노란 꽃을 흔들면서 "너 왔냐?" 하고 속삭이는 것 같던 좁쌀풀도 보이지 않았다. 그때부터 소년은, 증조할머니 무덤에 가면 뭔가 소중한 것을 잃어버린 것만 같아서 쓸쓸했다.

작을수록 더 무서운 식물의 무기

쌍떡잎 집안의 환삼덩굴은 울타리 가에서 자라는 흔한 식물이다. 이 파리 모양의 산삼 잎이랑 비슷하다고 해서 환삼덩굴이라는 이름이 붙었다. 유독 울타리를 좋아하는 이 식물은 오른손잡이지만 까끌까끌한 줄기를 다른 가지에다 걸치고 그냥 올라가기도 한다.

겉보기와 달리 사각 진 줄기에는 눈에 보이지 않는 잔가지가 빼곡하게 숨겨져 있다. 게다가 가시는 아래쪽으로 기울어져 있어서 누군가 멋모르게 만졌다가는 낭패를 당한다. 어찌나 날카로운지 맨손이라면 상처가 날 수 있다.

환삼덩굴이 사람 눈에도 보이지 않는 잔가시를 잔뜩 숨겨 놓은 까닭은 무엇일까. 초식 동물들을 겁주려고 한 것일까. 환삼덩굴은 초식 동물들이 아주 좋아한다. 잎에 수분이 적당해서 마음껏 먹어도 탈나지 않는다. 특히 토끼는 환삼덩굴에 환장한다. 소도 잘 먹고, 염소도 마찬가지다. 그렇다면 환삼덩굴의 가시는 초식 동물들에게는 거의 무용지물이라는 뜻이다.

어느 해 추석날 마을에 도둑이 들었다. 서툰 도둑은 금세 발각되고야 말았다. 집주인 할머니가 "도둑이야!" 하고 소리치자, 마을 사람들이 벌집을 쑤셔 놓은 것처럼 튀어나왔다. 어른들이 도둑을 추적했다. 도둑은 산 너머 마을로 도망쳤다.

그 마을 청년 두 명이 용의선상에 올랐다. 모두 읍내 노래자랑에 나갔다가 밤늦게 돌아온 사람들이었다. 당연히 둘 다 혐의를 잡아뗐다. 그때 마을 어른이 경찰에게 말했다.
"어젯밤에 도둑이 울타리를 넘어서 도망쳤는데, 그 울타리에는 환삼덩

© 이상권

환삼덩굴은 잎보다 줄기에다
잔가시를 배치하여 줄기를 방어한다.

식물과 동물의 영원한 전쟁

굴이 우거져 있었습니다. 아마 덩굴 가시에 찔려 얼굴이나 손에 상처가 있을 겁니다. 그 사람이 범인입니다." 경찰이 그 말을 듣고 용의자들을 보니까 한 사람의 얼굴에 잔가시에 물어뜯긴 상처가 나 있었다. 그뿐 아니라 두 손등에도 심각한 상처가 있었다.

경찰이 추궁하자, 결국 그가 자백하고야 말았다. 그때부터 마을 사람들은 환삼덩굴을 보면 도둑 잡는 풀이라고 손가락질하면서 허허허 웃었다. 그 뒤로 소년은 환삼덩굴만 보면 도둑이 떠올랐고, 이상하게도 환삼덩굴의 가시는 인간을 의식해서 만들어진 것만 같았다.

소년은 청가시덩굴과 청미래덩굴이 흡사하여 헷갈릴 때가 많다. 가을이 되면 청미래덩굴의 열매가 붉게 익어 가니까, 그걸 보고 구별할 수 있다. 청가시덩굴의 열매는 검게 익어 가기 때문이다. 청미래덩굴은 갈고리처럼 생긴 제법 큰 가시로 무장하고 있지만, 그것이

청가시덩굴의 가시는 하도 작아서
잘 보이지 않지만 강력하다.

© 이상권

눈에 띄어 전혀 위협적이지 않다. 그에 비해 청가시덩굴은 집중해서 보기 전에는 가시가 눈에 들어오지 않는다. 가늘고 작은 잔가지는 청가시덩굴 전체에 빽빽하게 포진해 있다. 소년은 맨손으로 그걸 만졌다가 몇 번이나 낭패를 당하고 나서야 확실하게 구별할 수 있었다. 청가시덩굴의 근육이 단단해지면 가죽 장갑을 끼고도 조심해서 만져야 한다. 청가시덩굴의 가시가 가죽 장갑조차 뚫고 들어와서 무력화하기 때문이다.

가시로 무장한 식물의 무기는 작을수록 더 무섭다. 크면 클수록 무기가 노출되어서 상대에게 경각심을 높일 수는 있어도 크게 타격을 줄 수는 없다. 오히려 가시가 작을수록 방심한 상대를 더 아프게 타격할 수 있다.

미모사와 수탉은 몸속에 시계를 갖고 있다

소년은 서울에서 살 때 다세대 주택에서 닭을 키운 적이 있었다. 병아리는 외떡잎식물인 죽순처럼 쑥쑥쑥 자라났다. 어느 날 녀석이 울음을 터트렸다. 수탉 특유의 굵고 찌렁찌렁 메아리가 있는 울림이 아니라 꽉 막힌 목구멍에서 간신히 터져 나오는 답답한 소리였다.

이웃들은 오랜만에 닭 울음을 듣는다면서 좋아했다. 뜻밖이었다. 그런 칭찬을 들은 닭은 더욱 목소리를 크게 터트렸다. 어느 순간부턴지 몰라도 아침부터 저녁 늦도록 울어 댔다. 심지어 12시가 넘어도 울었다. 그러자 이웃들이 항의하기 시작했다.

소년은 바깥에서 들어오는 빛을 차단하려고 베란다 창을 검은 천으로 가렸다. 그래도 닭은 계속 울었다. 소년은 화장실로 닭의 거처를 옮겼다. 그곳은 문을 닫으면 빛이 차단되니까 닭들이 안심하고 잘 수 있을 거라고 판단했다. 그래도 소용없었다.

오래전부터 인간은 수탉의 알람을 듣고 하루를 시작했다. 수탉의 소리는 밤의 시간이 끝나고 태양의 시간이 시작되었음을 알리는 신호였다. 수천 년 전부터 수탉의 몸속에는 그런 알람 시계가 장착되어 있었고, 그것이 고장 난 적은 한 번도 없었다. 그런데 우리 수탉의 몸 안에 있던 알람 시계가 고장이 난 것이었다.

그러던 어느 날, 소년은 흥미로운 신문 기사를 보았다. 노벨 생리의학상이 생명체의 하루 생활 리듬을 결정하는 '생체 시계'를 증명한 세 명의 미국인 과학자에게 돌아갔다는 소식이었다. 제프리 홀 미 메인대 교수, 마이클 로스배시 미 브랜다이스대 교수, 마이클 영 미 록펠러대 교수가 공동 수상했다. 노벨 위원회는 생체 시계가 작동하는 메커니즘을 처음으로 규명하고, 초파리를 이용해 이를 조절하는 핵심 유전자를 발견한 공로를 인정했다고 말했다. 밤이 되면 졸리고 아침에 눈이 떠지는 것이나 졸음, 배고픔, 호르몬 분비 등 우리 몸은 24시간을 주기로 반복적인 생리 활동을 한다. 이러한 '일주 리듬'은 생체 시계에 따라 결정된다.

생체 시계의 존재 가능성은 18세기에 처음 제시됐다. 낮엔 잎을 펴고 밤엔 오므리는 식물인 미모사가 태양 빛이 없는 환경에서도 밤낮의 주기에 맞춰 잎을 오므리고 펼치는 것을 발견한 것이 시초이다. 이 생체 시계가 어떻게 작동하는지 알게 된 건 수상자들 덕이다.

초파리는 해 뜰 무렵 우화한다. 1984년 제프리 홀 교수와 마이클 로스배시 교수는 초파리가 해 뜰 무렵에 우화하도록 만드는 '피리어드' 단백질이 생체 시계를 조절하는 핵심 유전자임을 확인했다. 이어 1994년 마이클 영 교수는 두 번째 생체 시계 조절 유전자인 '타임리스'를 발견했다. 연구를 종합한 결과, 피리어드와 타임리스가 상호작용을 통해 생체 시계를 조절한다는 점이 밝혀졌다.

소년은 그 기사를 보자마자 직접 미모사를 기르면서 실험해 보고 싶었다. 시도 때도 없이 목청을 터트리는 수탉 때문이었다. 서둘러 미모사를 사러 나갔다. 동네 꽃집 주인은 미안하다고 하면서 다음에는 꼭 미모사 화분을 갖다 놓겠다고 했다.

그로부터 며칠 뒤 집 앞에서 버려진 미모사를 발견했다. 화분에는 아이의 이름이 붙어 있었다. 미모사는 학교에서 아이들이 키우는 풀이었다. 화분 속 미모사는 어떤 아이와 함께 시간을 보내다가 무슨 이유 때문인지 버려지는 운명을 맞이한 것이었다.

소년은 급하게 미모사를 집으로 데려왔다. 이미 줄기가 말라 살아날 가망이 없어 보였지만, 그래도 한번 그 풀

미모사는 전기를 이용하여
잎을 펼치고 닫는다.

식물과 동물의 영원한 전쟁

특유의 살아가는 힘을 믿어 보기로 했다. 소년은 미모사 화분에다 물을 주었다. 그로부터 사흘 뒤에 기적처럼 뿌리에서 새순이 돋아났다. 줄기는 말랐어도 뿌리는 삶을 포기하지 않았던 것이다. 소년은 녀석을 반기면서 정성껏 키웠다.

동물이야 해가 떨어지면 잠을 자는 게 당연한 생리 현상이지만, 식물은 동물과 달리 잠을 자지 않는다. 식물은 제자리에서 움직이지 않는다. 동물처럼 눕지도 않는다. 무엇을 바라다보는 눈도 없다. 그러니 쉬거나 잠자는 행위를 구별하기조차 쉽지 않다. 미모사는 밤만 되면 이파리를 접었으니, 사람들이 그 풀이 잠을 잔다고 생각한 건 당연한 일이다.

과학자, 성직자, 철학자, 온갖 연금술사들이 미모사의 기원을 알기 위해서 관심을 가졌다. 시간이 흐르면서 미모사에 대한 온갖 신화도 생겨났다. 다윈도 미모사가 밤만 되면 잎을 움츠리는 이유를 알기 위해서 온갖 실험을 했다. 미모사 앞에서 갑자기 크게 나팔을 불기도 했다. 미모사가 깜짝 놀라면 잎을 움츠릴 거라고 기대했으나 그런 일은 일어나지 않았다.

미모사는 해가 떨어지면 이파리를 가지런히 접는다. 손으로 살짝 건드리면 깜짝 놀라면서 이파리를 움츠린다. 몸에 전류를 흘려보내어 자동으로 잎을 움츠리는 것이다. 전류는 물관을 통해서 전달되니까, 미모사는 인간보다 훨씬 빨리 전기를 이용하면서 살아왔다. 전류가 흐르면 미모사 잎은 마치 시간차 공격을 당한 것처럼 시차를 두고 접힌다. 다만 너무 자주 건드리면, "아이고, 또 장난치는구나! 이제 그만 해." 그렇게 살짝 몇 개의 이파리를 움츠리다가 멈추어 버린다. 그래도 계속 이파리를 건드리면 나중에는 아예 반응하지 않는다.

소년은 미모사를 한낮에 어두운 화장실 안에다 가져다 놓았다. 미모사는 잎을 움츠리지 않았다. "지금 밖에는 태양이 쨍쨍 기운차게 빛을 토해 내고 있잖습니까? 장난치지 말고 나를 밖에다 내놓으세요!" 그렇게 말하는 것 같았다. 놀라운 일이었다. 밤이 되자, 미모사는 잎을 움츠렸다. 자기 몸속에 있는 시계의 지휘 아래, 태양을 보지 않고도 날이 저물었음을 알아냈다.

소년은 계속 미모사를 어두운 화장실 안에다 두었다. 아침이 되자 미모사는 정확하게 이파리를 펼쳤다. 역시 바깥을 보지 않고도 날이 밝았다는 것을 알았다. 그날 밤에도 날이 저물자 정확하게 잎을 움츠렸고, 이튿날 아침에도 날이 밝아오자 잎을 펼쳤다. 사흘째 되던 날 아침에는 잎을 펼쳤지만, 그날 오후에는 그 전날보다 더 빠르게 잎을 움츠렸다. 잎은 점점 기운을 잃어갔다. 나흘째 되던 날은 해가 한참 떠오르고 난 뒤에야 잎을 펼쳤는데, 그렇다고 완벽하게 잎을 펼친 것이 아니라 절반가량 펼치다가 만 것이 대부분이었다. 시들시들해지는 잎은 힘이 없었고, 몹시 당황한 것 같았다.

미모사는 혼란스러웠다. 미모사 몸속에 있는 시계가 제 맘대로 움직이기 시작했다. 이게 뭐지? 지금이 낮인가, 밤인가? 헷갈린다. 결국 미모사의 몸속 시계는 지휘 능력을 잃어버렸다. 아예 잎을 펼치지 못하고는 시들어버렸다. 소년은 부랴부랴 미모사를 베란다로 옮겼다. 미모사는 중환자였다. 다행히도 식물의 주치의인 햇살이 보살피자 미모사는 차츰차츰 기운을 회복했다.

노벨상 수상자들의 말처럼 미모사의 몸속에는 자기들만의 시계가 들어 있는 게 분명했다. 그건 수탉도 마찬가지였을 것이다. 수탉이 밤이 되어도 자지 않고 울어 댄 것은 밝은 불빛 때문이었다. 닭의 상식으로는 해가 떨어졌으면 어두워져야만 하는데, 신기하게도 어두워지지 않았다. 그러니 닭은 밤인가 낮인가 헷갈릴 수밖에 없었다. 사실 도시의 밤은 해가 떴을 때랑 큰 차이가 없을 정도로 밝다. 그래서 수탉은 낮이라고 생각하고는 울음을 터트렸던 것이다.

그제야 수탉이 얼마나 힘든 생활을 하고 있었는지 알 것 같았다. 거듭 말하지만, 마당이 아닌 실내에서 살아가는 수탉이 밤낮을 구별하기란 쉽지 않다. 도시는 어둠이 밀려오면, 어둠을 그대로 두지 않는다. 인간은 불을 밝힌다. 어려서부터 그런 환경에서 살아온 수탉은 아침과 저녁이라는 시간을 구분하는 시계를 단 한 번도 제대로 작동시키지 못했다. 그러니 막상 어른 수탉이 되어 아침을 알려야 하니 혼란스러웠던 것이다.

겉으로 보기에는 멀쩡해도 수탉은 몹시 힘든 삶을 살아가고 있었다. 소년은 그 수탉을 밤새 어둠이 존재하는 곳으로 보내기로 하였다. 그래야만 수탉의 몸속에 있는 시계를 고칠 수 있을 거라고 최종 진단을 내렸다.

미모사도 마찬가지였다. 밤낮이 바뀐 생활을 미모사는 견디어 내지 못했다. 더구나 식물은 햇살을 받아야만 몸에 필요한 영양분을 만들어 낼 수 있다. 햇살을 받지 못했으니 시름시름 앓다가 쓰러지는 건 당연한 일이었다. 미모사에게는 잠도 중요하지만, 햇살도 중요할 테니까.

유독 잠이 많은 콩과 집안 식물

미모사처럼 잠자는 식물은 대부분이 콩과 집안이다. 아까시나무를 비롯하여 자귀나무도 잠을 잔다. 햇살이 사라지면 식물은 이파리를 짝 펼치고 있을 이유가 없다. 식물이 이파리를 우산처럼 펼치는 것은 햇살을 사냥하기 위해서다. 식물의 잎은 햇살을 잡는 덫이다.

  햇살이 사라질 때 이파리를 접어 놓는 것이 여러모로 낫다. 강한 바람이 불어도 이파리가 다칠 염려가 없다. 이파리가 사는 곳은 제법 높은 허공이라 비바람의 강도가 아주 심하다. 그래서 자귀나무는 낮에도 비바람이 몰아치면 이파리를 접는다. 접어 둔다는 것이 얼마나 안전한 것인지를 그는 잘 알고 있다.

  자귀풀은 자귀나무랑 거의 똑같다. 한해살이 식물이라서 자귀나무처럼 크지는 않아도, 잎과 줄기는 거의 비슷하다. 자귀풀은 소나 토끼가 좋아하는 풀이고, 꼴 베는 아이들에게도 인기가 좋다. 줄기가 순하고 수분이 적당해서 소들이 좋아하는 풀이다.

  옛사람들은 이 풀을 말려서 차를 끓여 먹었다. 나무 차하고 달리 풀 차는 특유의 풀 냄새가 더 짙게 난다. 좀 더 자연에 가까운 맛이다.

  자귀풀도 태양의 시간을 더 좋아한다. 어

미모사랑 거의 비슷하게 생긴
차풀도 밤이 되면 잠을 잔다.

둠의 시간이 오면 깃털 모양의 이파리를 가지런히 접는다. 잡초들과 어우렁더우렁 살아가는 자귀풀이 눈에 띄는 것은 땅거미가 밀려올 즈음이다.

소년은 풀밭에서 이 풀을 유심히 보았다. 특히 이파리가 가지런해서 식물 채집 할 때 원형 그대로 말리기 좋은 풀이다. 당연히 이 풀은 식물 채집의 단골손님이었다.

자귀풀과 함께 식물 채집의 단골손님은 차풀이다. 차풀도 잡초에 섞여서 살아가는 한해살이로, 밤이 되면 이파리를 접는다. 한국판 미모사라고나 할까. 생김새도 미모사와 아주 비슷하다.

다른 점이 있다면 미모사보다는 덜 예민하다. 미모사는 굳이 해가 지지 않아도 누군가 손으로 이파리를 쓸어내리면 움츠리는데, 차풀은 반드시 해가 져야만 잎을 움츠린다.

잎이 깨끗하고 풀 맛이 향긋해서 예로부터 덖어서 차로 마셨다. 그러다 보니 자연스럽게 차풀이라고 호명되었다. 차풀로 덖은 차를 음미하면, 풀의 근원적인 향이 은은하게 생의 긴장을 풀어 준다.

괭이밥도 잠을 잔다

소년은 괭이밥을 가지고 놀이를 많이 했다. '고양이 밥'이라는 말이 변해서 괭이밥이 되었으니까, 진짜 고양이가 먹는지 호기심을 갖기도 했다. 고양이를 안고 직접 괭이밥을 먹여 보기도 했다. 물론 고양이는 먹지 않고 화를 내면서 소년의 품을 뛰쳐나갔다. 그럴수록 궁금증은 더해 갔지만, 그 이름의 근원은 끝내 풀어내지 못했다.

괭이밥은 씹으면 신맛이 나서, '고양이 싱아'라고 불렀다. 소년은 신맛 나는 풀을 죄다 '싱아'라고 불렀다. 키가 큰 까치수염은 '말 싱아', 덩굴로 울타리를 타고 올라가는 며느리밑씻개는 '울타리 싱아', 들 강둑에 많은 수영은 '들 싱아', 신맛의 원조인 싱아는 그냥 '싱아'라고 불렀다. 그 모든 정보는 놀다 보니 자연스럽게 귀동냥한 것들이었다.

© 이상권

괭이밥은 줄기에 비해서
뿌리가 깊게 뻗어 간다.

괭이밥은 요즘 젊은 사람들 사이에서 인기가 많다. 잎을 꼭 끌어 안듯이 웅크린다고 하여 '사랑초'라고도 불린다. 참으로 사랑스러운 이름이다.

소년은 괭이밥이 잠을 잔다고 생각했다. 소꿉놀이하면서 "자장자장 괭이밥아 우리 괭이밥 잘도 잔다……" 노래를 불러 주기도 했다. 그렇게 노래를 부르면서 누가 더 괭이밥 이파리를 빨리 재우는지 시합하는 놀이였다. 처음에는 엄마나 할머니처럼 주술적인 자장가를 부르려고 애를 썼다. 그러다가 어느 순간 괭이밥이 잠드는 것은 자장가 때문이 아니라 햇살이 사라져서라는 것을 알았다. 그때부터 아이들은 몸으로 해를 가리거나 혹은 다른 물건으로 괭이밥을 가리고 자장가를 불렀다. 그러고 나서 괭이밥을 가린 물건을 살짝 들춰 보면 어느새 그 풀이 잠들어 있었다. 그것을 보면서 얼마나 신기해 했는지 모른다. 한참 깔깔깔 웃다 보면 어느새 햇살이 내려와 있었고, 괭이밥도 잠에서 깨어 아이들 목소리를 듣고 있었다.

© 이상권

물봉선은 잎을 이용하여 씨앗 주머니를 보호한다.

시금치는 저녁이 되면 어린싹을 보호하려고 잎을 위쪽으로 움츠린다. 줄기 끝에 있는 새싹을 이슬이나 바람으로부터 보호하기 위해서이다. 그리고 다음 날 햇살이 들면 "어서 일어나라, 아가야. 해가 떴어." 하고 감싸고 있던 잎을 펼쳐 낸다.

숲속 그늘진 곳, 수분이 많은 땅에서 살아가는 물봉선은 정반대다. 물봉선은 잠잘 때 잎을 아래쪽으로 내린다. 그래야만 열매를 보호할수 있다. 물봉선 씨앗 주머니는 무척 예민하다. 조심성 없는 여치가 뛰어가다가 스치기만 해도 터져 버린다. 그 속에 든 씨앗이 잘 여물었다면 상관없겠지만 그렇지 않다면 문제가 생긴다. 그래서 물봉선은 조금이라도 이파리를 움직여서 보호하려고 하는 것이다.

이렇게 모든 식물은 잠버릇이 다 다르다. 어떤 식물은 잎을 부채 모양으로 접으면서 자고, 어떤 식물은 오른쪽 절반만 접고 잔다. 고추도 밤이 되면 살짝 잎을 움츠린다.

모든 생명은
태양신을 믿으면서
살아간다

얇은 잎 속의 공단

소년은 누워서 숲을 올려다보는 것을 좋아했다. 누워서 숲을 본다는 것은, 대지의 시선으로 숲을 본다는 뜻이다. 잎과 잎이 얼굴을 맞대고, 가지와 가지가 어깨를 맞댄 숲 천장에서는 치열한 햇살 쟁탈전이 벌어지고 있다. 그런 혼돈을 올려다보고 있으면 묘하게도 그들만의 질서가 느껴지는데, 죄다 하늘 쪽으로 최선을 다해 잎을 수평으로 펼쳐 내고 있다. 누구도 그런 규칙을 바꿀 수 없다.

잎 속에는 뜨거운 빛의 암호를 풀어서 당을 만들어 내는 광합성 공장들이 밀집해 있다. 물론 귀를 가까이 대 보아도 소리가 나지 않는다. 연기가 솟는 굴뚝도 없다. 노동자가 산업 재해로 죽어 가는 일도 없다. 인간 사회에서는 공장에서 발생하는 이익을 기업주가 분배하지만, 그곳에서는 식물 공동체가 관리한다.

잎은 완벽하게 방수되는 외장재로 덮여서, 안에서 사는 세포를 공기로부터 보호해 준다. 공기는 세포에게 필요하지만 해로울 수도 있다. 사람의 피부도 마찬가지다. 애벌레는 더욱 신경 써서 뼈를 가공하여 만든 옷을 입고 있다. 애벌레의 피부, 즉 입고 있는 옷은 변형된 뼈이다. 변형된 뼈가 공기와 빗방울, 온갖 바람과 먼지를 막아 준다.

애벌레는 뼈를 가공해서 만든 특수한 옷을 입고 있다. 유리산누에나방 애벌레.

소년은 연필보다 낫하고 더 친했다. 소년이 쓰는 전용 낫이 몇 개쯤 있었다. 봄부터 가을까지 날마다 낫을 들고 소가 먹을 풀을 베어야 했다. 그러다 보니 손바닥은 늘 굳은살로 단련되어 있었다. 굳은살은 물집으로 변했다. 소년은 꾸지뽕이나 아까시나무 가시를 이용해서 물집을 터트렸다. 순간 시리고 아팠다. 그러면 서둘러 물속에다 손을 담갔다. 누가 알려 주지 않아도 그렇게 해야 한다는 것을 알았다. 경험으로 배운 것이었다.

물속에다 상처 난 손을 담그면 순식간에 아픔이 사라진다. 물속에는 예민한 속살을 자극하는 공기가 없으니까 아프지 않은 것이다. 물집을 터트리면 아픈 것은, 물집에 난 상처 때문이 아니라 공기가 속살을 건드렸기 때문이다.

다양한 기능을 하는 식물의 털옷

소년은 어른이 될 때까지 거의 육식을 하지 않았다. 고기 비린내에도 예민했지만, 고기에 붙어 있는 털을 보는 순간 식욕이 싹 달아났다. 밥상에 오른 고기를 보는 순간 소년은 예민하게 그 생명체의 털을 찾아냈다. 그때마다 어머니는 남의 자식들은 고기라고 하면 환장하는데, 왜 우리 종자들은 고기를 보고도 덤벼들지 않는지 이해할수 없다고 소리쳤다.

소년은 군대에 가서도 고기에 붙은 털 때문에 애를 먹었다. 특히 국물 속에 있는 돼지고기를 볼 때마다 잔털이 너무 많이 보였다. 그러면 눈을 감고 그것을 억지로 삼켰다. 그때부터 고기를 먹을 때 살짝 눈을 감는 버릇이 생겼다.

식물도 털이 있다. 신기하게도 식물의 털은 소년의 식욕을 떨어트리지 않았다. 소년은 거의 모든 식물의 줄기에 털이 있다는 걸 알았다. 풀은 소년의 친구였다. 단 하루도 풀을 만지지 않고서는 살 수 없었다. 거의 모든 풀을 베어도 보고, 뜯어도 보고, 밟아도 보고, 뒹굴어도 보고, 씹어도 보고, 햇살에 비추어도 보고, 뭔가를 만들어도 보고, 그 모양을 그려도 보았다.

소년이 나물국으로 즐겨 먹었던 냉이랑 점나도나물을 비롯하여 보리순에도 털이 있다. 그들은 겨우내 소중한 소년의 살이 되어 주었다. 이와 혀끝에서 느껴지는 부드러운 털과 식욕을 돋우는 질감이 아직도 혀끝에 살아 있다. 제대로 심긴 기억의 맛은 살아갈수록 희미해지기는커녕 오히려 또렷해진다. 어쩜 신기하게도 식물의 털은 전혀 거부감이 없는 걸까. 왜 그런지 모르겠다.

동물은 자기 몸을 보호하기 위해서 털옷을 입는다. 추위로부터, 자외선으로부터, 어떠한 물리적 충격으로부터 몸을 보호한다. 식물의 털옷도 그런 기능을 갖고 있다.

소년의 생가 마당에서 가장 먼저 봄맞이 준비를 하는 것은 솜방망이였다. 두꺼운 솜옷을 잔뜩 뒤집어쓴 꼬락서니를 보면 아주 겁쟁이로 보이는데, 어이없게도 다른 풀이 생을 시작할 엄두도 낼 수 없을

때 그 추운 시간 속으로 얼굴을
내민다.

　그 시절은 겨울의 여진이 한창이
라서 몹시 춥다. 그래도 어쩔 수 없
다. 가난하고 약하기 때문에, 다른 식
물들이 활동하지 않을 때부터 부지런히
움직여야 한다. 핏덩이 같은 어린 작약이
얼어 죽는 걸 너무 많이 보아 온 소년은 늘 솜
방망이가 걱정이 되었다.

솜옷을 입은 솜방망이는
마당에서 가장 먼저
봄을 알린다.

　다행히 솜방망이는 신중하게 추위랑 밀당하면서
잎을 부풀렸다. 그래선지 작약처럼 얼어 죽는 걸 보지 못했다. 솜방
망이 솜옷은 추위를 막아 줄 뿐만 아니라 수분
을 모아 물방울로 만들어서 그것을
뿌리 쪽으로 흘려보내는 수
도관 역할을 한다.

© 이상권

　소년의 꽃밭 경계에서
살아가는 별꽃아재비도
잔털이 많은 식물이다. 국화
사촌인 별꽃아재비는 특별히
개성이 강하지도 않고, 여러 풀
속에서 무던하게 살아간다. 하얀 꽃
이 피어야만 비로소 그 존재를 알 수 있

별꽃아재비는 줄기와
잎에 잔털이 무성하게
배치되어 있다.

다. 별꽃아재비는 소나 토끼 같은 초식 동물이 싫어하는 냄새를 품고 있으며, 줄기나 잎에는 잔털이 빽빽하게 붙어 있다. 그러니 나비나 나방 애벌레 무리도 거의 먹지 않는다. 가시보다 약한 잔털이 식물에게는 훨씬 더 유용한 방어 수단인 셈이다.

토마토는 인간이 키우는 식물 중에서는 보기 드물게 강한 녀석이다. 모종을 사다가 심어만 놓으면 녀석이 알아서 자기 실정에 맞게 예산을 책정하고 꽃을 피우고 홍보하고 열매를 맺는다. 녀석의 삶은 꼭 야생풀 같다. 그 어떤 풀이 다가와도 겁먹지 않는다. 어디 올 테면 와 봐라! 녀석은 그렇게 선언하고는 자기보다 더 줄기가 큰 풀과 몸싸움을 하면서 줄기를 위로 밀어 올린다.

줄기에는 잔털이 뿌옇게 붙어 있다. 손으로 살짝만 만져도 특유의 냄새가 난다. 특히 노랗게 꽃이 피면 독특한 냄새가 더 강해진다. 애벌레들이 둥글둥글한 열매를 강제로 차압하여 속을 파 먹기도 하지만, 잔털이 많은 줄기는 뜯어 먹을 엄두도 내지 못한다. 심지어 지나가는 것조차도 애를 먹는다. 애벌레의 발은 줄기를 감싸면서 가는 경우가 많은데, 빽빽한 잔털이 그 걸음을 방해하기 때문이다.

토마토는 자주국방을 모범적으로 실현하고 있다. 줄기에 난 잔털 속에는 화학 무기를 생산하는 공장이 있다. 당연히 특유

토마토는 줄기에 털이 많고 강한 향을 갖고 있어서 초식 동물들이 싫어한다.

의 냄새가 나는 화학 무기도 그 공장에서 만들어진다. 병원균이나 벌레로부터 자기 자신을 지켜 내기 위해서 만들어 낸 비밀 무기인 셈이다.

토마토의 본가는 안데스산맥이다. 토마토는 16세기경 탐험가들에 의해서 유럽으로 이주하고도 200년간 식용 작물로 인정받지 못했다. 특유의 강한 향과 독성 때문이었다. 토마토는 파릇한 열매가 붉은빛을 띠기 전에는 아린 맛이 강해서 먹을 수 없다.

색깔이란 아주 주관적이다. 뱀이나 애벌레들은 빨간색을 통해, 내 몸속에는 독이 있으니 조심하쇼, 하고 경고한다. 토마토를 비롯하여 감, 감자는 파란색을 통해, 자기들 몸속에 독이 있다는 것을 경고한다. 토마토랑 감이 이용하는 빨간색은, 이제 내가 모든 무장을 해제했으니 안심하고 먹어도 된다는 뜻이다.

토마토 열매는 충분히 익으면 단맛이 깊다. 단맛이란 오랜 기다림이 있어야만 생겨나고, 식물이 누군가를 위해서 접대하고 베푸는 다정한 맛이다. 초록색이었을 때 품고 있던 아린 맛과는 사뭇 다르다.

인간은 그걸 알면서도 붉은 토마토를 먹을 때마다 늘 불안했다. 지금도 토마토를 먹고 복통을 일으켰다는 뉴스가 종종 나온다. 그만큼 토마토는 늘 인간을 긴장시키는 식물이다.

소년은 어른이 된 뒤에 불안 증세가 심해서 정신과 치료를 받은 적이 있다. 처음 병원에 갔을 때 의사는 소년의 이야기를 듣더니, 침대에 누워서 가장 편안했던 순간을 떠올리라고 하였다. 소년은 망설임 없이 강물 위에 누워 있을 때라고 대답했다. 의사는 얼른 그 말을 알아듣지 못했다. "저는 강물에 누워 있으면 가라앉지 않고 그대로 떠 있어요. 그 상태로 잠도 잘 수 있답니다." 그제야 의사는 "아하!" 하고 맞장구치면서 그런 일이 어떻게 가능한지 모르겠다고 하면서도 더 이상 의구심을 갖지 않았다. 의사는 그런 상황을 상상하면서 호흡에 집중하라고 하였다. 소년이 그런 상상을 하자, 야윈 아이의 모습이 떠올랐다.

소년은 대도시 고등학교에 가면서, 자기 호흡을 조절할 수 없을 만큼 흔들렸다. 그때부터 불안증, 불면증, 대인 공포증이 뇌에서 기생하기 시작했다. 소년은 불안해질 때마다 눕고 싶었다. 소년은 고향에 가기만 하면 강으로 가서 누웠다. 쑥을 뜯어 귀를 막고 물에 누우면 이 세상 모든 소리가 사라졌다. 어머니 자궁 속에 누워 있을 때처럼 고요가 소년을 위로해 주었다.

넓고 동그란 수련 잎도 물 위에 누워 있다.

굳이 누워 있다고 표현하는 근거는, 수련 잎은 다른 잎하고 달리 잎 윗면에 숨구멍이 있기 때문이다. 만약 숨구멍이 잎 아랫면에 있다면 물에 닿아서 숨쉬기가 곤란할 것이다. 어쨌든 수련은 잎 윗면에 숨구멍이 있으니까, 누군가 다가와서 물이라도 뿌려 댄다면 소년처럼 캑캑거리면서 재채기를 해 댈 것이다.

현명한 수련은 그런 불편함을 예측하고는 숨구멍 주위에다 털을 만들었다. 그 털이 숨구멍 주위로 밀려드는 물을 막아 준다. 아무리 비가 쏟아져도 연잎에는 물이 고이지 않고, 그곳에 있는 숨구멍도

재채기 한 번 하지 않고 편안하게 숨을 쉴 수 있다. 수련이 만들어 낸 털은 우산보다 훨씬 성능이 좋다.

식물의 다양한 창

만약 잎 속에서 산다면 어디에다 창문을 냈을까. 대부분 윗면을 택할 것이다. 그래야 탁 트인 햇살과 구름을 마음껏 바라다보면서 즐거워할 테니까. 식물도 그걸 알지만 잎 아랫면에다 창문을 냈다. 윗면에다 창을 내면 빗물과 햇살 때문에 제대로 창문을 열어 놓을 수가 없기 때문이다.

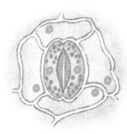

식물이 만든 창문은 죄다 입술 모양으로 생겼다. 사실 인간이 만든 유리창, 그 각진 네모는 대자연 속에서 너무도 이질적인 디자인이다. 인간만이 선호하는 극단의 뾰족함이다. 대자연에서 사는 예술가들은 아무도 그런 각진 선을 선호하지 않는다.

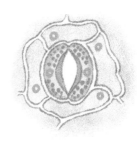

입술 모양의 창은 자동으로 열리고 닫히는 기능이 있다. 인간의 입술도 그런 원리에 적합한 디자인과 구조를 갖추고 있다.

기공은 식물의 입이자 굴뚝이다. 입술 모양으로 생긴 기공은 자동으로 열리고 닫히는 식물의 창이다.

인간의 입술도 식물의 창을 보고 만들었음을 알 수 있다.

식물의 창문은 비가 내리면 자동으로 닫힌다. 잎에 달라붙은 물방울은 일정한 무게가 되면 중력이 아래로 끌어내리니까, 잎은 빗방울의 무게를 감당할 필요도 없다. 게다가 잎은 얇아서 거친 바람에도 잘 견디어 낸다. 적당히 바람의 하소연을 들어주면서 흔들어 주기만하면 되는 것이다.

잎 속에서 사는 시민들은, 잎 아래쪽으로 내려다보는 세상이 더 아름답다는 것을 안다. 태양이 사는 위쪽은 신의 시간이 흐르는 곳이고, 중력이 사는 아래쪽은 살아 있는 것들의 시간이 흐르는 곳이다.

창문의 위치는 식물이 살아가는 환경에 따라서 조금씩 다르다. 물에서 살아가는 식물은 잎 윗면에다 창문을 낸다. 잎 아래쪽이 물에 닿아 있으니까, 어쩔 수 없이 잎 윗면에다 창문을 낼 수밖에 없다.

물에서 사는 식물은 잎 윗면에 광합성 공장이 밀집해 있다. 잎 윗면은 항상 뜨거운 햇살을 받기 때문에 실내가 찜질방 수준이다. 그래도 살기 위해서는 어쩔 수 없다. 다행스럽게도 잎 아랫면이 늘 물에 닿아 있어서, 그 물을 이용하여 실내 온도를 일정하게 유지할 수 있다.

한해살이 식물은 잎 윗면과 아랫면에다 창문을 만든다. 대체 왜그럴까. 그들은 높은 허공에서 살지 않기 때문이다. 거의 땅에 붙어서 사는 그들은 굳이 창문을 잎 아랫면에다 설치할 필요가 없다. 땅에 붙어서 산다는 것은 여러 식물이랑 살을 부대끼면서 살아간다는 뜻이고, 그만큼 햇살을 받아 내는 잎의 면적도 작아진다는 뜻이고, 비바람의 영향도 줄어든다는 뜻이다.

한해살이풀은 잎을 나무처럼 수평으로 펼치고 살지 않는다. 잎을 세로로 세우는 식물도 있고, 잎을 기다랗게 늘어트리기도 한다. 늘어진 잎은 늘 바람에 흔들리기 때문에, 잎의 윗면과 아랫면에 다 창문을 설치하는 게 더 유리하다.

숨구멍은 밤보다 낮에, 그늘보다 햇살이 강한 곳에서 더 많은 물을 토해 낸다. 당연히 잎 안에 있던 수분은 줄어든다. 그래도 걱정할 건 없다. 뿌리에서 길어 올린 물이 전용 도로를 타고 순식간에 배달되기 때문이다. 수분이 부족한 잎에서 굳이 물을 배달해 달라고 요청하지 않아도, 그들의 시스템은 수분이 부족한 곳을 자동으로 감지해서 물을 배달해 준다.

뿌리 끝까지 연결된 수도관 속에는 항상 물이 가득 차 있는데, 그것들은 서로 잡아당기는 응집력 때문에 덩굴처럼 연결이 되어서 어디건 이동할 수 있다. 식물의 과학은 그런 물의 성격을 잘 파악해서 전국적인 수도망을 갖추었다.

잎은 햇살이 있어야만 존재한다. 잎은 햇살을 가장 잘 받아 낼 수 있는 곳에 있다. 햇살을 많이 받아 내는 잎일수록 건강하다. 하지만 잎 속은 워낙 좁아서 햇살이 단 몇 분만 쏟아져도 금세 열이 오른다. 그렇다고 에어컨을 설치할 수도 없다.

식물의 잎은 물을 과학적으로 이용하여 찜통더위를 해결했다. 창문으로 물을 내보내면서 더위를 식히는데, 액체가 아니라 기체로 바꿔서 숨구멍으로 토해 낸다.

여름철이면 소년은 강에서 살다시피 했다. 소년이 물을 너무 좋아
하니까 어머니는 그것이 늘 불안했다. 순해 보이는 강은 해마다 한
두 명의 어린 목숨을 잡아먹고 살았다. 그걸 알면서도 소년은 강을
두려워하지 않았다.

어머니는 해마다 점쟁이를 찾아가서 식구들 운수를 점쳤다. 그때
마다 점쟁이는 유독 물을 좋아하는 소년을 거론하면서 강물과 접속
하는 시간을 최대한 줄여야 한다고 했다. 그 말을 들을 때마다 가슴
한구석이 서늘해지면서도 막상 강의 맥박이 느껴지면 이상하게도
마음이 편안했다. 강물에다 손을 담그면 어느새 소년은 그 거룩한
흐름의 일부가 된 것 같았다.

강물 속은 펄 속에서 살아가는 조개들 세상이었다. 소년은 그 캄
캄한 영원 속으로 자맥질해서 조개를 끄집어냈다. 보통 한 번으로는
불가능했다. 두 번, 세 번 똑같은 곳으로 잠수하여 펄을 파내고 조개
를 뽑아낸 다음 물 위로 솟구치면서 "잡았다!" 하고 소리칠 때의 파
장이 하늘의 구름까지 흔들었다.

민물조개는 아름다운 문양을 새기는 장인이라서, 장롱을 만드는
사람들에게는 꼭 필요한 것이었다. 장사치들은 강변 마을을 돌면서
조개껍데기를 사 갔다. 소년은 민물조개를 팔아서 어린 시절 용돈을
충당했으니까, 갈맷빛 강물의 유혹을 뿌리치기란 불가능한 일이었다.

비가 내리는 날에도 강물 속에서 조개를 잡았다. 사실 태양이 없
어도 물속에서는 별로 춥지 않다. 다만 물 밖으로 나오면 입술이 파

래지면서 부들부들 온몸이 떨린다. 몸에 흐르던 물이 증발하면서 체온을 빼앗긴 것이다.

그때마다 소년은 얼른 햇살에 달궈진 돌을 찾아서 꼭 안고는 얕은 숨을 내뱉었다. 그 돌은 처마가 있는 바위 밑에 있어서 큰비가 아니면 몸이 젖지 않았다. 따뜻한 돌의 체온을 받으면 으슬으슬 떨림도 사라졌다. 그것은 소년의 돌멩이였다. 호박보다 작고, 회색빛 바탕에 붉은 별 모양의 문양이 새겨져 있었다.

소년은 그것을 안고 자궁 속에 있을 때처럼 몸을 구부렸다. 신기하게도 돌멩이의 딱딱함이 말랑말랑한 질감으로 느껴졌다. 돌멩이는 아무런 말을 하지 않았다. 그저 침묵으로 소년을 따뜻하게 위로해 주었다. 그것을 안고 있으면 종일 비를 맞아도 견딜 자신이 있었고, 어느 순간부턴지 돌에 안겨 있는 것 같았다.

따뜻한 속삭임을 가진 그것은 지금 어느 세상을 순례하고 있을까. 먼바다로 갔을까. 아니면 더 작은 존재로 몸을 나누어서 세상을 순례하고 있을까. 나중에 소년이 죽으면 만날 수 있겠지.

식물은 태양 에너지를 이용하는 순간부터 숨구멍으로 토해 낸 수증기가 체온을 조절해 준다는 마법을 알았다. 그때부터 식물은 '아, 이 세상에서 살아갈 수 있겠구나.' 하고 자신했다.

인간의 세포들도 비슷한 방식으로 체온 조절 장치를 만들었다. 그들은 땀구멍으로 땀을 토해 내서 체온을 유지한다. 인간은 이렇게 생명체로서 선배인 식물을 많이 닮았다.

발등으로 새벽이슬을 차며 걷던 길

소년은 유독 잠이 많은 아이였다. 어른들 농담처럼 해가 땅바닥에서 똥구멍 밑까지 올라오도록 잠을 자기도 했다. "어서 일어나라. 다른 집 아이들이 우리 감나무 밑에 와서 떨어진 감을 다 주워 간다." "어서 일어나라. 다른 집 아이들이 우리 밤나무 밑에 와서 밤을 다 주워 간다." 그런 타박을 지겹게 들으면서 자랐다. 그보다 지겨운 말은, 어서 일어나서 새벽일 가자는 재촉이었다. 말이 새벽이지 한밤중이었다. 하늘에 떠 있는 잔별들에게 물어보아도, 햇새벽이 움트는 기운을 찾아낼 수 없었다. 당연히 길이란 길이 다 잠들어서 제대로 길을 더듬어 내지 못하고는 헛디디거나 비틀거렸다.

소년의 잠을 깨운 것은 풀잎에 맺혀 있는 찬 이슬이었다. 새벽이슬은 얼음보다 더 차갑다. 살갗에 닿으면 시린 아픔이 느껴진다. 밭두렁으로 접어들자 발목을 휘감는 그령 이파리의 압박이 더해지면서 온몸에 소름이 돋는다.

한번은 한마을에 사는 누나가 어린 소년에게 고구마밭에서 사는 박각시나방 애벌레를 던졌다. 밭 가에서 꼴을 베고 있던 소년은 깜짝 놀랐다. 뭔가 날아와서 목덜미에 착 달라붙었고, 그걸 만지는 순간 물컹한 느낌에 애벌레라는 것을 알았다. 소년은 놀라서 부들부들 떨었다.

소년은 그 누나에게 복수하겠다고 생각했다. 그 누나네 집으로 통하는 길에는 그령이 많았다. 소년은 그령 풀을 두 갈래로 묶어서 덫을 만들었다. 그런데 엉뚱하게도 다른 집에 사는 할머니가 가다가 그령에 걸려서 넘어지는 사태가 나고야 말았다. 소년은 부랴부랴 그 할머니네 집으로 가서 사과하고, 어머니한테 혼이 났다.

그런 기억을 더듬다 보니 소년은 정신이 맑아졌다. 그때부터 소년은 일부러 그령을 힘주어 밟으면서 걸어갔다. 아무리 밟아도 풀이 죽지 않는다는 걸 안다. 그래도 그렇게라도 해야만 새벽일을 나가는 것에 대한 불만을 무디게 할 수 있었다. 걷다 보면 어느새 신발 속에서 삐직삐직 소리가 났다. 신발에 들어찬 이슬이 발과 부대끼면서 나는 소리였다. 소년은 그 소리에 박자를 맞추면서 걸었다. 당연히 이슬은 하늘에서 내려온 것이라고 생각했다.

일을 마치고 돌아오면 마루 아래서 치자나무 화분이 기다리고 있었다. 소년은 그 나무를 보고 고개를 갸우뚱한 적이 있었다. 무심코 치자 잎을 스치자 뭔가 끈적거리는 것이 손에 묻었다. 이파리에 이슬이 맺혀 있었다. 이상했다. 마루는 하늘에서 내려오는 이슬이 들이칠 수 없는 곳이었다. 그제야 소년은 식물이 토해 내는 이슬도 있다는 사실을 알았다.

태양은 한순간도 제자리에 머무르지 않는다. 아침부터 타박타박 걷고 또 걸어서, 저녁 무렵이 되면 다른 세상으로 꼬불꼬불 넘어간다. 태양 빛이 꺼지면 잎에 있는 광합성 공장도 문을 닫으니까, 잎 내부가 선선해지면서 물도 필요 없어진다. 그래도 계속 뿌리에서 물이 올라온다. 어딘가에다 물을 차단할 수 있는 장치를 마련하면 좋으련만, 식물은 그런 수단을 마련하지 않았다. 시간이 지날수록 물은 잎 내부에서 넘쳐 난다. 그걸 처리하지 않으면 물난리가 난다.

식물의 잎에는 수많은 숨구멍이 있다. 잎 안에서 사는 노동자들은

잡초 중에서 가장 질긴 그령은
인간이 다니는 길에서 살아간다.

밤새 그 숨구멍으로 물을 퍼낸다. 노동자들은 물관에서 배달된 물을 기체로 바꾸는 일부터 한다. 만약 그걸 그대로 둔다면 잎 안에서 사는 시민들이 다 질식해서 죽을 것이다. 또한 기체로 만들어야만 밖으로 배출하는 것도 훨씬 수월해진다. 노동자들이 밖으로 내보내는 물은 햇볕이 없으니까 증발하지 않고, 다른 잎으로 떨어져서 방울방울 맺힌다. 그 물방울을 만지면 끈적거리기도 한다.

닭이나 오리를 집으로 몰아넣는 일도 소년의 몫이었다. 사실 녀석들은 태양 빛이 꺼지면 각자 알아서 집으로 돌아갔으니까, 굳이 억지로 몰아넣지 않아도 되었다. 적당히 기다려서 녀석들이 집으로 들어가면 그때 문을 잠그면 되었다.

그러나 어두워질 때까지 기다릴 수가 없었다. 숲속 나뭇잎들이 태양을 배웅하면서 서쪽으로 고개를 돌리면 하늘은 붉게 타오르고, 온 동네 아이들이 당산나무 밑으로 몰려나왔다. 그때부터 놀이를 탐지하는 더듬이가 흔들리고, 어서 놀고 싶은 충동으로 소년은 급해졌다. 놀이에 합류하기 위해서는 할 일을 끝내야 했다.

놀기 좋아하기는 닭이나 오리도 마찬가지였다. 그놈들도 최대한 놀다가 늦게 집에 가려고 했다. 심지어 해가 져도 들어가지 않는 놈들이 있었다. 그러니 소년의 마음은 얼마나 조급했겠는가. 막대기로 겁을 주면서 몰아넣어도, 그놈들은 어느새 다시 나오고야 말았다.

소년은 화가 나서 닭이랑 오리가 집에 들어가지 못하도록 문을 닫아 버렸다. 어디 맛 좀 봐라. 밖에서 이슬 맞으면서 자 봐라! 그놈들은 예상대로 서리를 맞으면서 밤을 새웠다.

다음 날 할아버지가 불호령을 내렸다. 왜 닭이랑 오리를 집으로 들여보내지 않았냐고 하면서, 그것들이 이슬을 맞으면 하늘을 난다는 것이었다. 밤이슬은 그런 신비한 마법을 갖고 있다고 덧붙이면서.

소년이 얼마나 당황했는지 모른다. 만약 닭이랑 오리가 야생으로 날아가 버린다면……. 아, 상상만 해도 끔찍했다. 그때부터 소년은 절대 닭이랑 오리에게 밤이슬을 허락하지 않았다.

최초로 태양 에너지를 이용한 세포들

잎에서 일하는 세포는 엽록소로 된 초록색 옷을 입고 있다. 그곳은 허공 끝에 매달린 최전선이다. 뜨거운 햇살은 물론이요, 단 한 점의 바람 깃도 들이칠 수 없는 그곳은 완벽한 성이다. 그러니 한낮에는 용광로처럼 달아오른다. 그 속에서 살아가는 세포는 투덜거리지 않는다. 더 쉽고 편한 일을 하려고 꼼수를 부리지도 않는다. 그들은 자부심이 대단하다. 그들이 일해서 식물 공화국 전체를 먹여 살리기 때문이다.

잎 속에는 광합성 공장이 있다. 공장의 원료는 이산화 탄소와 물뿐이다. 이산화 탄소는 기공으로 받아들이고, 물은 뿌리에서 보내 준 것을 이용한다. 그 공장을 가동하기 위해서는 에너지가 있어야 한다. 그래서 잎은 어둠이 걷히자마자 일제히 태양을 향해 고개를 돌린다.

아이들이 손에 쥐고 있는 바람개비도 에너지가 없으면 돌아가지

않는다. 입바람을 힘껏 불거나 바람
이 부는 쪽으로 달려 나가야 바람
개비가 돌아간다. 물레방아가 돌
아가기 위해서는 일정한 흐름을
가진 물이 필요하다. 전동차가
움직이기 위해서는 전기가 필요
하다. 식물은 가장 먼저 태양을 에너
지로 이용한 생명체이다.

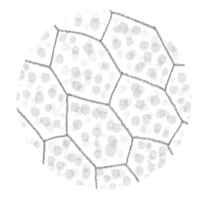

잎에서 일하는 세포는 모두
초록색 옷을 입고 있다.

태초의 식물이 태양의 계시를 알아채지 못했다면 존재할 수 없었
다. 식물은 빛을 받아 에너지로 바꾸는 방법을 알아낸 순간부터 당
당해졌다. 남세균 같은 단세포 생명체는 용감하게 물에서 나와 육지
로 삶의 거처를 옮겼고, 태양 에너지를 통해서 이산화 탄소와 물을
포도당으로 바꾸고 산소를 배출했다. 그 과정에서 가장 힘든 기술이
빛을 사냥하는 일이다. 빛을 사냥할 때는 엽록소라는 특수한 녹색
색소를 이용한다. 녹색 색소는 마법처럼 빛을 빨아들여서 에너지로
전환 시킨다.

공장은 잎 윗면에 많다. 그래야만 태양 에너지를 쉽게 이용할 수
있기 때문이다. 나무와 달리 풀은 잎뿐만 아니라 자기 몸 전체를 이
용해서, 조금이라도 햇살을 받아 낼 수 있는 곳이라면 망설이지 않
고 광합성 공장을 짓는다. 그러니까 줄기, 열매는 물론이요, 심지어
감자나 대나무는 자신의 땅속줄기에도 광합성 공장을 짓는다. 흙 위
로 드러난 대나무 땅속줄기가 초록색을 띤다는 것은, 그곳에도 공장

이 있다는 뜻이다. 뿌리를 저장 창고로 이용하는 무도, 흙 위로 드러나는 부분에다 공장을 짓는다.

햇살이 없으면 광합성 공장이 멈추니까, 식물은 기를 쓰고 에너지를 보충하려고 한다. 태양은 자신의 에너지를 주유소처럼 관을 통해서 내보내지 않는다. 그냥 거대한 우주 공간에다 자신의 에너지를 뿌린다. 태양 에너지는 무료인데, 그것을 받아 내기 위해서는 엄청난 노력이 필요하다. 경쟁자들보다 키가 커야 하고, 경쟁자들보다 큰 잎을 펼쳐야 한다. 태양은 잠시도 가만있지 않으니까, 그것의 발걸음을 부지런히 쫓아다녀야 한다.

그러니 아침에는 잎이 동쪽으로 향하고, 한낮에는 똑바로 허공을 쳐다보다가, 해 질 녘이면 서쪽으로 기울어진다. 그런 노력을 하지 않으면 다른 식물보다 건강하게 살 수 없다.

노린재나무야, 미안하다

소년은 아내에게 특별한 생일 선물을 한 적이 있다. 노린재나무를 파다가 마당에다 심은 것이다. 아내는 노린재나무를 좋아한다. 노린재나무는 마치 버섯처럼 줄기를 동그랗게 재단하면서 느릿느릿 시간을 일군다. 그 동그란 자태가 기품 있다. 초여름에는 하얀 꽃들이 가지에 가득 부풀어 올라 작은 꽃구름을 연상시킨다. 가을에 마른 잎을 잘 거두었다가 그것을 불에 태우고 그 잿물을 염색 재료로 썼다. 잎을 태우면 재가 노랗게 변한다고 해서 '노란재나무'라고 불리던 것이 노린재나무로 바뀐 것이다.

노린재나무는 마당에서 성공적으로 정착하는 듯했다. 잔가지마다 많은 잎이 돋아나서 유독 활기차게 느껴졌다. 그러다가 어느 날 잎이란 잎이 한꺼번에 다 시들어 버렸다. 마당에 홀로 서 있는 그 나무에게 내릴 수 있는 처방이란 아무것도 없었다. 그야말로 속수무책이었다.

그 이듬해 노린재나무는 하나의 가지에서만 간신히 싹을 내밀었다. 소년은 나무만의 내적인 힘을 믿고 있었기에 틀림없이 살아날수 있을 거라고 확신했다. 안타깝게도 날이 뜨거워지자 그 초록이 시들어 버렸다. 살겠다는 나무의 의지를 완전히 꺾어 버리는 잔인한 햇살이었다.

그제야 숲에 가서 노린재나무를 관찰했다. 그들은 키가 큰 나무가 아니다. 주로 참나무 숲에서 살아간다. 거대한 참나무의 이파리가 걸러 낸 부스러기 햇살을 이삭 주우면서 살아간다. 당연히 그들은 검소하다. 그들은 그 정도 햇살만으로도 만족하고 아껴 쓰면서 살아간다.

소년은 반그늘에서 살아가는 노린재나무의 잎에 새겨진 언어를 제대로 해석하지 못했고, 모든 나무는 무조건 햇살 잔치를 좋아한다고 예단하는 오류를 범했다. 그 결과는 끔찍했다. 한 생명의 파멸로 이어졌기 때문이다. 참담했다. 말라 버린 나무 앞에서 한소끔 머물렀을 뿐인데도, 쏟아지는 햇살 세례를 받으면서 밀려오는 굴욕적인 절망을 떨쳐 낼 수 없었다.

태양은 늘 과하게 자신의 빛을 쏟아 낸다. 상대에 따라서 빛을 조절하지 않는다. 식물은 그런 태양의 특징을 잘 알고서 공동으로 대응한다. 나무들은 숲 천장에다 일정하게 경계를 긋고, 그곳에 모여 잎과 잎을 맞대면서 햇살을 받아 낸다. 그와 동시에 햇살을 막아 낸다. 그래야만 숲 바닥의 수분 증발을 막아 낼 수 있다.

풀들도 공동으로 대응한다. 나무처럼 잎과 잎을 펼쳐서 맞대는 게 아니라 줄기와 줄기를 맞대면서 무성하게 우거진다. 무질서하게 뒤엉킨다. 아무리 강한 햇살이라도 무질서한 풀잎 사이를 뚫고 바닥까지 내려갈 수 없다. 풀은 서로 경쟁하면서도, 종을 초월하여 공동체 생활을 해 간다. 그래야만 살아갈 수 있다.

햇살에 강한 풀들은 서로서로 뒤엉키는 것을 싫어하지 않는다. 토끼풀이나 잔디, 바랭이, 쇠비름, 벼룩나물, 질경이, 씀바귀, 꽃마리, 개불알풀 같은 풀들은 상대를 가리지 않고 뒤엉켜서 살아간다. 귀화 식물인 개쑥갓은 그런 무질서를 끔찍하게도 싫어한다. 인가 주변이나 숲과 들의 경계에서 살아가는데, 남하고 부대끼는 걸 싫어하기 때문에 어쩔 수 없이 그늘에서 살 수밖에 없다.

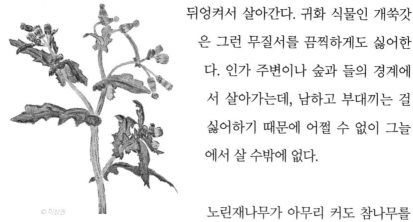

© 이상권

강한 햇살을 싫어하는
개쑥갓은 그늘지고 수분이
많은 곳을 좋아한다.

노린재나무가 아무리 커도 참나무를 따라갈 수 없다. 그래서 노린재나무는 햇살 욕심을 부리지 않는다. 참나무 잎 사이로 떨어지는 햇살만으로도 감사한 마음으로 살아간다. 그렇게 살아 왔으니, 노린재나무를 키우려면 그늘이 있어야 한다. 그런데 무턱대고 노린재나무를 배려한답시고 땡볕이 굿 하는 마당 한복판으로 모셔 왔으니, 말 못 하는 그가 얼마나 보대꼈을까.

잎은 야생 동물 같은 햇살을 사냥하여 들뜬 전자로 만들어 내야 한다. 전자가 달아나면서 생기는 불꽃을 이용하여 당분을 만들어 내는 광합성 공장을 가동한다. 그런데 반그늘에서만 살아온 노린재나무 잎은 마구 날뛰는 야생의 빛 세례를 당해 낼 수 없었다. 태양은 늘 자신의 힘을 아끼지 않고 쏟아 내기 때문이다.

태양 젖을 먹는 아기 거미

소년은 늑대거미에 대한 호기심이 있었다. 늑대거미는 동그란 알주머니를 엉덩이에다 매달고 다닌다. 모심기 전에 논바닥을 써레질하고 나면 수많은 늑대거미들이 알주머니를 매달고 흙탕물 위를 달려 다닌다. 거미들이 물에 빠지지 않는 것도 신기했고, 알주머니의 무게가 전혀 느껴지지 않는 것도 신기했다.

소년은 알주머니가 달린 늑대거미를 잡아다가 상자에다 넣었다. 문제는 먹거리였다. 늑대거미가 알주머니를 매달고 다니는 봄에는 녀석이 먹을 만한 것을 찾기 힘들었다. 가까스로 집파리를 산 채로 잡아서 날개를 떼어 내고 넣어 주었다.

알주머니를 매단 어미는 소년이 넣어 준 집파리는 관심도 없었다. 어느새 알주머니에서 아기들이 나왔다. 깨알만 한 아기들은 태어나 자마자 어미의 등으로 올라갔다. 놀랍게도 어미의 등에는 알에서 깨어난 아기들이 다 올라탈 수 있을 만큼 넓은 마당이 있었다.

소년은 더욱 걱정되었다. 모든 생명은 뭔가 먹어야만 살아가지 않는가. 더구나 막 태어난 아기에게는 엄마의 젖이 필요할 텐데. 거미는 젖 대신 그들만의 방식으로 뭔가를 주겠지. 아무리 관찰해도 그 비밀을 알 수 없었다. 접시에다 물을 담아서 놓아 보기도 했다.

소년은 늑대거미를 잡아 온 것을 슬슬 후회하기 시작했다. 그렇게 하루, 이틀, 사흘이 지났다. 그래도 아기들은 죽지 않았다. 아기들이 뭔가를 먹지 않고 사흘을 버틴다는 것은 있을 수 없는 일이다. 소년은 대체 어미가 뭘 아기들에게 먹이는지 보려고 종일 들여다보고 또 들여다보았다. 어미는 아기들을 업고는 햇살이 잘 드는 곳으로 기어다닐 뿐이었다.

소년이 절반쯤 햇살을 차단했다. 어미는 햇살이 드는 쪽으로 움직였다. 그렇구나! 햇살이구나! 거미 어미는 불행하게도 아기에게 줄 젖이 없었다. 그래도 걱정할 필요가 없었다. 위대한 태양의 신이 햇볕이라는 젖을 주기 때문이다.

늑대거미 어미는 아기를
업고 다니면서
태양의 젖을 먹인다.

태양 빛을 먹고 살아가는 건 식물만이 아니었다. 아기 거미도 봄날 내내 태양 빛을 받아먹으면서 살아간다. 식물과 다른 점이 있다면, 거미는 녹색 옷을 입고 있지 않을 뿐이다. 광합성 공장을 갖고 있지 않은데도, 태양을 에너지로 이용하니까 참으로 대단한 일이다.

애호랑나비 잡는 놀이

애호랑나비가 나타날 즈음이면 나비 잡기라는 최고의 놀이가 시작된다. 그 정도 놀이에 끼려면 어느 정도 나비에 대해서 알아야 한다. 나비는 조심성이 많은 놈이다. 그놈은 누군가 다가오는 소리를 기가 막히게 알아낸다. 나비 잡기 놀이를 하려면 소리 없이 움직이는 법을 알아야 하고, 그만큼 인내심도 있어야 한다.

애호랑나비는 특이하게도 바닥에 앉는다. 숲 바닥, 그것도 낙엽이 수북하게 깔린 곳을 선호한다. 소년은 그런 애호랑나비의 특징을 잘 알았다. 그놈을 잡기 위해서는 쫓아다녀서는 승산이 없다. 먼저 가서 기다리고 있어야 한다.

애호랑나비는 잠깐씩 진달래나 양지꽃에서 꿀을 군것질하지만, 대부분은 그냥 낙엽에 앉아서 햇살의 맥박을 찾아 날개를 쫙 펼친다. 그럴 때 날개는 햇살을 모아서 기르는 밭이다.

그맘때쯤 숲에서 살아가는 모든 것들은 햇살 동냥으로 살아간다. 거미를 비롯하여 도마뱀, 온갖 파리들, 벌, 심지어 꿩 같은 새들도 틈

애호랑나비 날개는 햇살을
받아 내는 집열판이다.

만 나면 양지바른 곳으로 몰려나와 햇살을 동냥한다. 애호랑나비도 최대한 날개를 활짝 펼친다. 봄바람은 워낙 변덕스럽고 차가워서 자꾸 날아다니는 것 자체가 에너지 낭비다. 재수 없으면 봄바람의 소용돌이에 휘말려 나뭇가지와 충돌할 수도 있다. 내려앉을 때도 나비 특유의 우아함을 기대할 수 없다. 마치 불시착하듯이 엉성하게 내려 앉는다. 그래도 괜찮다. 숲 바닥은 낙엽이라 애호랑나비가 전혀 충격을 입지 않을 테니까.

애호랑나비 날개는 쌍떡잎식물의 잎처럼 섬세하게 핏줄이 새겨져 있다. 날개는 태양 볕을 수확하는 집열판이다. 집열판에서 모은 따뜻한 온기는 섬세한 핏줄을 따라 몸 구석구석으로 흘러간다. 애호랑나비도 그렇게 체온을 유지하면서 추운 봄날을 버텨 낸다.

소년은 가만히 있다가 바로 앞으로 내려앉은 애호랑나비를 낚아챘다. 소년은 애호랑나비를 잘 잡았지만 서툰 아이들은 종일 쫓아다녀도 계속 허탕만 쳤다. 그러다 보면 배가 고프고, 아이들은 진달래꽃을 따 먹으면서 숲을 빠져나왔다.

어머니 같은 녹색 일꾼

햇볕이 부족해지면 광합성 공장의 가동률이 떨어진다. 더 일하고 싶어도 에너지가 부족하니까 어쩔 수 없다. 그것이 일시적인 현상이라면 괜찮아도 장기적인 현상이라면 다들 힘들어진다. 잎에서 일하는 일꾼들은 얼굴이 녹색일 때가 가장 행복하고 건강하다. 얼굴이 연한 녹색으로 변해 가면 뭔가 힘들어졌다는 뜻이다.

햇볕을 제대로 받지 못했을 때 그런 현상이 나타난다. 사람들은 일하기 싫어하지만, 녹색 일꾼들은 그렇지 않다. 그들은 일하지 않으면 병든다. 그들은 일 속에서 행복을 찾는다.

90세인 소년의 어머니는 허리를 비롯하여 심장까지 수술을 몇 번이나 받았는지 모른다. 옛날이야기에 나오는 할머니처럼 허리도 굽어 버렸다. 소년은 어머니가 처음 아프기 시작할 때 말했다. "어머니, 제발 일 줄이세요. 허리 굽고, 허리나 팔다리 아프고 그러면 아무도 어머니 돌봐 줄 사람 없어요. 그러니 제발, 일 좀 줄이세요!" 안타깝게도 어머니는 소년의 말을 듣지 않았다. 어머니는 한 마리 야생 동물 같았다. 결국 몸이 고장 나기 시작했다. 허리와 다리, 무릎, 팔, 손가락이 녹슬어 가면서 부러지고 아프기 시작했다. 그때마다 병원에 가서 땜질했다.

몸에서 삐걱거리는 소리가 잠시 잦아들기만 하면 다시금 논밭으로 가서 몸을 이리저리 굴렸다. 몸은 정직하다. 사용한 만큼 닳아지고 고장 난다. 다시 땜질하고, 몸이 성해지면 또 일한다. 아무리 말려도 소용없었다. 결국 소년은 포기하고야 말았다.

식물 일꾼들은 꼭 소년의 어머니 같다. 식물을 어두운 방에다 두면서, 먹을 것을 충분히 줄 테니까 일꾼들아, 이제 일 그만하고 살아가라고 한다면 그들은 절망할 것이다. 그들은 일하지 못하면 스스로 앓다가 죽어 간다. 그러니까 식물은 농부랑 똑같은 존재이다. 생을 마치고 떨어진 잎을 보면, 어디 성한 곳이 없을 만큼 상처투성이다. 그때마다 소년의 눈앞에서 어머니의 얼굴, 손과 발등이 겹쳐진다.

코코넛 패드가 깔린 마당

인간이 자연과 함께 살아간다는 것은, 복잡하고 다양한 자연을 질서 있게 재편했다는 뜻이다. 자연을 획일화했다는 뜻이다. 소년은 그렇게 단순화된 정원을 볼 때마다, 유독 줄을 바르게 서지 못해서 조회 시간마다 지적을 당하던 순간들이 떠오른다. 제법 신경 써서 줄을 맞춰도 늘 지적을 당했기 때문에, 줄을 설 때마다 더욱 긴장했다. 지금도 줄 서는 생각만 하면 손에서 땀이 난다.

가끔은 어머니가 두려워질 때도 있다. 어머니는 오래된 시골집을 허물고 새 집을 지을 때 마당을 시멘트로 포장하려고 했다. 그래야만 잡초에게 무시당하지 않고, 깔끔하면서도 보기 좋다고 했다. 그 어떤 말로도 어머니의 논리를 바꿀 수 없었다. 그러니 어머니가 소년네 집에만 오면 한숨과 함께 마당의 잡초를 적대시하면서 뽑아내려고 하는 건 당연한 일이다.

지금 소년이 사는 집 마당은 식물의 광장이다. 잡초들 세상이다. 이웃들도 그런 마당을 보면서 한마디씩 흘린다. 잡초를 방관하는 거야 당신 마음이지만, 잡초가 이웃집 마당까지 번져서 피해를 주는 일은 없어야 한다고. 그럴 때마다 소년은 참으로 불편해진다. 그래도 풀비린내 가득한 마당을 보면, 저도 모르게 그곳에 누워 풀피리 불고 싶다.

어쨌거나 사람 사는 집이니까, 길은 있어야 한다. 풀이 그런 소년의 사정을 봐줄 리 없다. 잠시만 여행을 다녀오면 길까지 차지해 버린다. 마당은 잡초, 잡초, 잡초, 잡초들의 땅이다.

잡초는 강하다. 인간들은 그렇게 말한다. 아니다. 잡초는 강하지 않다. 대자연 속에서는 그들의 존재가 미미하다. 소년은 해마다 마당에서 잡초들의 전투력이 강하지 않다는 것을 확인한다. 소년이 마당의 질서에 개입하지 않고 그대로 두면 잡초는 그들만의 놀음에서 늘 밀려난다. 사람이 다니는 길로 쫓겨난다. 사실 사람이 다니는 길은 식물에게 살기 좋은 환경이 아니다. 그런데도 잡초는 살기 위해서 사람이 다니는 길을 선택한 셈이다.

사람이 사는 주거지를 비롯하여 곡식을 가꾸는 논밭 주위도 잡초들 세상이다. 당연한 일이다. 인간은 자신의 욕망이 닿지 않는 식물을 그냥 두지 않는다. 모조리 베어 내고, 뽑아내고, 제초제를 투입하여 소멸시키려고 한다. 그렇게 말끔해진 여백은, 대자연의 경쟁에서 밀려난 키 작은 풀에게는 너무도 살기 좋은 곳이다. 다른 경쟁자들이 없으니, 오직 인간에게만 저항하면 되지 않는가.

그들에게는 세력이 강한 식물보다 인간이 더 만만한 상대이다. 그러니 인간이 잡초를 박해하면 할수록, 잡초에게는 살아가기 더 좋은 환경이 된다. 작으니까, 가난하니까, 약하니까, 더 부지런히 살아야 한다는 절실함이 느껴진다. 그들의 씨앗은 몇 천 년을 버틸 수 있는 무한한 힘을 갖고 있다. 그들은 작고 무한함으로 인간에게 맞선다. 세력이 강한 야생 식물은 자신에게 존재하는 힘으로 그 작은 풀을 짓누를 수 있지만, 인간은 그렇게 할 수 없다.

잡초는 인간을 두려워하지 않고 오히려 이용한다. 인간이 파괴하고 욕망을 건설한 곳에는 어디든 여백이 있기 마련이다. 수많은 논밭이 그러하고, 수많은 길이 그러하고, 수많은 집터가 그러하고, 수많은 공원이 그러하다. 그런 곳에는 인간의 동맹자인 곡식과 인간의 눈맛에 맞는 식물만이 선택적으로 남아 있는데, 인간에게 의지하는 것이 습관이 되어 버린 그들은 스스로 방어하지 못한다. 잡초에게 그들은 너무도 만만한 상대이다. 잡초는 쉽게 논밭으로 진격하고, 길이나 집터, 공원으로 숨어가서 게릴라처럼 살아간다. 잡초의 상대는 오직 인간일 뿐, 인간에게 길들어진 식물은 상대가 되지 않는다. 시작과 끝, 생의 주기가 짧은 잡초들은 그만큼 빠르게 자연의 변화에 대응할 수 있다.

잡초는 뽑으면 뽑을수록 더 많이 생겨난다. 그것이 잡초의 비밀이다. 잡초는 통

© 이상권

왕고들빼기의 잎은 따 먹고
뿌리는 김치를 해 먹는다.

제 불가능한 다산 족이다. 씨앗이 작아도, 그 속에는 후손이 태어나서 스스로 뿌리를 내릴 때까지 버틸 수 있는 최소한의 식량이 비축되어 있다.

대표적인 잡초인 매듭풀 씨앗은 떨어져서 흙에 묻힌다. 타임캡슐이 된 씨앗은 절대 성급하지 않다. 불가능을 극복하기 위해서는 그런 시간 여행이 필수적이다. 흙 속에 묻혀 있는 먼지 같은 씨앗은, 좋은 시절이 올 때까지 버텨 내는 힘을 갖고 있다.

아무것도 없는 맨 흙을 화분에다 퍼다가 물을 주면 마법처럼 파릇파릇 싹이 돋아나는 것도 그런 이유 때문이다. 흙 속에 묻혀 있던 그 타임캡슐이 깨어날 때가 된 것이다. 심지어 영구 동토층에 유배되어 있던 1만 년 전의 씨앗도 멀쩡하게 깨어난다. 작은 우주의 무한한 다양성이 그런 재난 속에서도 버틸 수 있게 해 준다.

소년은 그런 생각을 달구면서, 마당에서 사는 잡초들에게, 제발 다닐 수 있는 길만 열어 달라고 부탁한다. 그놈들이 들어줄 리가 없다. 소년은 당황하다가 창고에 보관해 준 코코넛 패드를 떠올린다. 그것을 갖다가 대문에서 현관까지 깔면서 길을 낸다. 어쩔 수 없다.

코코넛 패드는 완벽한 길이 된다. 그러다가 패드를 살짝 들춰 보면 풀들이 신열이 나고 하얗게 뜬 얼굴로 제발 살려 달라고 하소연해 댄다. 그때마다 마음이 아파서 며칠간 패드를 걷어 놓으면, 그놈들은 재빠르게 햇살로 몸을 치유하고 자신들의 삶을 재조직해 낸다. 아내의 잔소리가 쏟아지기 전에 얼른 그놈들을 다시 제압해야 한다. 소년은 다시 패드를 깔 수밖에 없다.

여름에는 사흘만 패드에 깔려 있어도 얼굴이 창백해지면서 제발 햇살 좀 받게 해 달라고 하소연하던 풀들이, 11월로 접어들자 10일 아니 20일이 넘도록 패드에 덮여 있어도 얼굴이 창백해지지 않는다.

바람에 차가운 독이 오를 즈음이면 어른들은 봄동이 사는 밭에다 낙엽을 쏟아 내고는 덮어 주었다. 소년은 봄동을 낙엽으로 덮는 어른들을 불신했다. 누가 알려 주지 않아도 식물에게는 햇살이 최고의 보약이라는 것쯤은 잘 알고 있었다. 그러니 겨울이라고 해도 봄동은 햇살을 받아야 한다고 확신했다.

마당에서 자기만의 영역을 갖고 살아가는 잡초인 매듭풀.

소년은 어른들이 가고 나자 봄동을 덮어 버린 낙엽을 치워 내기 시작했다. 다음 날 할머니가 소년을 불러냈다. 왜 봄동 밭에서 낙엽을 치웠냐고 물었다. 소년의 말을 들은 할머니가 살포시 웃음을 불러내고는, 봄동은 햇살보다 추위를 막아 주는 것이 더 중요하다고 했다. 특히 햇살이 없는 밤에는 이불을 덮지 않으면 얼어 죽는다고 하면서.

소년은 햇살의 도움이 없으면 봄동이 살 수 없다고 했다. 할머니는 고개를 흔들었다. 겨울에는 그렇지 않다는 뜻이었다.

할머니 말처럼 봄동은 겨우내 낙엽 이불을 뒤집어쓰고 있어도 죽지 않았다. 그 초록빛도 사라지지 않았다. 얼었던 흙이 풀리면서 얼굴을 드러낸 봄동은 너무도 토실토실 건강했다. 물과 양분 그리고 햇볕, 이산화 탄소와 함께 온도는 식물의 삶에서 절대적으로 중요하다는 것을 농부들은 잘 알고 있다.

애벌레도 가을이 되면 붉어진다

까치수염 같은 한해살이 식물은 가을이 되어도 쉽게 일손을 놓지 않는다. 그들은 날씨가 추워져도 견딜 수 있을 때까지는 버틴다. 양지바른 곳에서 사는 풀은 더 오래 버틸 수 있다. 비바람을 막아 줄 수 있는 담벼락 밑에서 사는 풀은 12월이 되어도 잎이 푸르르다.

온도가 떨어지면 한해살이 식물의 광합성 공장에서 일하는 일꾼들은 그만큼 위축된다. 그들은 용광로 같은 더위는 견딜 수 있어도, 추위에는 별다른 대책이 없다. 따뜻한 동굴로 몸을 피할 수도 없고, 불의 도움을 받을 수도 없고, 털 코트를 입을 수도 없으니까. 고작해야 애벌레 같은 얇은 옷 한 벌을 걸치고 있을 뿐.

그래서 애벌레들은 겨울을 굳이 맞서서 이겨 내려고 하지 않았고, 알이나 번데기 상태로 겨울을 피해 간다. 그렇다고 알이나 번데기가 추위로부터 완벽하게 보호 받을 수 있는 것은 아니다. 겨울이 추워지면 알이나 번데기도 상당한 타격을 입는다.

매미나방 애벌레는 보온 기능을 특별히 신경 쓴 집을 지어서 알들을 보호하는데도, 기상 이변으로 추운 날이 지속되면 대부분이 봄에 깨어나지 못한다. 매미나방 애벌레의 한해 농사는 겨울 추위에 달려 있다.

그에 비하면 식물은 애벌레보다 겨울나기가 수월하다. 식물이 만들어 내는 씨앗은 어떤 추위에도 견딜 수 있다. 씨앗은 세상에서 가장 완벽한 생명체다. 얼음 속에서 천 년간 갇혀 있어도 죽지 않는다. 그런 기적을 믿기에 한해살이풀은 잎이 붉게 변하도록 버티고 또 버틴다.

날이 추워지면 녹색 애벌레의 등도 붉게 변해 간다. 박각시나방 애벌레는 서리를 맞으면 붉게 변해 가는데, 근처에 사는 풀도 붉게 물들어서 눈에 잘 띄지 않는다. 왜 잎이 붉게 변하는 걸까. 광합성 공장의 노동자들이 파업이라도 벌인 것일까.

식물의 잎 속에는 광합성 공장에서 일하는 녹색 얼굴을 가진 일꾼만 사는 게 아니다. 카로틴, 크산토필, 타닌 같은 붉고 노랗게 다양한 얼굴색을 가진 일꾼들도 있다. 다만 광합성 공장이 활발하게 가동될 때는 그들의 일이 워낙 적어서 눈에 띄지 않을 뿐이다. 카로틴은 당근이나 달걀노른자에도 포함되어 있으며 주황색을 우려내고, 크산토필 또한 노란색을 우려내는 일을 한다.

초록색 애벌레는 늙어 가면서 자주색으로 변해 간다. 대왕박각시나방 애벌레.

　가을에는 태양 빛이 짧아지고 날씨가 급격히 추워진다. 그러니 광합성 공장이 제대로 가동될 수가 없고, 다른 일꾼들이 더 활발하게 움직인다. 그래서 잎은 녹색이 사라지고 알록달록 다양한 색으로 변해 가는 것이다. 그러다가도 갑자기 가을 날씨가 이상 기온으로 따뜻해지면 폐쇄된 광합성 공장이 활발하게 가동되기도 한다. 태양 빛이 강하게 쏟아지니까, 갑자기 일감이 몰려든 것이다.

　식물 입장에서는 가동을 멈춘 광합성 공장을 유지하는 것도 골칫거리다. 공장은 멈추어도 일꾼들은 살아가야 하니까, 일꾼이 먹을 영양분도 계속 공급해 주어야 한다. 식물은 그런 낭비를 줄이기 위해 과감하게 결단을 내린다. 가을에 잎을 가지고 있으면 광합성을 통해 얻는 수

© 이상권

강아지풀 씨앗은 어떤 추위에도 견디어 내는 힘을 갖고 있다.

익보다 잎을 유지하는 데 필요한 비용이 더 많이 드니까, 공장에서 일하는 일꾼들을 줄기 쪽으로 철수시킨다. 광합성 공장이 멈춘 잎은 노랗게 물들어 바삭바삭해지면서, 날마다 생의 기억을 잃어간다. 기억의 종착역은 대지이다. 바람이 불면 노란 시간의 앙금들이 팔랑팔랑 춤을 추면서 숲 바닥으로, 흙으로 돌아간다. 그리고 침묵이 찾아온다. 열심히 살아온 것들의 침묵은, 숭고하다.

한생을 마무리하고, 한없이 가벼워진 것들의 무게 앞에서 바람과 햇살은 경건해진다. 해탈이란 별 게 아니다. 돌아갈 때 자신이 살아온 생의 무게를 가볍게 하는 것이다. 한생을 살아온 잎은 또 다른 시간을 위해 자기 몸을 제물로 바친다. 흙의 경전은 그런 제물로 힘을 충전하면서 해마다 수많은 생명 속으로 파장해 나간다.

모든 앙금을 놓아 버린 나무는 단식에 들어간다. 식물이 동물에 비해서 오래 사는 것은, 그런 단식 때문인지도 모른다. 단식이란 처음, 즉 초심을 돌아다보는 과정이기 때문이다. 진화란, 혹은 진보란 얼마만큼 초심을 돌아다보는가, 얼마만큼 순수했던 시원을 찾아내는가에 따라서 달라진다. 그들은 겨우내 동안거에 들어간다. 그렇게 수행해야만 몸속에 동그란 나잇살이 새겨진다. 그런 시간의 힘이 나무의 마음을 단단하게 묶어 준다.

생명의 조화로운 시간,
그 공존의 법칙

누렁이가 물고 나온 숯덩이

소년은 이웃집 수탉을 두려워했다. 붉은 옷을 입은 그놈은 부리부리한 눈으로 소년을 흘겨보다가 순간적으로 머리를 낮게 수그리고 돌진해 왔다. 그놈은 꼭 소년의 허점을 노렸다. 절대 정면을 공격하지 않았다. 소년이 방어하기 힘든 곳, 엉덩이나 등허리를 예리하게 타격했다. 철판이라도 뚫을 것 같은 부리와 나무뿌리를 단숨에 쥐어뜯을 것 같은 강력한 발톱이 그의 무기였다.

그때마다 소년은 비명을 지르며 달아났다. 수탉 때문에 울타리 가에 있는 앵두조차 맘대로 따 먹지 못했다. 얼마나 그놈이 미웠으면 쥐약 묻은 쌀을 뿌려 버릴까 하는 충동까지 느꼈을 정도였다.

이웃집 닭장은 철제로 조립되었고, 벽은 함석이었다. 어른들은 그놈이 최고급 주택에서 산다는 말을 농담 삼아 하기도 했다. 게다가 닭장은 소년의 키 높이만큼 공중에 떠 있어서 아주 쾌적해 보였다.

어느 날 정말 상상도 할 수 없는 일이 벌어졌다. 바로 그 닭장이 있는 헛간에 불이 난 것이었다. 불길은 삽시간에 헛간을 침몰시켰다. 모여든 사람들은 그냥 불길이 사그라들기를 지켜보다가 "에구, 그래도 닭이 아깝구먼!" 하고 혀를 끌끌 차 댔다. 소년은 "아이고, 잘 됐다!" 하고 손뼉 쳤다. 자신을 유독 괴롭히던 그놈, 그 수탉에게 저 불이 복수해 줬다고 중얼거렸다.

그날 저녁 무렵 뼈대만 남은 닭장 안에서 커다란 숯덩이를 보았다. 소년을 따라온 누렁이가 그걸 물고 오더니, 몇 번 킁킁 냄새를 맡아 가면서 이리저리 굴리다가 그냥 돌아섰다. 숯이 된 수탉이었다. 그걸 보자, 소년은 수탉이 불쌍해졌다. 뜻밖이었다. 수탉이 사라지면 통쾌할 줄 알았는데, 이상하게도 우울해지는 이유를 알 수 없었다.

그때까지만 해도 숯덩이란 나무가 불에 타면 생기는 것인 줄 알았다. 그런데 나무가 아닌 닭이 타서 숯덩이가 되다니! 약간 혼란스러웠다. 뭐야, 그럼 닭이 나무라는 뜻이야? 아니잖아? 근데 어떻게 숯이 될 수 있지? 소년은 속으로 그렇게 물음표를 던져 보았다.

불은 소년의 친구였다. 소년은 날마다 하루에 한 번씩 불을 살려 냈다. 저녁에 외양간 아궁이에다 불을 먹이는 것이 소년의 일과였다. 불을 때고 나면 늘 군것질거리를 가지고 왔다.

어른이 되도록 육식을 하지 않았던 소년은 우유조차 먹지 않았다. 소년의 몸으로 들어온 유일한 단백질은, 어른들 몰래 훔쳐 낸 달걀이었다.

당시에는 닭을 많이 키웠다. 닭둥우리는 한 개밖에 없었다. 그러다 보니 암탉들은 알을 낳으려고 대기하기도 하고, 가끔은 두 마리가 비좁은 둥우리에 같이 앉아 있기도 했다. 일부 암탉은 그런 불만을 핑계로 둥우리에서 이탈하여 헛간이나 광 마루 밑, 사랑방 모퉁이 울타리 가, 뒷산 찔레 덩굴 속에다 자기만의 비밀 둥지를 꾸미고 알을 낳았다. 어른들 눈은 피해도 소년의 눈은 피하지 못했다. 소년은 비밀 둥지에서 달걀을 훔쳐다가 날마다 맛있게 구워 먹었다.

달걀을 종이로 두껍게 싸서 시뻘건 숯불에다 깊이 묻는다. 그러면 달걀은 껍질만 약간 그을릴 뿐 알맞게 구워진다. 가끔은 다람쥐처럼 그걸 묻어 두고 잊어버렸다. 그런 달걀은 아침에 부엌 재를 퍼내는 할아버지 눈에 걸렸다. 할아버지는 달걀을 훔쳐서 구워 먹는 것을 딱히 타박하지 않았고, 다음부터는 잊지 말고 꼭 꺼내 먹으라고 하셨다. 부엌 재 속에는 숯덩이가 된 달걀이 있었다.

그건 고구마도 마찬가지였다. 숯불에다 묻어 두고 밖에서 놀다가 돌아오면 고구마는 숯덩이로 변해 있었다. 아직 숯덩이로 변하지 않은 것들을 보면, 한쪽은 까맣게 숯으로 변하면서 수증기를 내뿜었다. 생고구마는 불에 타면서 숯으로 변하고 있었고, 그러면서 물을 수증기로 내뿜고 있었던 것이다.

고구마가 숯과 물 그리고 공기로 되어 있다는 뜻이다.

달걀과 수탉도 마찬가지다. 그들은 생김새가 달라도 결국은 아주 비슷한 생명체라는 뜻이다. 그렇다면 인간은 어떨까. 인간도 숯과 물, 공기이니까, 고구마랑 거의 같은 생명체인 셈이다.

수탉도 구운 고구마를 좋아한다. 심지어 생고구마도 쪼아 먹는다. 수탉은 고구마라는 숯과 물과 공기를 먹는다.

소년은 고구마라는 숯과 물과 공기를 먹었다. 소년은 수탉도 먹는다. 수탉도 탄소다. 소년은 채소, 쌀, 귀리라는 탄소를 먹는다. 소년이 먹는 모든 것은 물과 숯과 공기다. 그러니까 소년도, 식물도 탄소 덩어리다.

고구마도 불에 타면
숯이 된다.

불에 탄다는 것, 뭔가 썩어 간다는 것,
그리고 호흡한다는 것

동물이 죽으면 조금씩 보이지 않게 숯이 되어서 사방으로 흩어진다.

동물은 살아 있을 때도 끊임없이 탄소를 만들어 낸다. 동물의 몸속으로 들어온 온갖 풀은 위에서 공기와 만나 분해되면서 열로 변한다. 동물에게 먹는다는 것은 태운다는 뜻이다. 동물의 신체는 여러 가지 숯을 태워서 열을 내는 아궁이다.

소년의 큰고모부는 방구들을 놓는 장인이었다. 먼저 안방 장판을 걷어 내고 흙을 걷어 내면 구들이 나온다. 넓고 얇은 돌로 구성된 구들을 들어내자, 구들 밑바닥에 동글동글한 숯덩어리가 풍성하게 매달려 있었다. 물기도 많았다.

소년은 그걸 이해할 수 없어서 물었다. 고모부는 장난스럽게 소년의 얼굴에다 숯덩이를 슬쩍 찍어 바르면서 말했다. "나무를 때면 연기에 물기가 섞여 있는 법이다. 특히 생나무를 때면 물기가 많아. 그래서 생나무는 잘 안 타는 것여. 그 물기가 연기랑 같이 빠져나가다가 여기 구들장에 달라붙는 게 아니냐? 여기 구들장에 붙은 숯덩이들도 물에 섞여 나가다가 달라붙은 것여." 소년은 고모부를 통해 화학 공부를 제대로 한 셈이다. 어쨌든 나무는 불에 타면 반드시

불에 탄다는 것, 뭔가 썩어 간다는 것은 같은 원리다.

연기를 내뿜는다. 연기 속에는 수증기 형태로 변한 물이 섞여 있다.

동물도 탄소를 먹으면 반드시 연기 같은 것을 배출한다. 다만 나무가 태우는 연기하고 형태가 다를 뿐이다. 사람은 공기를 들이마시고 배 속에서 생겨난 이산화 탄소를 내뱉는다. 사람 몸속에서 탄소와 산소가 만나서 이산화 탄소가 되는 것이다.

아궁이에서도 같은 현상이 일어난다. 탄소와 공기가 만나서 이산화 탄소로 변한다.

소년은 아홉 살 때부터 아궁이 하나를 책임졌다. 늘 하루의 마무리는 외양간 아궁이에 앉아서 불을 때는 것이었다. 당연히 아궁이가 먹어 대는 땔감도 직접 마련했다. 쇠죽솥에 들어가는 여물도 직접 마련해야 했다. 자기보다 훨씬 큰 황소의 먹거리를 어린 아이가 책임진 것이다. 꼴을 베고, 작두질하고, 숲에서 나무를 해 왔다.

아궁이가 맛있게 먹어 대는 땔감은 아까시나무였다. 다만 생나무이라서 처음 불을 살리는 과정이 힘들다. 충분하게 밑불을 투입하고, 그 위에다 하나하나 아까시나무 가지를 올린다. 자기 몸을 보호하기 위해서 만들어놓은 가시는 그 순간 믿을 수 없는 배반을 한다. 불에 저항하는 것이 아니라 서둘러 항복해 버린다. 불은 아까시나무 가시를 우군으로

불에 타는 아까시나무가
보글보글 눈물을 흘리고 있다.

408

삼아 가장 먼저 달라붙는다. 그런 다음 줄기를 공격해간다. 그쯤이면 줄기는 속수무책이다.

생나무는 보글보글 눈물을 흘리면서 살려 달라고 몸부림친다. 소년은 줄기 끝으로 하염없이 떨어지는 눈물을 보면 마음이 아팠다. 그렇게 수분이 빠져나가면서 아까시나무가 타는 것, 김이 모락모락 나면서 고구마가 숯불에 타는 것, 사람이 죽어서 썩어 가는 것, 사람이 숨을 내뿜는 것은 결국 같은 원리다. 불에 탄다는 것, 뭔가 썩어 간다는 것, 그리고 호흡한다는 것은 모두 다 같은 원리다.

인간의 몸은 철학적인 온돌방이다

소년이 대학 3학년 때였다. 다세대 주택 지하실에는 네 가구가 살고 있었다. 소년이 살던 집도 그중 하나였다. 그날따라 소년은 늦게 집에 들어갔다. 술에 취한 상태였다. 방에 들어가자마자 씻지도 않고 곯아떨어졌다. 한참 자다가 뭔가 이상한 소리에 놀라 눈을 떴다. 저도 모르게 재채기를 했고, 몸을 일으키다가 머리가 아찔해지면서 쓰러졌다. 정신이 멍했다.

누군가 소리치는 소리가 들렸다. 그제야 불이 났다는 사실을 알았다. 일어나려고 해도 몸이 움직이지 않았다. 연기가 이미 방 안을 점령한 상태였다. 은연중에 머리맡에다 놓아 둔 찬물이 떠올랐다.

소년은 벗어 놓은 옷을 물에 적셔 코로 가져갔다. 그것밖에 할 수 없었다. 얼마나 지났는지 모른다. 누군가 문을 열었다. 순간 의식을 잃었다. 눈을 뜨고 나서야 살았다는 사실을 알았다. 위층에 사는 사람이 말했다. 물에 적신 옷으로 코를 막지 않았다면 죽었을 것이라고.

숯과 공기가 만나서 생기는 이산화 탄소가 한꺼번에 많이 발생하면 치명적인 가스가 된다. 지금도 불이 나면 대부분이 이산화 탄소에 질식해서 죽는다.

인간의 코는 굴뚝이랑 똑같은 일을 한다. 아궁이인 입으로 탄소인 나무를 끌어들이고, 코로 빨아들인 산소와 결합한 다음 태워서 열을 만들고, 거기서 발생한 이산화 탄소를 다시 코로 내뱉는다.

인간의 몸은 철학적인 온돌방이다. 음식물을 태워서 온갖 사유하는 힘을 길러 준다. 인간은 그런 따뜻한 힘으로 살아가는 생명이다.

식물의 잎은 과학적인 온돌방이다. 식물은 바깥에서 이산화 탄소를 받아들인다. 태양 에너지로 달궈진 아궁이 안에서 이산화 탄소와 물이 섞여 포도당을 만들어 내고, 그 과정에서 산소라는 폐기물이 생겨난다. 식물에게 해로운 산소는 모든 것을 녹슬게 하는 독성 물질이니까, 잎은 서둘러 아궁이 밖으로 배출할 수밖에 없다.

그 단순한 아궁이가, 거대한 광합성 공장이다.

잎이 뱉어 낸 천덕꾸러기 산소는 전혀 뜻밖의 일을 하기 시작했다. 산소는 자외선과 합작하여 오존이라는 물질이 만들어 냈다. 그것이 모여 지구의 상공에 쌓였다. 그렇게 쌓인 오존층은 그 어떤 문명으로도 구축할 수 없는 방어막이 되어서 무차별하게 쏟아지는 자외선을 걸러 낸다.

그러자 바다에서 살던 생명이 슬금슬금 육지로 올라왔다. 그와 동시에 산소를 받아들이는 생뚱맞은 생명이 나타났다. 그들은 식물과 반대로 이산화 탄소를 배출했다. 산소를 배출하는 생명과 이산화 탄소를 배출하는 생명은 그렇게 공존의 역사를 시작했다. 신조차 예상하지 못했던 생명의 조화로운 시간이 굴러가기 시작한 것이다.

흙은 죽음을 먹고 생명을 배출한다. 그러니까 흙은 모든 생명의 태 자리다. 흙에서 태어난 모든 생명은 일정한 시간 속을 살아가다가 다시 흙으로 돌아와서 탄소로 변해 간다.

식물의 뿌리는 수분을 빨아들이면서 그런 탄소까지 같이 가져온다. 하지만 뿌리는 탄소로 음식물을 만들어 내지 못한다. 뿌리가 광합성 공장을 만든다고 해도 가동할 수 있는 태양 에너지를 얻을 수 없으니까, 자체적으로는 그 문제를 해결할 수 없다.

뿌리는 그 문제를 해결하려고 물과 함께 탄소를 잎으로 보낸다. 잎은 직접 구한 탄소뿐만 아니라 뿌리에서 보내온 것까지 혼합하여 광합성 공장을 가동한다.

밤이 되면 태양 에너지가 바닥나고 광합성 공장은 멈춘다. 그래도

흙은 모든 생명의 태 자리다.

뿌리는 계속 수분을 배달시키는데, 당연히 그 속에는 탄소도 포함되어 있다. 어떤 식으로든 배달된 원자재를 처리하지 않으면 잎 속은 마비 상태로 빠져들 수 있으니까, 부랴부랴 내부에 쌓이는 탄소를 숨구멍으로 내보내야 한다.

신은 생명의 지휘자로 인간이 아니라 식물을 택했다

소년은 이 글을 쓰면서 쇠뜨기를 자주 찾아갔다. 쇠뜨기는 나이가 들면서 좋아하게 된 풀이다. 어렸을 때는 뱀밥이라고 부르면서 무서워했던 그 풀, 언제부턴지 음식으로 조리하여 몸속으로 모셔온다. 쇠뜨기 나물은 소년이 야생초로 해 먹은 음식 중에서도 손에 꼽을 만큼 좋아하는 것이다. 몸속으로 들어와서 살과 영혼이 되니까, 그 풀은 생김새만 다를 뿐 소년이랑 한 몸이다.

　소년은 녀석의 까만 뿌리를 볼 때마다, 그들의 오래된 무게를 실감한다. 감나무처럼 까만색 뿌리는, 그 풀이 한때 커다란 나무였다는 것을 의미한다. 쇠뜨기는 상상조차 할 수 없을 만큼 오랜 시간 속을 묵묵히 견뎌 온 식물이다. 그들은 지구상에서 살다 간 숱한 생명의 창조와 소멸을 체험했으리라. 당연히 공룡의 노래도 들었을 테니까, 그들이 표현할 수 있다면 인간이 알 수 없는 생명의 기원까지도 들을 수 있을 것이다. 언젠가는 그런 날이 올지도 모른다.

쇠뜨기처럼 식물은 어느 한곳에다 닻을
내리고 고립적인 시간을 살아간다. 그러면
서도 그들은 자유롭게 세상 모든 것들을 관장
한다. 그들은 씨앗을 통해 자유롭게 공간과 시
간을 이동한다. 그들은 그런 과학을 파괴하는
데 쓰지 않는다. 이산화 탄소와 물을 이용하여
당을 만들어내는 과학도 생명을 유지하는 데만
이용했을 뿐이다.

쇠뜨기는 빙하 시대를
건너온 식물이다.

　태초의 생명은 지구 표면의 얇은 대지와 물에
서 생겨났다. 하나의 생명이 자신의 시간을 가
동하기 위한 모든 재료는 그렇게 제한적인 조건
에서 구할 수밖에 없었다.

　식물의 까마득한 후손인 인간은 탄소를 기반으로 한 생명이다. 당
연히 인간은 탄소를 먹고 살아가는 식물에게 전적으로 의존하면서
살 수밖에 없다. 태양 빛이 없으면 식물이 존재할 수 없듯이, 인간은
식물이 없으면 존재할 수 없다는 뜻이다.

　만약 식물이 없다면 어떤 일이 벌어질까. 이 세상은 이산화 탄소
로 가득 차 버릴 것이다. 더구나 요즘처럼 마구 탄소를 쏟아 내는 세
상이라면…… 아, 끔찍하다. 자동차와 각종 공장에서 배출하는 연기
를 비롯하여, 살아 있는 동물들이 자연스럽게 배출하는 탄소 때문에
다들 질식해서 죽어 갈 것이다.

　까마득한 옛날, 지구의 대지에는 잡초의 그림자 하나 볼 수 없었

다. 인간의 과학으로 세상에 알려진 화성이나 금성 같은 별의 대지를 상상하면 될 것이다. 어쩌면 그런 세상으로 돌아갈지도 모른다. 바다에서 생명의 씨앗이 태어난 뒤에도 대지에는 흙먼지를 몰고 다니는 바람과 햇살만이 존재했을 뿐이다. 그렇게 아무것도 존재하지 않았던 시간, 식물이라는 생명체가 탄생하기 전의 세상으로 까만 숯덩이가 되어 돌아갈지도 모른다.

그때처럼 살아 있는 것들의 살을 단숨에 파괴할 수 있는 강력한 자외선이 피폭되는 세상으로 돌아갈 수도 있다. 햇살의 계시를 받고 바다에서 나온 식물은 온 세상을 생명의 숲으로 바꿔 놓았다. 그 많은 목숨 중에서 딱 한 종, 식물의 까마득한 후손인 인간만이 그 푸르른 시간을 소멸시킬 수 있다. 현재 지구의 이산화 탄소 농도는 1,400만 년 만에 가장 높은 상태라니까, 인간은 스스로 소멸을 향해 맹렬하게 질주하고 있는 셈이다.

봄맞이꽃처럼
작은 식물도
동물보다 완벽한
세포로 이루어져 있다.

© 이상권

불완전한 세포들이 모여 하나의 독립적인 생명체를 결성한 것이 동물이라면, 독립적인 수많은 세포가 모여 거대한 생명 연합체를 결성한 것이 식물이다. 봄이 되면 산과 들의 경계에서 하얀 꽃을 피우는 아주아주 작은 생명체, 봄맞이꽃. 방석 모양인 잎은 하도 작아서 아예 보이지도 않는다. 바람이나 햇살만이 알아볼 수 있는 꽃. 그렇게 작은 봄맞이꽃도 인간처럼 커다란 동물하고 감히 비교할 수 없을 만큼 완벽한 세상이다. 그래서 식물은 태양의 후원을 받아 생명이 필요로 하는 온갖 물질을 만들어 낼 수 있는 것이다.

살아 있지 않은 물질에서 살아가는 것들의 힘을 불러낼 수 있는 생명체는 식물이 유일하다. 신은 생명의 지휘자로 인간이 아니라 식물을 선택한 것이다. 인간이 사유할 수 있는 것도, 그 힘 덕분이다. 식물은 모든 생명의 시작과 끝을 관장하면서, 더 다양한 생명을 위해서 시간을 만들어 간다. 그러니 늘 다른 생명을, 당연히 인간도 초월하면서 살아간다. 그러니까 이 세상은 식물의 시간이다.

식물의 시간이 멈추는 순간, 세상 모든 생명의 물결이 소멸할 것이다. 그건 아무도 반박할 수 없는 진실이다. 어쩌면 그래서 식물의 눈을 가진 뿌리와 씨앗을 먹어서는 안 된다고 생각하는 철학자들이 생겨났는지도 모른다. 아주 오래전부터 인도에서는 동물의 고기뿐만 아니라 식물의 씨앗과 뿌리까지도 먹어서는 안 된다고 생각하는 선지자, 자이나교 수도자들이 있었다. 그들은 생명의 언어를 잃는 순간, 생명의 세계를 보는 눈도 멀어진다는 사실을 일찍부터 깨우쳤다.

인간은 식물의 자비가 없다면 존재할 수 없다. 인간은 그저 식물이 만들어 내는 온갖 영양분을 받아먹고 살아가는 극히 단순한 동물일 뿐이다. 식물은 인간이 존재하기 훨씬 전부터 살아왔지만, 앞으로도 그렇게 영원할 수 있을지 그건 모른다.

달빛이 흘러내린다. 보름이다. 풀 한 포기 없는 세상에서 보내오는 간절한 신호일지도 모른다. 그곳에 숲이 있다면 어떤 이야기가 만들어졌을까. 얼마나 다채롭고 환상적인 생명의 시간이 흐를까. 먼 옛날에는 지구도 달과 같은 곳이었겠지. 아무런 생명이 살지 않는 곳. 그런 세상에서 너울너울 춤추는 온갖 씨앗들을 상상한다. 그런 기적을 이룬 식물들을 한없이 경배하면서, 이 이야기를 마친다.

소년은 죽어서 한 마리 애벌레로 환생하고 싶다.
참나무산누에나방 애벌레.